Wolfgang Linke

Orientierung mit Karte und Kompaß

Wolfgang Linke

Orientierung mit Karte und Kompaß

Grundwissen – Verfahren – Übungen

Mit 139 Abbildungen
und 17 Tabellen

BusseSeewald

Wenn Sie Fragen zur Orientierung haben, die in diesem Buch nicht behandelt sind, wenn Sie Verbesserungen vorschlagen können, wenn Sie Erfahrungen weitergeben möchten oder wenn Sie einen Kurs wünschen, wenden Sie sich bitte unmittelbar an den Verfasser:
Dr. Wolfgang Linke
An der Alp 16
D-8998 Lindenberg (Allgäu)
Tel. 0 83 81 / 15 47

Die Deutsche Bibliothek – CIP-Einheitsaufnahme

Linke, Wolfgang
Orientierung mit Karte und Kompaß: Grundwissen, Verfahren, Übungen/
Wolfgang Linke. – 6. überarbeitete und erweiterte Auflage –
Herford: BusseSeewald, 1992
    ISBN 3-512-03087-4

ISBN 3-512-03087-4

6. überarbeitete und erweiterte Auflage

© 1992 by Verlag Busse + Seewald GmbH, Herford

Satz und Druck: Busse-Druck, Herford
Buchbinderische Verarbeitung: Röck, Weinsberg
Printed in Germany

Niederländische Ausgabe: Handboek Kaart & Kompas,
Uitgeverij Kosmos, Utrecht/Antwerpen 2. Auflage 1992.
ISBN 90-215-1685-3

Inhaltsverzeichnis

Verzeichnis der Tabellen

Einleitung

Dieses Buch vermittelt das Orientierungswissen und -können, das unabhängig macht:

- Es führt Leser ohne Vorkenntnisse schrittweise in den Umgang mit Karte und Kompaß ein und zeigt, daß die Orientierung eine erlernbare Alltagsfertigkeit ist.
- Es vermittelt neben den Handgriffen auch das Grundwissen, das den Leser erst auf eigene Füße stellt.
- Geübteren zeigt es, wie einige Hilfsmittel zusätzliche Verfahren ermöglichen und die Sicherheit steigern. Alle vorgeschlagenen Verfahren sind im Gelände anwendbar; wer sie beherrscht, ist auf diesem Gebiet expeditionsreif.
- Schließlich ist es das Rucksackbuch für alle, die unterwegs ein taugliches Verfahren für eine bestimmte Lage suchen.

Der Inhalt beruht auf vieljähriger praktischer und theoretischer Beschäftigung mit Karte und Kompaß, auf Erfahrungen aus Fuß-, Ski- und Faltbootwanderungen in Mitteleuropa, Skandinavien, Kanada und Südamerika sowie aus Orientierungswettkämpfen und Kursen. Die bekannten Handgriffe sind um eine Reihe neuer Verfahren erweitert. **Die dargestellten Verfahren gelten allgemein, in den Bergen wie im Urwald, in der Wüste wie (bei Landsicht) auf dem Wasser.** Vor anspruchsvollen Unternehmen sollte man aber sein Orientierungskönnen unbedingt um zusätzliches Wissen über Berg-, Fern- oder Wasserwandern ergänzen.

Der Linealkompaß, an dem die Handgriffe gezeigt werden, ist für die Nahorientierung und für OL-Wettkämpfe das angemessene und zugleich preiswerteste Hilfsmittel. Für die Fernorientierung ist der daraus entwickelte Spiegelkompaß unübertroffen und kostet weniger als einige der überholten, aber leider immer noch angebotenen Modelle. Die mit einem Spiegelkompaß erreichbare Genauigkeit von ± 1° reicht voll aus; auch auf Schiffen und in Flugzeugen rechnet man in vollen Grad.

Für Auskünfte und Rat, Kartenmaterial und Abdruckgenehmigungen danke ich dem Bayerischen Landesvermessungsamt und den Vermessungsbehörden aller skandinavischen und vieler anderer Staaten;

dem Geophysikalischen Observatorium Fürstenfeldbruck und dem Bundesamt für Seeschiffahrt und Hydrographie in Hamburg, der Physikalisch-Technischen Bundesanstalt in Braunschweig und dem Institut für Astronomische und Physikalische Geodäsie der Technischen Universität München; dem Amt für Militärisches Geowesen der Bundeswehr, der Zentralen Vorschriftenstelle des Heeres und der Defense Mapping Agency der USA; den Herstellern der abgebildeten Geräte. Zu den Einzelpersonen, die dieses Buch gefördert haben, gehören neben Fachleuten verschiedener Richtungen und früheren Kursteilnehmern auch Leser und Rezensenten und, als aufgeschlossene Wanderkameraden und zuverlässige, mitdenkende Helfer, meine eigenen Kinder.

*

Da das Gebiet der Orientierung umfassend behandelt ist, findet der einzelne Leser mit Sicherheit mehr, als er sucht.

Für das *Selbststudium* gelten darum folgende Hinweise:

- Die Karte ist wichtiger als der Kompaß, Übung nützlicher als Theorie. Dennoch sollte man beim ersten Durcharbeiten den vollen Wortlaut (außer 2.6, 4.4.3 und 7.1.2) zur Kenntnis nehmen und die Kurzfassungen eher als Hilfen zum Wiederholen und Nachschlagen betrachten.
- Die Teile 1 und 2 (außer 2.6) legen den Grund und dürfen von Anfängern nicht übergangen werden.
- Teil 3 behandelt das Gehen nach dem Kompaß mit Kursbestimmung und Streckenwahl.
- Kompaßwanderer brauchen auch die Teile 4 und 5. Besonders Berg- und Wasserwanderer müssen jederzeit ihren Standort genau bestimmen können.
- Zur gewissenhaften Vorbereitung auf eine Wanderung in wenig besiedelten Gebieten gehören zusätzlich die Teile 6 und 7.
- Teil 8 zeigt, wie man einfache Vermessungsaufgaben ohne Fachausbildung und besondere Ausrüstung löst.
- Teil 9 stellt eine in Deutschland noch wenig bekannte Sportart vor.

Aus *Orientierungskursen* liegen u. a. folgende Erfahrungen vor:

- Schon bei der ersten Ankündigung ist aufzufordern, mit dem Kompaßkauf bis nach der ersten Kursstunde zu warten.
- Je nach Zweck und Zusammensetzung des Kurses ist aus dem Stoff eine Auswahl zu treffen, die eher eng sein (und erst bei Nachfragen erweitert werden) sollte. Für den »Drill« ist die Kurssituation besser geeignet, auch darum, weil gehörte Anweisungen eine zusätzliche Merkhilfe darstellen; die Theorie können die Teilnehmer auch selbst nachlesen und vertiefen.
- Ein durchsichtiges Kompaßmodell, etwa 5:1 vergrößert, ohne Magnetnadel, mit einer drehbaren Scheibe als Dose und mit Saugfüßen, erleichtert die Arbeit an der Tafel.
- Mit einem Tageslichtprojektor läßt sich vieles noch besser zeigen als an der Tafel, vor allem, wenn man die Folie (Übungskarte oder -gitter) als Arbeitsblatt ausgibt. Ein Linealkompaß kann auf der Folie liegend mit projiziert werden.
- Übungen im Gelände sollten so früh wie möglich einsetzen. Lagepläne und Grundkarten (1:5000 und größer) eignen sich dazu besonders, denn sie vermitteln Erfolgserlebnisse schon nach kurzen Gehstrecken. Später, beim Gehen nach Karten 1:10000 und kleiner, sollte der Kursleiter auch den psychologischen Schwierigkeitsgrad steigern: anfangs zwar die Gruppe geschlossen halten, aber jeden seinen Kompaß einstellen und seine eigenen Hilfsziele wählen lassen; dann selbständig arbeitende Zweiergruppen bilden; schließlich, spätestens beim abschließenden Orientierungslauf, die Teilnehmer einzeln auf den Weg schicken.
- Viele Menschen scheuen vor Zahlen zurück. Darum wählt man Beispiele mit einfachen Zahlen und gibt Rechenhilfen als fertige Formeln.
- Die allgemeinen Hinweise, besonders aus den Abschnitten 2.3 und 2.4, müssen den Teilnehmern bis in die letzte Kursstunde immer wieder ins Gedächtnis gerufen werden.

Freude und Erfolg beim Lernen und Üben wie bei der Anwendung wünscht Ihnen

Der Verfasser

1. Karte

1.1 Gelände und Karte

Unsere wichtigste Orientierungshilfe – nach der Sonne – ist die topographische Karte. Sie versucht ein möglichst getreues Abbild eines Ausschnitts aus der Erdoberfläche zu geben.

Der Vergleich einer beliebigen Landschaft mit ihrer Wiedergabe im Kartenbild zeigt, daß die kartographische Darstellung des Geländes in vier wesentlichen Punkten von der Natur abweicht: das Kartenbild ist

- verkleinert,
- eben,
- vereinfacht,
- erläutert.

Diese Abweichungen von der Wirklichkeit begründen die Vorzüge wie die Grenzen jeder Darstellung einer Landschaft auf der Karte. Nur wenn man sich der vier Punkte ständig bewußt ist, kann man sich der Karte richtig bedienen.

1.1.1 Das Kartenbild ist verkleinert

Daß das Kartenbild die Landschaft nicht in natürlicher Größe wiedergeben kann, leuchtet ein. Aber viele Benutzer verwenden eine Karte, ohne sich das Verkleinerungsverhältnis klarzumachen. Es ist unter der Bezeichnung *»Maßstab«* in Form eines Bruches im Kartenrand angegeben, z. B. 1:50 000. Wenn man diesen Bruch in der vertrauteren Form mit einem Bruchstrich schreibt, versteht man besser, was ein großer und was ein kleiner Maßstab ist: 1/25 ist größer als 1/50; der Abbildungsmaßstab 1:25 000 ist also größer als 1:50 000; die Landschaft ist im Maßstab 1:25 000 größer abgebildet als im Maßstab 1:50 000.

Wenn die *Maßstabszahl* 50 000 bedeutet, daß jede Strecke im Kartenbild 50 000mal kleiner erscheint, als sie im Gelände ist, entspricht 1 cm auf der Karte beim Maßstab 1:50 000 in der Natur 50 000 cm = 500 m; 2 cm auf der Karte sind also 1 km im Gelände. Die Karten im Maßstab 1:50 000 werden darum auch 2-cm-Karten genannt.

14

a) Bei Maßstab 1:50000 entspricht		b) 1 cm auf der Karte entspricht		c) 1 km im Gelände entspricht	
auf der Karte	im Gelände	bei Maßstab	im Gelände	bei Maßstab	auf der Karte
1 mm	50 m	1: 5 000	50 m	1: 5 000	20 cm
2 mm	100 m	1: 10 000	100 m	1: 10 000	10 cm
5 mm	250 m	1: 15 000	150 m	1: 15 000	6,65 cm
1 cm	500 m	1: 20 000	200 m	1: 20 000	5 cm
2 cm	1 km	1: 25 000	250 m	1: 25 000	4 cm
5 cm	2,5 km	1: 50 000	500 m	1: 50 000	2 cm
10 cm	5 km	1:100 000	1 km	1:100 000	1 cm
20 cm	10 km	1:200 000	2 km	1:200 000	5 mm

Tab. 1 Strecken auf der Karte und im Gelände

Ohne großen Rechenaufwand kann man sich aus den beiden genannten Werten eine Tabelle (Tab. 1a) für diesen Maßstab herstellen, die beim Umgang mit der Karte das Rechnen fast völlig erspart. So läßt sich im Kopf ermitteln, daß eine Strecke, die auf der Karte 27 mm lang dargestellt ist, im Gelände 1 km + 250 m + 100 m, also 1350 m lang ist.

Für jeden Kartenmaßstab erhält man die 1 cm entsprechende Strecke in der Natur, wenn man von der Maßstabszahl hinter dem Doppelpunkt die beiden letzten Nullen wegläßt und die erhaltene Zahl in Metern rechnet (Tab. 1b). Welche Strecken dann 2 cm bzw. 5, 2 oder 1 mm entsprechen, ist leicht auszurechnen.

Wenn der Maßstab nicht genannt ist, kann man ihn nach den Angaben zur geographischen Breite und Länge (1.2) rechnerisch ermitteln. Das Verfahren ist in 10.2.16 beschrieben.

1.1.2 Die Karte ist eben

Eine Karte, die man falten oder rollen kann, wird der wirklichen Oberflächenform der Erde in zweierlei Hinsicht nicht gerecht. Erstens ist jeder Ausschnitt der Erdoberfläche Teil einer Kugeloberfläche, also gewölbt, und zweitens lassen sich die Oberflächenformen der Landschaft – das Relief – nicht ohne weiteres in einer ebenen Karte darstellen.

Ein annähernd quadratischer Ausschnitt der Erdoberfläche, wie er auf einem Blatt der amtlichen topographischen Karte 1:50000 wiedergegeben ist, hätte auf einem Globus von 1 m Durchmesser nicht einmal 2 mm Seitenlänge. Doch schon hier wirkt sich die Erdwölbung so aus, daß sie nicht einfach vernachlässigt werden darf. Wir werden beim Thema »Mißweisung« (4.2) noch davon sprechen müssen.

Viel schwerwiegender wäre es allerdings, wenn es keine Möglichkeiten gäbe, die Bodenerhebungen und -vertiefungen angemessen darzustellen. »Angemessen« heißt hier zweierlei: erstens geometrisch einwandfrei, also lagerichtig, und zweitens anschaulich. Der Kartenbenutzer soll auch in der Lage sein, sich eine räumliche Vorstellung von der Landschaft zu machen.

Höhenlinien. Von den verschiedenen in der Geschichte der Kartographie verwendeten Arten der Höhendarstellung (Haufenzeichnung, Horizontlinien, Seiten- oder Schrägansichten, Böschungs- oder Schattenschraffen, Schichtlinien) haben sich für die Maßstäbe der Wanderkarten die *äquidistanten Schichtlinien* allgemein durchgesetzt. Die Schraffen waren zwar anschaulicher, aber die Geländeneigung konnte man daraus nur ungefähr, die genaue Höhe eines Punktes nie entnehmen.

Abb. 1 *Die Schummerung verdeutlicht das Höhenlinienbild. Sie entspricht einer von Nordwesten einfallenden Beleuchtung.*

Höhenlinien verbinden alle Punkte, die gleich hoch über dem Meeresspiegel liegen. Sie sind gedachte Linien ohne erkennbare Entsprechung im Gelände. Sichtbar sind sie nur als Uferlinien stehender Gewässer und als Bewässerungsterrassen, manchmal an Steilhängen als Trittspuren von Weidetieren.

Eine räumliche Vorstellung vermitteln Höhenlinien nur bedingt. Darum werden sie auf Wanderkarten durch die **Schummerung** ergänzt. Dabei treten die Geländeformen durch die Licht- und Schattenwirkung einer scheinbar von Nordwesten einfallenden Beleuchtung (Schräglichtschummerung) räumlich hervor (Abb. 1).

Der senkrechte Abstand zweier Höhenlinien, also die Schichtdicke, heißt **Äquidistanz**. Sie ist für das ganze Kartenblatt gleich, wird im Kartenrand genannt (1.2) und hängt vom Landschaftstyp ab. Für die Maßstäbe der Wanderkarten verwenden ebene Länder wie die Niederlande und Dänemark eine Äquidistanz von 5 m, für Hügelland und Mittelgebirge sind 10 m üblich, und im Hochgebirge geht man auf 20 m.

Die verstärkten und bezifferten Höhenlinien heißen **Zähllinien**. Die Zahlen in der Farbe der Höhenlinien geben die Höhe über dem Meeresspiegel (ü. M.) an. Sie stehen stets so, daß ihr Fuß nach unten

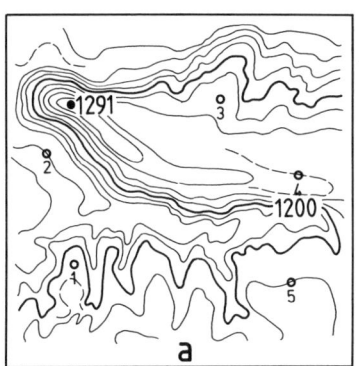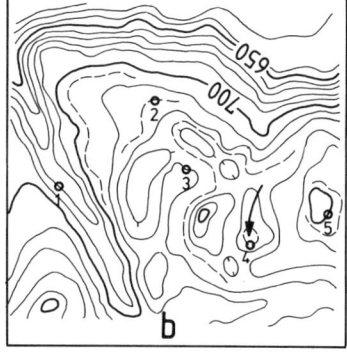

Abb. 2 *Höhenlinien, Zähllinien (stark), Hilfslinien (unterbrochen)*
[Die Zahlen 1 bis 5 gehören zu Übung 1.6.4]

weist. Wichtige Geländeformen zwischen den Höhenlinien können durch unterbrochene Hilfslinien dargestellt sein (Abb. 2).

Auf mehrfarbigen Karten sind die Höhenlinien in der Regel braun, für Gletscher und Firnfelder blau. Blaue Linien in Seen geben die Höhe ü. M. oder die Wassertiefe an. Die Farbe Schwarz auf Karten der Alpenländer zeigt steinigen Untergrund an, also Fels und Geröll.

Kleinformen. Für Geländeformen von so geringer Ausdehnung, daß sie sich mit Höhenlinien nicht mehr erfassen lassen, verwendet man Fallstriche (Keilschraffen) oder eigene Zeichen (Abb. 3). Fels kann

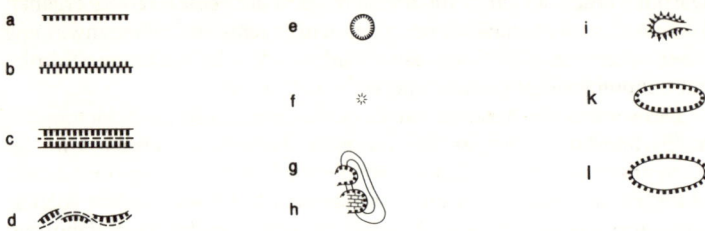

Abb. 3 *Kleinformen*
a) Böschung, b) Erdwall, Damm, c) Hohlweg, d) angeschnittener Hang und Anschüttung, e) Erdfall, f) Hügelgrab, g) (Sand- oder Kies-)Grube, h) Steinbruch, i) Halde, k) Senke, l) Erhebung mit Steilrand.

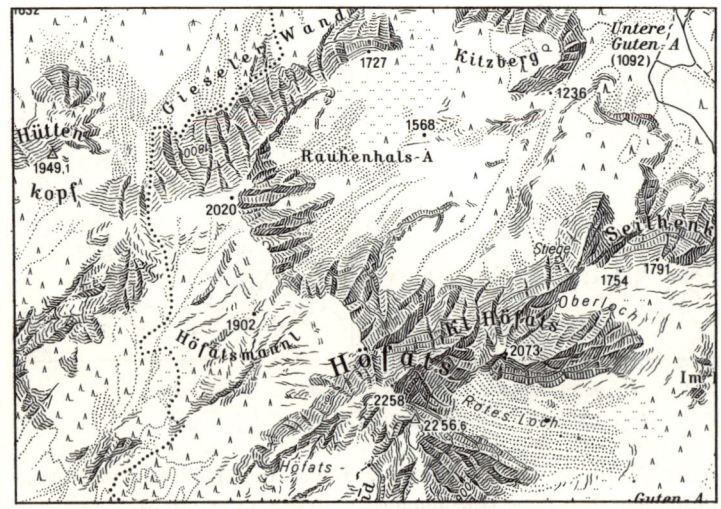

Abb. 4 *Felszeichnung auf Karten der Alpenländer. Sie zeigt in schwarzer Farbe Grate, Rinnen und (punktiert) Geröllflächen.*

auch in freier Zeichnung in einer Weise dargestellt werden, die dem optischen Eindruck nahekommt (Abb. 4); dann werden auch kurze Grate und Geröllflächen erkennbar.

Höhenpunkte. Für markante Stellen wie Gipfel, Pässe, Berghütten, Seen wird die Höhe in Metern ü. M. angegeben. Im englischsprachigen Bereich und auf Luftfahrtkarten können Fuß verwendet sein (1 Fuß = 0,305 m, 1 m = 3,28 ft). Auf Wanderkarten finden sich Höhenangaben auch bei Ortsnamen, Kirchen, Wegkreuzungen, Bahnübergängen und trigonometrischen Punkten. An Bahnhöfen stehen sie an einer Marke auf der Bahnsteigseite des Gebäudes.

Auswertung des Höhenlinienbildes. Im Alltag gehen wir vorwiegend mit Straßenkarten um. Entsprechend ungewohnt ist uns im Urlaub das Höhenlinienbild der topographischen Karte. Das Relief einer Landschaft ist aber das am wenigsten veränderliche und darum für die Orientierung zuverlässigste Merkmal, im Winter manchmal das einzige, das übrigbleibt. Freilich verlangt seine Deutung mehr Überlegung und Übung als die übrigen Darstellungsmittel der Karte.

Den Blick dafür schärft man am besten, wenn man das Gedächtnisbild einer gut bekannten Landschaft mit der *orohydrographischen* Ausgabe der topographischen Karte vergleicht. Das ist ein Sonderdruck allein mit den Farben Braun und Blau; er gibt also – ohne Schrift – allein Höhenlinien und Gewässer wieder. Man bestellt diese Ausgabe beim Buchhändler oder beim Landesvermessungsamt unter der Nummer des Kartenblattes und den nachgestellten Buchstaben OH, z. B. »L 8524 OH« für 1:50 000 oder »8524 OH« für 1:25 000. Wenn man beim Wandern eine Karte mit ungewohnter Äquidistanz verwendet, muß man sich von Anfang an bewußt ein Gefühl für die Aussage der Höhenlinien verschaffen, sonst hat man lange Zeit falsche Erwartungen.

Die Grundregeln zum Verständnis des Höhenlinienbildes sind:

- Dichte Höhenlinien zeigen steiles Gelände an.
- Die Zungen der Höhenkurven weisen in Tälern bergwärts und auf Höhen talwärts.

Rechtwinklig zu den Höhenlinien verläuft die *Fallinie,* die Richtung, in die das Wasser fließt oder fließen würde. Ein Wasserlauf parallel zu einer Höhenlinie kann nur künstlich geschaffen sein (Kanal). Wenn ein Weg schräg oder in Serpentinen einen Hang hinaufführt, schneidet er die Höhenlinien in spitzen Winkeln.

Wie man nach den Höhenlinien die durchschnittliche *Steigung* ermittelt und die *Gehzeit* schätzt, ist in 3.2.3 gezeigt.

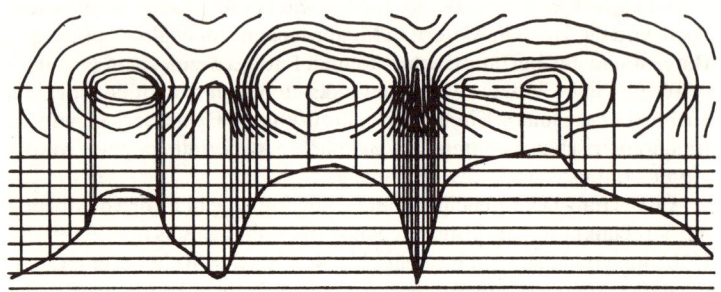

Abb. 5 *Nach den Höhenlinien kann man ein Profil zeichnen.*

Aus den Höhenlinien läßt sich auch ein *Bergprofil* oder ein *Talquerschnitt* gewinnen (Abb. 5); ohne Überhöhung ist der Aussagewert der Zeichnung allerdings gering. *Kessel* zeigen wie Kuppen geschlossene Höhenlinien; als Hohlformen ausgewiesen werden sie (nicht überall) durch nach innen weisende Fallstriche oder einen nach unten weisenden Pfeil (Abb. 2b).

Das Linienbild von *Tälern* wird verständlicher, wenn man sich klarmacht, daß Wasser oder Eis dort Material fortgeführt haben. Die Zungen der Höhenkurven ähneln bei genügend großem Maßstab dem Querschnitt des Talbodens: sie sind V-förmig im Kerbtal, U-förmig im Trog- oder Muldental und fast eckig im Kastental. Beim *Berg* zeigen talwärts gerundete Bögen einen Rücken an, enge Kurven eine Rippe, spitze Winkel einen Grat.

Die *Gefällrichtung* ergibt sich nicht überall zwingend aus den Höhenlinien allein. Klarheit kann dann eine der folgenden Überlegungen bringen:

- Geschlossene Kurven mit einem Höhenpunkt in der Mitte sind in der Regel Gipfel.
- Der Fuß der Ziffern an den Zähllinien weist nach unten (Abb. 2).
- Die Schummerung bei den Wanderkarten entspricht einer von NW, also links oben, einfallenden Beleuchtung.
- Wasser fließt in den Rinnen, Mulden und Tälern.
- Im Hochgebirge liegen die Geröllfelder und -kegel unterhalb der Felswände.

- Bäche treten am unteren Rand der Geröllflächen aus.

In Tälern mit geringem Gefälle schneiden die Höhenlinien einen Bach oder Fluß in sehr großen Abständen. Bei der gefalteten Karte ist dann die *Fließrichtung* nicht sofort zu erkennen. Meist läßt sie sich aber aus dem Bild der näheren Umgebung erschließen:

- Die Fließrichtung ist manchmal durch Pfeile angedeutet.
- Bei Zuflüssen wird die Mündung in der Regel verschleppt; sie biegen also schon vor der Einmündung in die Fließrichtung des größeren Gewässers um. Ausnahmen sind Bäche, die unmittelbar aus einem Steilhang einmünden, und die selteneren Fälle, wo sich durch Verlegung der Wasserscheide (z. B. zwischen Rhein und Donau) die Fließrichtung umgekehrt hat.
- Bei Zusammenflüssen weist der spitze Winkel in der Regel talwärts.
- Auch die Breite eines Wasserlaufs beiderseits einer Einmündung ist ein Hinweis auf den Talausgang.

Eine Abbildung in der Draufsicht vernachlässigt unvermeidlich die Senkrechten. *Steilwände* erkennt man daran, daß sich mehrere Höhenlinien vereinigen oder daß Höhenlinien dort aussetzen, wo sie sich berühren würden. Überhänge lassen sich nicht darstellen. Wasserfälle muß man im Kartenbild oft erschließen, obwohl sie in der Landschaft über große Entfernungen sichtbar sind.

Die Karte sagt auch nicht aus, ob ein Hang *zwischen Höhenlinien* gleichmäßig ansteigt (Abb. 6). Wenn nämlich die Reliefunterschiede

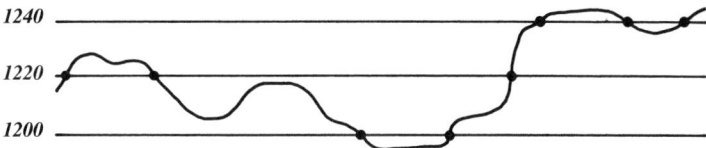

Abb. 6 *Reliefunterschiede* **zwischen** *den Höhenstufen sind im Höhenlinienbild nicht zu erkennen. Abgebildet werden nur die Schnittpunkte mit der Schichtebene.*

innerhalb der Äquidistanz liegen, werden sie nur in Ausnahmefällen mit (unterbrochenen) Hilfslinien erfaßt. Bei einer Äquidistanz von 20 m kann ein Gelände, das nach der Karte eben scheint, durch Geländewellen oder Buckel von knapp unter 20 m Höhe für den Wanderer oder Skiläufer zur Quälerei werden. Wer gar nach einer Übersichtskarte 1:200000 wandert (Äquidistanz 50 m), erlebt im Gebirge laufend

Überraschungen. Das kann reizvoll sein, ist aber ohne Karte noch wirksamer zu erreichen. Im Gebirge führt es leicht in Gefahr.

Wenn man die Höhenlinien einbezieht und den Höhenmesser richtig gebraucht, gewinnt man für die Orientierung zusätzliche *Leitlinien*, *Auffanglinien* und *Standlinien* (3.2.1).

1.1.3 Die Karte ist vereinfacht

Wenn es schon nicht mehr möglich ist, so ausgedehnte Formen wie Hügel und Mulden auf der Karte durch Höhenlinien und Fallstriche einzeln wiederzugeben, dann können punktartige Gegenstände erst recht nicht so dargestellt werden, daß man nach dem Kartenbild ihr wahres Aussehen erkennen könnte. Sämtliche Kartenzeichen sind darum Vereinfachungen: Quelle, Baum, Mühle, Turm, Kapelle, Feldkreuz usw. werden nicht abgebildet, sondern durch ein Sinnbild dargestellt. Auch die wenigen Zeichen für Straßen und Wege lassen nur eine grobe Abstufung zu. Aus den Zeichen für Wald lassen sich Baumarten und -höhen ebensowenig erschließen wie die Dichte des Bestandes. Eine Ausnahme bilden die topographischen Karten der osteuropäischen Staaten, die nach dem Vorbild der UdSSR auch die durchschnittliche Höhe und die Abstände der Bäume im Wald verzeichnen. Für einen Bauernhof mit mehreren Nebengebäuden steht, je nach Maßstab, vielleicht nur ein einziges Zeichen für Haus an der entsprechenden Stelle in der Karte. Auch der Grundriß muß nicht mit der Wirklichkeit übereinstimmen. In dichter besiedelten Gebieten werden bei kleineren Maßstäben ganze Häusergruppen zu einem Zeichen zusammengefaßt.

Alle Kartenzeichen in Linienform wie Straßen und Wege, Bahnlinien und Wasserläufe sind auf der Karte wesentlich breiter als nach dem Maßstab zu erwarten ist, weil maßstabsgerecht feine Striche für das bloße Auge nicht mehr erkennbar wären. Ein Fußweg von 1 m Breite dürfte im Maßstab 1:50 000 nur $\frac{1}{50}$ mm breit erscheinen, und selbst eine Autobahn wäre nur ½ mm breit. Der Kompaßwanderer muß berücksichtigen, daß die Verbreiterung zwangsläufig die Kartenzeichen für die seitlich unmittelbar benachbarten Gegenstände verdrängt. Eine Bundesstraße (auf der Karte 1:50 000 1,1 mm breit), eine Bahnlinie (0,6 mm) und ein breiter Bach (0,7 mm) sind im Gelände vielleicht zusammen keine 20 Meter breit. Auf der Karte jedoch nehmen sie – selbst ohne die Zwischenräume für Bahndamm, Straßen- und Uferböschung – eine Breite ein, die mindestens 120 Metern entspricht. Was seitlich davon liegt, etwa Abzweigungen, Gebäude oder die Höhenlinien eines engen Tales, kann also nicht mehr lagerichtig gezeichnet werden. Dadurch ändern sich gleichzeitig die Richtungswinkel zu benachbarten anderen Gegenständen. Bei der Arbeit mit der Wanderkarte geht man darum am besten von der Mitte eines Flusses oder einer Straße aus, wenn man ein Kartenzeichen am Rand als Ausgangs- oder Zielpunkt für die Kompaßrichtung gewählt hat.

Für kleine Gegenstände darf man also die Maße nicht aus der Karte entnehmen; dasselbe gilt für kurze Abstände. Wenn 1 mm auf der 2-cm-Karte einer Strecke von 50 m im Gelände entspricht, läßt sich nicht mehr aus dem Kartenbild feststellen, ob ein Feldkreuz unmittelbar neben einem Weg steht oder 5 oder 20 m davon entfernt. Auch aus diesem Grund ist es nützlich, die in Abschnitt 1.1.1 vorgeschlagene Tabelle anzufertigen, denn daraus geht mit aller Deutlichkeit hervor, was eine Karte beim gegebenen Maßstab überhaupt zu leisten vermag. Ob zwei Wege im selben Punkt oder um 10 m versetzt in einen anderen einmünden, läßt sich beim Maßstab 1:50 000 nicht mehr darstellen.

Was beim Vereinfachen (Generalisieren) geschieht, wird besonders deutlich an den Veränderungen beim Übergang in einem kleineren Kartenmaßstab (Tab. 2). Ein Weg oder ein Bach mit vielen Windungen erscheint im Kartenbild notwendigerweise gestreckter als in der Natur, weil sich die Schleifen, die auf 100 m Strecke möglich sind, auf 2 mm nicht mehr wiedergeben lassen. Das sollte man auch berücksichtigen, wenn man Entfernungen aus der Karte entnimmt. Ein gewundener Weg kann doppelt so lang sein, wie er nach der Wanderkarte erscheint, und auf Straßenkarten wirkt eine Paßstrecke oder eine Straße an einem Fjord entlang wegen der durch den Maßstab bedingten Vereinfachung stets kürzer.

Es hat noch einen weiteren Grund, daß die Windungen eines Weges im Gelände viel ausgeprägter erscheinen als im Kartenbild: Die Karte gibt die Landschaft in der Draufsicht wieder, im Gelände sehen wir sie aber aus der Waagerechten, also verkürzt. Heben Sie den rechten Rand dieses Buches bis dicht unter Ihr Auge, und beobachten Sie, wie dabei die Darstellung des Weges im Kartenbild der Abb. 7 ebenfalls ausgeprägter gewunden erscheint. Aus dem gleichen Grund werden Verkehrszeichen, die auf die Straße gemalt sind (Richtungspfeile, das Gefahrenzeichen »Kinder«), in die Länge verzerrt. Wer aus dem Auto daraufschaut, entzerrt das Bild wieder. Entsprechend unterscheidet sich auch die Form eines Waldstücks im Gegenhang vom Umriß in der Karte (Abb. 84).

Ausgangskarte	Vereinfachung	Folgekarte	Vorgang
			1. Vereinfachen
			2. Vergrößern/Verbreitern
			3. Verdrängen (Folge von 2)
			4. Zusammenfassen
			5. Auswählen/Fortlassen
			6. Klassifizieren/Typisieren
			7. Bewerten/Betonen

Tab. 2 Die Vorgänge beim Vereinfachen (Generalisieren)
(nach Hake, G.: Kartographie 1)

a.

b.

Abb. 7 Gewundener Weg
a) Eindruck im Gelände, b) Kartenbild

1.1.4 Die Karte ist erläutert

Selbst ein farbiges Luftbild wirkt stumm neben dem erläuterten Grundrißbild der Karte. Am ergiebigsten für die Orientierung sind Namen, Höhenangaben, bezifferte Kilometersteine sowie die Jagenzahlen im Wald.

Daß die Schrift bei *Siedlungsnamen* einheitlich von Westen nach Osten verläuft, erleichtert die Groborientierung: Norden ist am oberen Kartenrand. Die Schriftgröße deutet die Ortsgröße an, Ortsteile werden in Schrägschrift benannt. Für *Flüsse und Gebirge* folgt die Schrift dem Verlauf; auch *Flur- und Landschaftsnamen* müssen nicht waagerecht stehen. Namen verraten manchmal deutlicher als das Kartenbild, was einen im Gelände erwartet (5.4).

Abkürzungen neben den Zeichen für Gebäude, z. B. für Jugendherberge, Zollamt, Wirtshaus, Krankenhaus, geben Auskünfte, die sonst weder durch aufmerksames Beobachten noch durch gründliches Kartenstudium zu erhalten wären.

Bei *Straßen und Wegen* gibt die Strichart den Ausbauzustand an, also Breite, Zahl der Fahrbahnen, Befestigung und Befahrbarkeit. Die neuen deutschen topographischen Karten nennen dazu die gesetzliche Klassifizierung und die Straßennummern von der Europastraße bis zur Kreisstraße. Neben eingezeichneten Kilometersteinen kann die Kilometerzahl stehen. Wander- und Umgebungskarten heben *Wander- und Radwege, Freizeiteinrichtungen und Sehenswürdigkeiten* hervor.

Aus der Karte sind auch die *Grenzen* zu ersehen, die im Gelände häufig nicht erkennbar sind. Bei Staatsgrenzen können Lage und Nummer von Grenzmarken eingetragen sein.

Kartenzeichen und Abkürzungen werden in diesem Buch nicht aufgelistet, denn sie unterscheiden sich von Land zu Land, teilweise auch für die verschiedenen Maßstäbe. Jede topographische Karte bietet aber eine nach Sachgruppen geordnete *Zeichenerklärung*. Meist sind die Zeichen so anschaulich, daß sie sich von selbst einprägen. Alle unbekannten Zeichen und Abkürzungen längs des eigenen Weges sollte man unbedingt in der Zeichenerklärung aufsuchen.

1.2 Kartenrand und Kartenrahmen

Die eben erwähnten Erläuterungen beziehen sich auf Einzelheiten im Kartenbild. Aber jedes amtliche Kartenblatt bietet im Kartenrand und Kartenrahmen noch eine Fülle weiterer Angaben, die für das gesamte

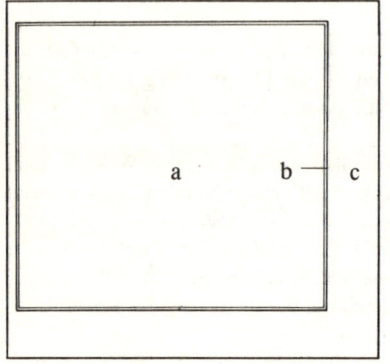

Abb. 8 *Kartenblatt*
  a) Kartenbild
  b) Kartenrahmen
  c) Kartenrand

Blatt von Bedeutung sind und unbedingt genutzt werden sollten. Die Auswahl und die Anordnung der zusätzlichen Angaben ist zwar auf den Karten der verschiedenen Länder unterschiedlich, aber es lohnt zu wissen, wonach man suchen darf.

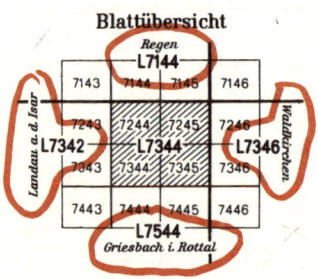

Abb. 9 *Anschlußblätter:*
  Angabe
  in einer Beikarte

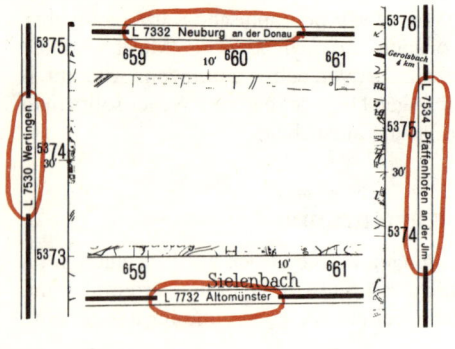

Abb. 10 *Anschlußblätter:*
  Angabe
  im Rahmen

Kartenrand. *Name* und *Nummer* des Kartenblattes stehen auf den deutschen topographischen Karten am oberen Rand des Blattes, z. B. »L 8524 Lindau/Bodensee«. Für die in den vier Himmelsrichtungen anschließenden Kartenblätter sind Nummer und Name in einer Blattübersicht (Abb. 9) oder auf jeder der vier Seiten des Rahmens (Abb. 10) angegeben, so daß man beim Kauf der Anschlußblätter genaue Angaben machen kann.

Die beiden wichtigsten Angaben für die praktische Arbeit sind *Maßstab* und *Äquidistanz.* Der Maßstab steht links oben, unten in der Mitte oder bei der Zeichenerklärung (Abb. 11). Meist ist auch noch eine Skala beigegeben, auf der man die wirkliche Entfernung für eine auf der

Topographische Karte 1:25 000 (4-cm-Karte)

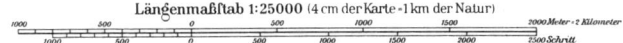

Topographische Karte 1:50 000 Ausgabe mit Wanderwegen

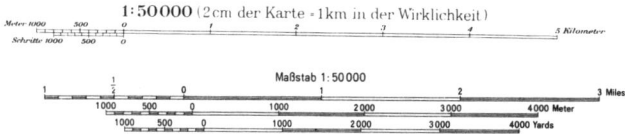

Abb. 11 Maßstab: Angabe in der Überschrift und als Skala.

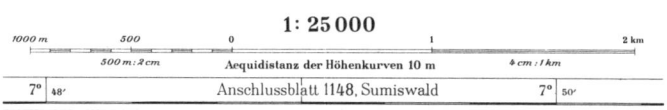

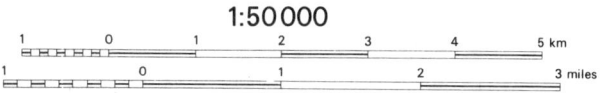

Højder er regnet fra middelvandstand og angivet i meter. Kurveækvidistance på landjorden: 5 m.

Altimetric details are based on mean sea level and are given in metres. Contour intervals: 5 m.

Höhenangaben beziehen sich auf mittlere Wasserhöhe und sind in Metern angegeben. Abstand der Höhenlinien: 5 m.

Abb. 12 Äquidistanz: Angabe beim Maßstab.

Gewässer, Bodenformen

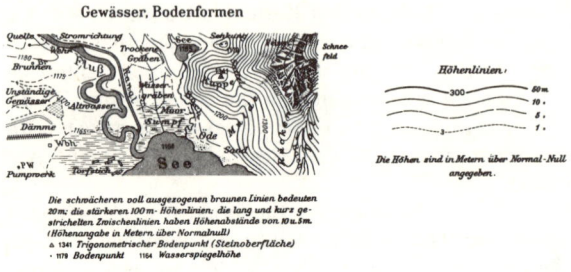

Abb. 13 *Äquidistanz: Angabe in der Zeichenerklärung.*

Karte gemessene Strecke ablesen kann. Die Äquidistanz ist entweder bei dieser Skala genannt (Abb. 12) oder in der Zeichenerklärung im Zusammenhang mit den Höhenlinien angegeben (Abb. 13).

Die *Nadelabweichung,* der Winkel zwischen den senkrechten Gitterlinien (Abb. 23, 24) und der magnetischen Nordrichtung (4.3, 4.4), wird in einem laufenden Text oder zeichnerisch angegeben (Abb. 14, 72). Man muß dabei beachten, welche Kreisteilung (2.2) verwendet ist, denn unter Umständen sind die Werte für den eigenen Kompaß umzurechnen.

Ob es sich um eine amtliche oder nichtamtliche Karte handelt, sieht man am *Herausgeber* (Abb. 15). Die amtlichen topographischen Karten

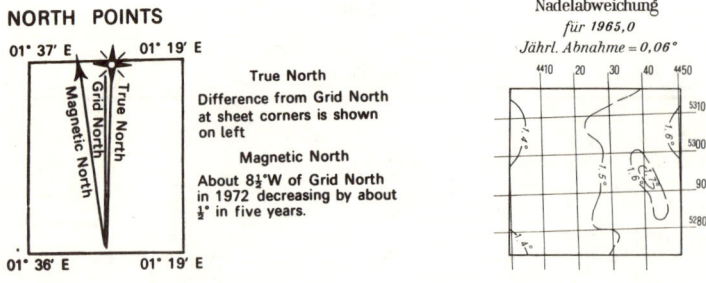

Abb. 14 *Nadelabweichung: Angabe auf verschiedene Arten und für verschiedene Stellen des Kartenblatts.*

Herausgegeben vom Bayer. Landesvermessungsamt München

Ausgabe 1990

Diese Karte ist gesetzlich geschützt. Vervielfältigung nur mit Erlaubnis des Herausgebers. Als Vervielfältigung gelten z. B. Nachdruck, Fotokopie, Mikroverfilmung, Digitalisieren, Scannen sowie Speicherung auf Datenträger.

Abb. 15 Herausgeber

sind vom Inhalt her am ergiebigsten, weil sie den Ansprüchen vieler verschiedener Benutzer gerecht werden wollen. Sie beruhen unmittelbar auf Vermessung und eignen sich aufgrund minimaler Generalisierung am besten zum Abgreifen von Maßen. Andere Herausgeber gehen in der Regel von amtlichen Karten aus und lassen mehr weg, als sie für ihren besonderen Zweck hinzufügen. Eine Ausnahme bilden die eigens für den Orientierungslauf gezeichneten Karten (9.1).

Beim Herausgeber muß man die Genehmigung zur Vervielfältigung, aber auch zur Ausschnittvergrößerung oder -verkleinerung einholen. Die Landesvermessungsämter, für die Grundkarte 1:5000 die Vermessungsämter, stellen Kopien oder Maßstabsveränderungen gegen Gebühr auch selbst her.

Ob die Eintragungen auf der Karte halbwegs auf dem gegenwärtigen Stand sind, läßt sich aus dem *Berichtigungsstand* ersehen (Abb. 16). Er ist entweder als Text oder in Form eines kleinen Planes angegeben und kann für verschiedene Teile der Karte verschiedene Jahreszahlen tragen. Es bedeuten

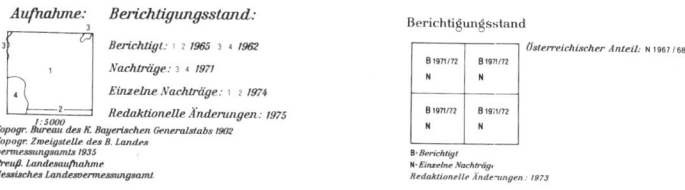

Abb. 16 Berichtigungsstand

- Berichtigung: Vollständige, durchgreifende Fortführung des gesamten Karteninhalts aufgrund von Luftbildauswertungen und örtlichen Erkundungen.
- Nachträge: Wesentliche, auffällige Veränderungen an Verkehrswegen, Siedlungsgebieten und Gewässern.

- Einzelne Nachträge: Wichtige Ergänzungen bzw. Veränderungen einzelner topographischer Objekte (Umgehungsstraßen, neue Siedlungsteile, Stauseen usw.)
- Redaktionelle Änderungen: Einzelne Namens- oder Grenzänderungen.

Planzeiger und *Neigungsmaßstab* werden künftig nicht mehr im Kartenrand erscheinen.

Auf einer weiteren kleinen Übersichtskarte sind *politische Grenzen* angegeben. Sie finden sich auch in der Karte, sind dort aber leichter zu entdecken, wenn man aus der Übersicht weiß, wo sie zu suchen sind (Abb. 17). Dieselbe Übersichtskarte nennt an den Rändern die *Sollmaße* des Kartenbildes. Der Wanderer braucht davon nur die Kartenhöhe, also den Abstand zwischen Nord- und Südrand des Kartenbildes, um Nordlinien nach Magnetisch-Nord einzutragen (4.5.2). Ihr eigentlicher Zweck ist, für sehr genaue Vermessungen etwaige Abweichungen der Papiermaße erkennen zu lassen, die durch wechselnde Luftfeuchtigkeit entstehen. Ausdehnung und Schrumpfung des Papiers sind nämlich in Längs- und Querrichtung verschieden stark, und davon sind auch die aus der Karte entnommenen Entfernungen und Winkel betroffen.

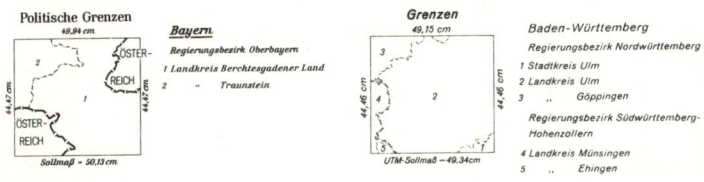

Abb. 17 Politische Grenzen und Sollmaße der Karte

Auch die im Kartenrahmen verwendeten Buchstaben und Ziffern können im Rand der Karte erklärt sein (Abb. 18). Fortgeschrittene Orientierer können danach mit den Rechenhilfen in 10.2 u. a. ermitteln: Richtung und Entfernung zwischen Orten auf verschiedenen Kartenblättern; Höhe des Polarsterns; Abweichung der Gitterlinien von der Nordrichtung (Meridiankonvergenz); Ortszeit; Sonnenrichtung und -höhe für jeden Ort der Erde und jede Tages- und Jahreszeit; örtliche Mißweisung; Tageslänge; Dauer der Dämmerung; Mitternachtssonne. Die Standortanzeige bei der Satelliten-Orientierung ist überhaupt nur zu nutzen, wenn man sie auf das geographische Netz der Karte beziehen kann.

Kartenrahmen:

△ **NW XCI 79** *Blattschnitt, Region, Schichte und Nummer der bayer. Flurkarte 1 : 5 000*

50°00' 9°00' *Bezifferung des deutschen geographischen Einheitsnetzes*

35 00 55 41 *Bezifferung des Gauß-Krüger-Gitters, Hauptmeridian 9°*

Abb. 18 Buchstaben und Ziffern im Kartenrahmen

Kartenrahmen. Auch im Kartenrahmen geben einige Länder wertvolle Hinweise. Er setzt zunächst den Karteninhalt in der Weise fort, daß Namen, die durch die Blatteinteilung ganz oder teilweise abgeschnitten sind, dort ausgedruckt werden. Bei Bahnlinien und wichtigen Straßen kann auch angegeben sein, woher sie kommen oder wohin sie führen (Abb. 19).

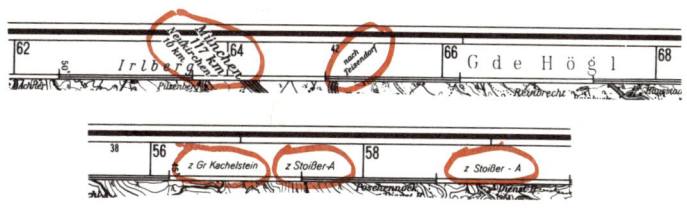

Abb. 19 Der Rahmen setzt den Karteninhalt fort

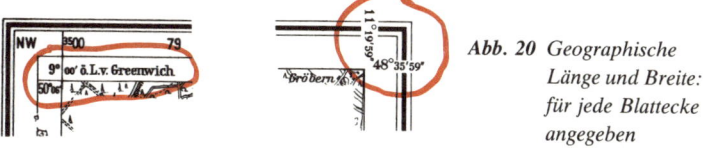

Abb. 20 Geographische Länge und Breite: für jede Blattecke angegeben

In den vier Ecken des Kartenrahmens sind die Werte für die geographische Länge und Breite der Eckpunkte angegeben, die Länge oft senkrecht, die Breite stets waagerecht (Abb. 20). Damit man die Zahlen nicht verwechselt, macht man sich klar: Längenangaben sind im oberen und unteren Kartenrahmen gleich; Breitenangaben stimmen im rechten und linken Rahmen überein.

Die abwechselnd leeren oder mit einem durchgezogenen Strich versehenen Felder in der Innenleiste des Kartenrahmens entsprechen senkrecht und waagerecht jeweils einer Bogenminute des Gradnetzes der Erde (Abb. 21). Nach jeweils einigen Feldern ist die Minutenzahl

31

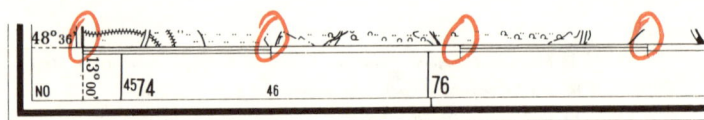

Abb. 21 Bogenminuten: Felder in der inneren Rahmenleiste

Abb. 22 Bogenminuten: im Rand des Kartenbildes angerissen

ausgedruckt. Manchmal sind die Minuten nur im Rand des Kartenbildes angerissen (Abb. 22).

Das breite mittlere Feld des Kartenrahmens ist bei den zivilen deutschen Ausgaben durch bezifferte Striche in Felder von 4 cm Länge eingeteilt. Beim Maßstab 1:25 000 tragen sie fortlaufende Nummern, bei 1:50 000 ist nur jeder zweite Strich beziffert. Man hat sich die Striche mit den entsprechenden auf der gegenüberliegenden Seite verbunden zu denken und erhält auf diese Weise ein Gitter (Abb. 23). In den militärischen Ausgaben ist das Gitter im 2-cm-Abstand eingedruckt (Abb. 24).

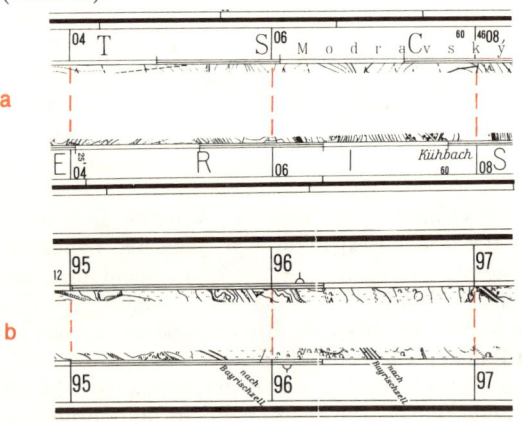

Abb. 23 Gauß-Krüger-Gitter: im Rahmen angegeben, gegebenenfalls nur jede zweite Gitterlinie

32

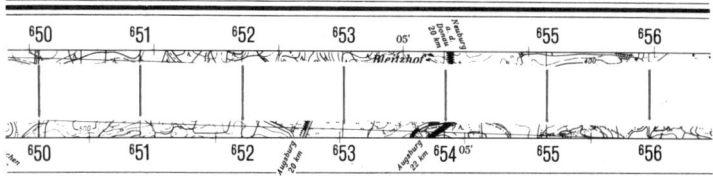

Abb. 24 UTM-Gitter: bei der militärischen Ausgabe eingedruckt

1.3 Hinweise für den Kartenkauf

Wer auf einer Bahn-, Bus- oder Flugreise nicht wenigstens einen Taschenatlas auf dem Schoß hat, bringt sich um einen Teil der Freude und des Ertrags; wer ohne Karte wandert, bleibt von anderen oder von Wegweisern abhängig und ist selbst auf einer Trekking- oder Abenteuerreise letztlich doch nur Mit- oder Nachläufer.

Andererseits liegt das Verhältnis von Wert zu Preis bei keinem anderen Teil der Ausrüstung so günstig wie bei der Karte. Darum sollte es eine Selbstverständlichkeit sein, sich spätestens bei der Ankunft im Urlaubsort oder Wandergebiet eine Karte der betreffenden Gegend anzuschaffen.

Die Wahl ist leicht zu treffen: auf jeden Fall eine *topographische Karte*. Wenn es eine Ausgabe mit zusätzlichen Hinweisen (Wanderwege, gegebenenfalls mit Nummern oder Symbolen, Radwege, Freizeiteinrichtungen und Sehenswürdigkeiten [Abb. 25]), gibt, ist diese

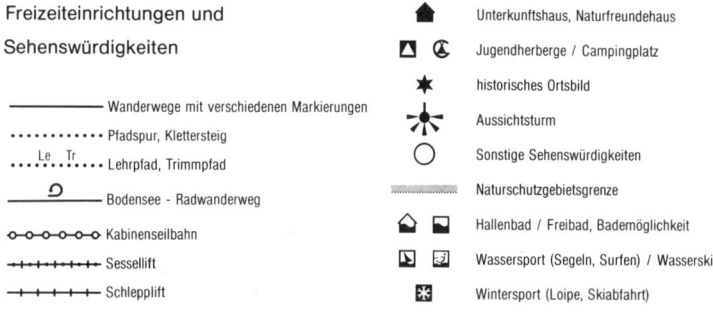

Abb. 25 Topographische Karte mit Angaben über Freizeiteinrichtungen und Sehenswürdigkeiten

vorzuziehen. Jede Karte, die nicht auf Grundlage der amtlichen Karte hergestellt ist oder sie zu weit vereinfacht, bedeutet einen Verzicht auf die Vielfalt der Angaben in der amtlichen Karte, die ja vielen verschiedenen Zwecken dienen muß. Nichtamtliche Karten vereinfachen das Kartenbild manchmal bis zur Unbrauchbarkeit. Dann ist es nicht mehr möglich, sich den geplanten Weg mit allen Einzelheiten vorzustellen oder im voraus Rast- oder Zeltplätze auszuwählen.

Um der größeren Anschaulichkeit willen ist eine Karte mit Schummerung zusätzlich zu den Höhenlinien einer Karte nur mit Höhenlinien vorzuziehen. Worum es dabei geht, ist in Abschnitt 1.1.2 erklärt worden. Wenn es für ein Gebiet eine Karte mit Schummerung gibt, werden Aufdrucke für Wanderkarten nur auf diesen angebracht.

In Grenzgebieten lohnt sich der Vergleich der auf beiden Seiten der Grenze herausgegebenen amtlichen Karten. Denn bei aller Vereinheitlichung gibt es doch Unterschiede, die die Wahl beeinflussen. Die Schweizer Karten z. B. weisen zwei Vorzüge auf, die man gerade dann zu schätzen lernt, wenn man viel mit dem Kompaß arbeitet: Das 2-cm-Gitter ist eingedruckt, und die Waldränder sind mit durchgezogenen Linien angegeben. In die deutschen amtlichen Karten muß man das Gitter selbst einzeichnen, was kaum mit einer so feinen und gleichmäßigen Strichstärke wie im Druck gelingt. Die Waldränder sind bei einigen Maßstäben (noch) durch punktierte Linien angegeben, die den Verlauf nicht so klar erkennen lassen wie eine durchgezogene Linie. Die genaue Form der Waldränder ist aber eine wichtige Orientierungshilfe, besonders im Winter, wenn andere Merkmale wie Bäche und Pfade wegfallen.

Maßstäbe und Arten. Ein großer Maßstab erleichtert das Gehen nach dem Kompaß, denn Richtungswinkel lassen sich genauer bestimmen, wenn Standort und Ziel nicht zu nahe beieinander liegen. Auch für Bergwanderungen wünscht man sich Karten in einem möglichst großen Maßstab. Alpenvereinskarten werden im Maßstab 1:25 000 herausgegeben, leider in unhandlich großen Blättern und ohne geodätisches Gitter (neuerdings aber mit einem auch für die Kompaßarbeit geeigneten Suchgitter). Mit dem Maßstab 1:25 000 ist auch am besten bedient, wer Feinheiten der Oberflächenform berücksichtigen oder beobachten möchte oder einzelnen topographischen Gegenständen nachspürt. Die größere Reichhaltigkeit hat allerdings ihren Preis: doppelt so häufiges Umfalten und, verglichen mit dem Maßstab 1:50 000, die vierfache Blattzahl für die gleiche Fläche. Das kann für eine lange Wanderung zu einer Geld- und Gewichtsfrage werden.

Maßstab	1:25 000	1:50 000	1:100 000
Kurzbezeichnung	TK 25	TK 50	TK 100
Kennbuchstabe	–	L	C
Bezeichnung nach der 1-km-Strecke	4-cm-Karte	2-cm-Karte	1-cm-Karte
alter Name	Meßtischblatt	Deutsche Karte	Generalstabskarte
Breite	10 Längen-minuten = 11,9* km	20 Längen-minuten = 23,8* km	40 Längen-minuten = 47,6* km
Höhe	6 Breiten-minuten = 11,1 km	12 Breiten-minuten = 22,2 km	24 Breiten-minuten = 44,4 km
abgebildete Fläche	132* km²	529* km²	2116* km²
Format	47,6* cm breit und 44,4 cm hoch		
besondere Eignung	Bergwandern	vielseitig (am besten nachgeführt)	Rad-/ Wasserwandern
* am 50. Breitengrad; die Zahlen wachsen von Nord nach Süd			

Tab. 3 Deutsche Wanderkarten (amtliche topographische Karten der Bundesrepublik Deutschland)

Fernwanderer werden darum den Maßstab 1:50 000 vorziehen, der sehr vielseitig brauchbar ist. Auf der Grundlage dieses Maßstabs werden nicht nur die erwähnten Wanderkarten hergestellt, sondern von geeigneten Gebieten auch Skiwanderkarten. Geologische Karten geben Auskunft über die Gesteinsarten und die Erdvergangenheit, orohydrographische Karten (1.1.2) zeigen Höhenlinien und Gewässer ohne alle sonstigen Angaben.

Radwanderer kommen mit dem Maßstab 1:100 000 aus. Auch für Wanderfahrten mit flachen Booten auf den skandinavischen und kanadischen Seen und in Schärengebieten genügt dieser Maßstab. Bei Karten 1:200 000 sind die Umrisse von Inseln schon nicht mehr genau genug wiedergegeben, und die kleinsten Inseln sind bereits weggelassen. Die Kanuverbände geben eigene Flußwanderkarten heraus. Seekarten bieten für das Wasser weit mehr Angaben, als man mit kleinen Booten benötigt, und sie vernachlässigen die Landdarstellung. Bei größeren Segel- oder Motorbooten kann man jedoch auf Seekarten und Seehandbücher nicht verzichten. Für Flieger gibt es Luftfahrtkarten.

Blattschnitt. Bei den amtlichen topographischen Kartenwerken folgt die Einteilung der Kartenblätter einem festen Schema. In der Bundesrepublik Deutschland ist auf jedem Blatt der TK 25 eine Fläche von 10 Längenminuten Breite und 6 Breitenminuten Höhe abgebildet; Überlappungen gibt es nicht. Dadurch sind oft Gebiete zerschnitten, die der Wanderer als Einheit sieht. Deshalb werden für Gegenden, wo genügend Nachfrage besteht, sogenannte Umgebungskarten hergestellt, Zusammendrucke von Teilen der amtlichen Karten. Es lohnt sich, beim Kartenkauf danach zu fragen. Sie sind unabhängig von den Blättern der Kartengrundlage numeriert und tragen vor dem Namen die Bezeichnung UK, z. B. »UK L 11 Lindau-Oberstaufen und Umgebung«. Die fehlende Randbearbeitung bei den Umgebungskarten erschwert allerdings die Arbeit mit dem Kompaß.

Aus Abb. 9 und 10 läßt sich ablesen, wie in Deutschland die Blattnummern der amtlichen topographischen Karten gebildet sind. Die beiden ersten Ziffern der vierstelligen Zahl wachsen von Nord nach Süd und geben die waagerechte Reihe an; die beiden letzten nennen die senkrechte Spalte und wachsen von West nach Ost. So zeigt das Blatt 1015 der TK 25 einen Teil der Insel Sylt, der Feldberg im Schwarzwald liegt auf Blatt 8114 und der Watzmann auf Blatt 8443.

Ein Blatt der TK 50 erfaßt das Gebiet von vier Blättern der TK 25. Es trägt die Nummer des südwestlichen Blattes der TK 25 mit dem vorangestellten Buchstaben L, dem römischen Zahlzeichen für 50, als Hinweis auf den Maßstab. Entsprechend bezeichnet man die Blätter der TK 100 mit der Nummer des südwestlichen Blattes der TK 50 und dem vorangestellten Buchstaben C.

Blattschnitt und Bezifferung werden zwar von Land zu Land verschieden gehandhabt. Aber soweit die Karten frei verkäuflich sind, kann man sie nach dem Blattschnitt-Teil im GeoKatalog (10.4) selbst für entlegene Weltgegenden gezielt bestellen. GeoKatalog 1/Touristik liegt in den meisten Buchhandlungen auf. Er bringt Landkarten (besonders Autokarten), Reiseführer, Stadtpläne und Atlanten, topographische Karten jedoch nur in Auswahl.

Im GeoKatalog 2/Geowissenschaften (Band I: Europa, Band II: Außereuropa) sind die lieferbaren topographischen und thematisch-wissenschaftlichen Karten aus aller Welt aufgeführt. Er kann in Karten-Spezialgeschäften, Fachbuchhandlungen größerer Städte und in Bibliotheken eingesehen werden.

Wenn man wählen kann, wird man sich selbstverständlich für die neueste Ausgabe einer Karte entscheiden. Doch auch dann muß man mit Überraschungen rechnen, denn keine Karte kann den gegenwärtigen Stand wiedergeben.

Schutz, Beschriftung. Die Herausgeber liefern ihre Karten gefaltet oder gerollt. Ein Buchhändler hat sie sicher nur gefaltet vorrätig, weil er sie so besser lagern kann. Wenn er sie gerollt nicht beschaffen mag, kann man sie unmittelbar beim Landesvermessungsamt bestellen.

Um die Karte gegen Feuchtigkeit und Abrieb zu schützen, beschichtet man sie – am besten ungefaltet – mit selbstklebender Folie oder imprägniert sie mit einem Sprühmittel. Dann bleibt sie länger sauber und lesbar, weicht bei Regen oder Nebel nicht auf und erlaubt darüber hinaus Einträge, die je nach dem verwendeten Folienstift wahlweise wasserfest (Gitter, Nachträge und Berichtigungen) oder abwaschbar (Streckenplanung, Standortbestimmung) sein können. Die Folie schützt wirksamer, das Besprühen geht einfacher und schneller und erhöht das Gewicht nicht. Für Einträge in einer auf der Karte nicht verwendeten Farbe empfiehlt sich Hellviolett, denn es fällt auf und deckt doch den Druck nicht ab.

Eine Karte auf Leinen aufziehen zu lassen, ist nicht mehr angebracht, seit es Klebefolien und Sprühmittel gibt. Aufgezogen kann man sie zwar falten, ohne daß der Inhalt unleserlich wird, aber sie ist längst nicht so geschützt, und vor allem kann man nicht mehr mit dem Kompaß arbeiten, weil die geraden Linien nicht mehr fluchten. Entfernungen müßte man stückeln; die Bestimmung entfernter Ziele oder gar eine Standortbestimmung nach Punkten in einem anderen Feld wäre ausgeschlossen.

In einigen Ländern kann man Karten wahlweise auch auf wasserfest ausgerüstetem Papier beziehen, z. B. in der Schweiz (Syntosil) und in Schweden (Pretex). Für häufigeren Gebrauch im Freien lohnt sich der

Mehrpreis. Die Karten sind allerdings nicht so abriebfest wie mit Folie überzogene.

Um die Karte völlig wasserfest zu verwahren, steckt man sie, entsprechend gefaltet, in einen durchsichtigen Plastikbeutel und verschließt ihn mit einem Klebeband (nicht mit Klebefilm). Plastik-Isolierband haftet auch dann noch, wenn es naß wird, hinterläßt keine Klebstoffspuren und läßt sich unterwegs leicht lösen und erneut verwenden. Eine Karte 1:100 000 muß man auf einer Wasserwanderung nämlich mehrmals am Tage umfalten.

1.4 Luftbilder

Für Gebiete, von denen es keine großmaßstäblichen Karten gibt oder wo sich die Landschaft schnell verändert, kommen als Orientierungshilfen neben oder anstelle der Karte auch Luftbilder in Frage. Sie können in den meisten europäischen Ländern über die Landesvermessungsämter bezogen werden. Die quadratische Bildfläche eines Luftbildes hat in der Regel eine Seitenlänge von 23 cm. Die für den Wanderer wichtigen Angaben finden sich mit anderen Daten im Rand, teils als Einspiegelung der Instrumente, teils als handschriftlicher Eintrag: Maßstab, Aufnahmetag und – wegen der Schattenrichtung – die Uhrzeit der Aufnahme.

Nur Senkrechtaufnahmen können die Karte wirksam ergänzen oder gar ersetzen. Nach dem Grad der Brauchbarkeit für den Kompaßwanderer sind zu unterscheiden:

Einfache Senkrechtaufnahme. Sie ist fast immer verzerrt und darum für die Winkelmessung mit dem Kompaß nur bedingt zu gebrauchen; auch Entfernungen lassen sich nicht zuverlässig entnehmen. Als Ergänzung zum Kartenbild (Gletscher und Gletscherflüsse, Lavaströme, Deltamündungen) kann jedoch auch eine einfache Senkrechtaufnahme wertvoll sein.

Entzerrte Senkrechtaufnahme. Die durch den Kamerawinkel bedingten Verzerrungen sind ausgeglichen, nicht aber die Lagefehler, die sich durch Höhenunterschiede im Gelände ergeben und die sich nach den Bildrändern hin immer stärker auswirken. Für Landschaften ohne nennenswerte Höhenunterschiede (Plateaugletscher, Urwaldflüsse) können sie aber fast als vollwertiger Kartenersatz gelten.

Orthophoto. Auch die durch die Höhenunterschiede bedingten Lagefehler sind ausgeglichen; das Bild ist winkel- und längentreu (vgl. 4.2) und erlaubt den Kompaßgebrauch wie eine topographische Karte.

Luftbildkarte. Die differentiell entzerrten Luftbilder (Orthophotos) sind auf den Blattschnitt der Rahmenkarte bezogen. Sie enthalten das Landeskoordinatensystem, ausgewählte Ortsnamen, Höhenlinien und Grenzen. Sie geben den Bildinhalt maßstabsgetreu und somit lagerichtig wieder und lassen sich daher spannungsfrei aneinanderfügen und zum Abgreifen von Maßen verwenden.

Für die Streckenplanung haben Luftbilder sogar einen besonderen Vorzug. Luftbilder werden in Reihen hergestellt, bei denen sich die Einzelbilder überdecken, und zwar in der Längs-(= Flug-)richtung um 60 bis 90%, in der Querrichtung um 20 bis 30%. Wenn man zwei Luftbilder desselben Geländestücks, die von verschiedenen Kamerastandorten aus aufgenommen sind, durch einen einfachen Stereobetrachter anschaut, wirkt das Bild räumlich. Dieser Eindruck ist anschaulicher als jedes Höhenlinienbild und läßt einen die Oberflächenformen fast wie bei einem Modell erleben.

1.5 Nordlinien auf Karte und Luftbild

Um an jeder Stelle der Karte einen Kurswinkel bestimmen zu können, brauchen wir ein Gitter von senkrechten Linien, die die Nordrichtung angeben. Bei den Karten verschiedener Länder ist dabei mit folgenden Möglichkeiten zu rechnen:

Gitter eingedruckt. Eingedruckt ist das Gitter bei den topographischen Karten z. B. der Schweiz, Englands, Dänemarks und Schwedens und bei den militärischen Ausgaben.

Schnittpunkte des Gitters. Statt durchgezogener Linien können auch lediglich die Schnittpunkte der senkrechten und waagerechten Gitterlinien als kleine Kreuze von wenigen Millimetern Balkenlänge im Kartenbild eingedruckt sein. Bei Bedarf verbindet man die betreffenden Kreuze durch einen Bleistiftstrich.

Gitter im Rahmen. Bei den deutschen topographischen Karten (ausgenommen Umgebungskarten) steht die Bezifferung für das Gitter im Rahmen, aber nur für jede zweite Gitterlinie. Die ausgezogenen Linien würden also beim Maßstab 1:50 000 im Abstand von 4 cm liegen. Wenn die Kursrichtung ziemlich genau nach Norden oder Süden weist, kann dieser Abstand für das Anlegen des Kompasses zu groß sein; darum empfiehlt es sich, jeweils genau in der Mitte zwischen zwei senkrechten Gitterlinien die fehlende einzuzeichnen.

Geographisches Netz. Auch die Angaben für das geographische Netz lassen sich für das senkrechte Gitter verwenden. Der Abstand ist aber für die Arbeit mit dem Kompaß zu groß. Bevor man zu zeichnen beginnt, muß man berücksichtigen, daß die Nordlinien des geographischen Netzes nicht parallel verlaufen, sondern polwärts aufeinander zustreben. Das macht sich zwar vor allem in hohen Breiten bemerkbar; aber die Genauigkeit wird größer, wenn man auf jeden Fall die Mitte zwischen den Meridianlinien getrennt für den oberen und den unteren Kartenrand ausmißt und dann erst die entsprechenden Punkte in den beiden Rändern miteinander verbindet. Sollten die Bogenminuten angegeben sein, kann man sich das Ausmessen ersparen und gleich die entsprechenden Felder im oberen und unteren Kartenrand miteinander verbinden (Abb. 21, 22).

Keine brauchbaren Angaben. Wenn jede brauchbare Angabe für ein senkrechtes Gitter fehlt, also auch, wenn nur ein Luftbild zur Verfügung steht, liegt es nahe, die Nordlinien nach der Magnetnadel des Kompasses auszurichten. Das Verfahren ist in 4.5.2 beschrieben. Zur Groborientierung eines Luftbildes zieht man die Schattenrichtung in Verbindung mit der Aufnahmezeit heran.

OL-Karten. Auf OL-Karten sind die Nordlinien nach Magnetisch-Nord ausgerichtet. Ihr Abstand entspricht 500 m im Gelände, beträgt also beim Maßstab 1:15 000 auf der Karte 3,33 cm und beim Maßstab 1:20 000 auf der Karte 2,5 cm.

1.6 Übungen

1.6.1 Maßstab (zu 1.1.1)

Welcher Strecke im Gelände entspricht 1 cm auf der Karte beim Maßstab
a) 1:50 000   b) 1:12 500   c) 1: 5 000
d) 1:20 000   e) 1:15 000   f) 1:250 000?

1.6.2 Maßstab (zu 1.1.1)

Welcher Strecke im Gelände entsprechen die unten wiedergegebenen Strecken beim Maßstab
a) 1:50 000   b) 1:25 000   c) 1: 75 000
d) 1:20 000   e) 1:15 000   f) 1:100 000?

a, b   ├────────────────────────┤

c, d   ├──────────────┤

e, f   ├──────────────────┤

1.6.3 Maßstab (zu 1.1.1)

Welcher Strecke auf der Karte entsprechen 5 km im Gelände beim Maßstab
a) 1: 50 000   b) 1:25 000   1:200 000?

1.6.4 Äquidistanz (zu 1.1.2)

a) Wie groß ist die Äquidistanz in Abb. 2a?
b) Wie hoch liegen die Punkte 1–5?
c) Wie groß ist die Äquidistanz in Abb. 2b?
d) Wie hoch liegen die Punkte 1–5?

1.6.5 Vergleich Karte – Gelände (zu 1.1)

a) Halten Sie für ein Ihnen noch nicht bekanntes Wegstück von etwa 3 km Länge alles fest, was Sie aus der Karte 1:25 000 oder 1:50 000 für den Weg selbst und für die Landschaft, durch die er führt, herauslesen können.
b) Gehen Sie dann diesen Weg und stellen Sie fest, was Sie nach der Karte nicht (!) erwartet hatten.
c) Prüfen Sie auf der Karte nach, wieviel davon doch schon im Kartenbild zu erkennen war.

2. Kompaß

Die Erde hat ein Magnetfeld, das ungefähr nach den Polen ausgerichtet ist. Ein Magnet, der um eine senkrechte Achse frei schwingen kann, stellt sich in die Richtung der magnetischen Feldlinien. Die Kompaßnadel ist ein solcher Magnet; ihr eines Ende wird vom magnetischen Nordpol angezogen, der in der Nähe des geographischen Nordpols liegt.

2.1 Wesentliche Teile

Die in diesem Buch dargestellten Verfahren verlangen einen modernen Lineal- oder Spiegelkompaß mit folgenden Merkmalen:

- *lange Anlegekante,* mit der man zwei Punkte auf der Karte ohne Hilfslinien verbinden kann,
- *durchsichtige Kompaßdose* mit *Nordlinien* am Boden, damit man die Nordlinien der Karte durch die Dose sehen und Winkel unmittelbar von der Karte ins Gelände und vom Gelände auf die Karte übertragen kann,
- *stabförmige Magnetnadel,* nach der man die Nordlinien der Karte oder der Dose ausrichten kann,
- *Flüssigkeitsdämpfung* der Nadel, damit sie auch dann ruhig steht, wenn man den Kompaß in der Hand hält.

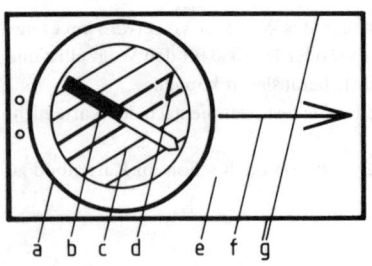

a) **Dose** *mit*
b) *Magnetnadel*
c) *Nordlinien*
d) *Nordmarke*
e) *Lineal mit*
f) *Kurspfeil*
g) *Anlegekanten*
* *Einstellmarke*

* *Als Einstell- und Ablesemarke dient bei Modellen mit drehbarem Skalenring und rechtsweisender Skala das Hinterende des Kurspfeils, bei fester und linksweisender Skala die Nordmarke.*

Abb. 26 Wesentliche Teile des Kompasses.

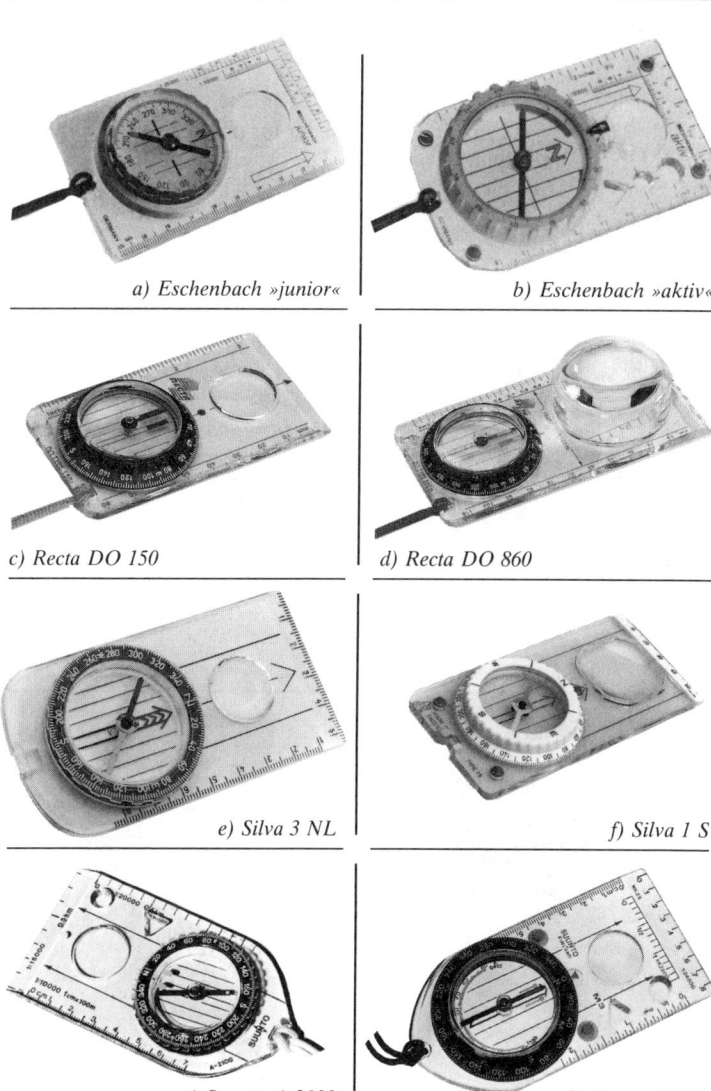

a) Eschenbach »junior«

b) Eschenbach »aktiv«

c) Recta DO 150

d) Recta DO 860

e) Silva 3 NL

f) Silva 1 S

g) Suunto A 2100

h) Suunto M3D

Abb. 27 Linealkompasse

43

Abb. 26 zeigt und benennt die Teile des Kompasses, auf die es beim Gebrauch in der Hauptsache ankommt. Was beim Kauf außer dem Preis noch zu bedenken ist, wird in 2.5 besprochen.

Abb. 27 und 28 zeigen eine Auswahl der für unsere Zwecke brauchbaren Lineal- und Spiegelkompasse. Die Anschriften der Hersteller und ihrer Vertretungen in den deutschsprachigen Ländern finden Sie im Anhang (10.5.4)

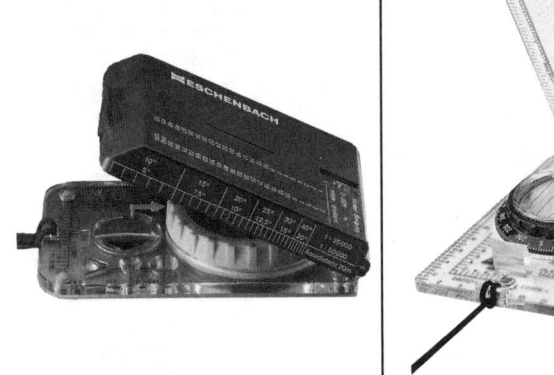

a) Eschenbach »Alpin«

b) Recta DS-50 »Cadet«

c) Silva 15 TD

d) Suunto MC-1

Abb. 28 *Spiegelkompasse*

2.2 Kreisteilung

Wer einen Kompaßkatalog durchsieht, kann mehrere Kreisteilungen angeboten finden. Es handelt sich um drei Gruppen: 360 *Grad,* 400 *Gon* und 6000 oder mehr *Strich.*

2.2.1 Grad

In Schiff- und Luftfahrt verwendet man die Teilung des Kreises in 360° (Grad). Der Anfangspunkt 0° bezeichnet Norden, dann geht es im Uhrzeigersinn weiter: Osten bei 90°, Süden bei 180°, Westen bei 270°, und im Norden fallen 360° und 0° zusammen. Diese Teilung hat den Nachteil, daß sie sich mit ihrer Unterteilung eines Grades in 60 Minuten und einer Minute in 60 Sekunden nicht in das Dezimalsystem einfügt und wir immer erst umrechnen müssen, wenn von Bruchteilen eines Grades die Rede ist (10.2.13, 10.2.14). Außerdem sind die Zahlen für den, der nicht laufend damit umgeht, unanschaulich: sind 275° nördlicher oder südlicher als genau West? Und welche Gradzahl entspricht genau Südost?

2.2.2 Gon

Im Vermessungswesen teilt man den Vollkreis in 400 Teile, die man als Gon, in älteren Schriften auch als Neugrad, bezeichnet. Diese Kreisteilung findet man auch auf französischen und skandinavischen Karten; auf manchen norwegischen Karten sind die Winkel ausschließlich in Gon angegeben. Das System hat den Vorzug, daß der rechte Winkel genau 100 Gon groß ist. So sind die Haupthimmelsrichtungen stets volle Hunderter: Osten 100, Süden 200, Westen 300 und Norden 400 bzw. 0 Gon. Die Zwischenwerte für Nordost, Südost, Südwest und Nordwest enden stets auf 50. Zahlenwerte lassen sich schneller und leichter als bei der 360°-Teilung in Richtungen übersetzen. Um die Gegenrichtung zu erhalten, erhöht oder vermindert man einfach die Kompaßzahl um 200. Unterteilt wird das Gon nach dem Dezimalsystem: 1 gon = 100 cgon.

2.2.3 Strich

Die Einteilung des Vollkreises in 6000 oder mehr Teile geht auf den Wunsch des Militärs, besonders der Artillerie, zurück, mit dem Winkelwert gleichzeitig ein handliches Maß für seitliche Abstände zu bekommen. Da der Umfang eines Kreises das 3,14fache seines Durchmessers beträgt, muß man ihn in 6280 Teile einteilen, wenn ein Teil auf 1000 m

Entfernung einem seitlichen Abstand von 1 m entsprechen soll. Der Winkelwert eines solchen Teiles wird als Strich, in manchen Ländern als *mil* bezeichnet. Das Zeichen dafür ist das Wort oder ein hochgesetzter waagerechter Strich: 6280 mils = 6280⁻.

Für den Gebrauch erscheinen einfache Zahlen wichtiger als Zentimetergenauigkeit bei den seitlichen Abständen. Darum haben verschiedene Benutzer des Strichsystems die unbequeme Zahl 6280 auf- oder abgerundet. In der Schweiz und bei der NATO teilt man den Vollkreis in 6400⁻, in Schweden in 6300⁻, in Finnland in 6000ᵛ nach dem finnischen Wort »viiva« für Strich. Die schwedische Einteilung in 6300⁻ kommt zwar der Zahl 6280 am nächsten, ist aber immer noch unbequem.

Für die Zahl 6400, in der Schweiz Artillerie-Promille (A ‰) genannt, spricht der Umstand, daß auch halbierte Winkel wieder gerade Zahlen ergeben.

Die finnische Einteilung in 6000ᵛ ist zwar vom ursprünglichen Ziel her gesehen die ungenaueste, aber ihre Anschaulichkeit ist ein großer Vorzug. Bei Kompassen mit Stricheinteilung werden nämlich die beiden letzten Stellen der Zahl weggelassen; für den Vollkreis verwendet man also 60 oder 64 Teile. Und hier entspricht die finnische Einteilung genau der, die uns vom Zifferblatt der Uhr her vertraut ist: 60 Teile sind eine volle Umdrehung der Nadel oder des Minutenzeigers, 15 entspricht Osten, 30 Süden und 45 Westen. Die Gegenrichtung erhält man, indem man 30 abzieht oder zuzählt.

Vom Gebrauchswert her sind also die Einteilungen in 400 gon oder 6000 Strich allen anderen überlegen, aber sie haben sich leider nicht allgemein durchgesetzt. In Abschnitt 10.2.11 finden sich die Umrechnungsfaktoren.

2.3 Anzeigefehler

Es kommt tatsächlich vor, daß die Magnetnadel umgepolt wird, so daß das Nordende nach Süden zeigt. Aber das kann kaum während einer Wanderung geschehen, denn dazu gehört, daß der Kompaß einem starken Magnetfeld ausgesetzt wird. Daß der Magnetismus durch das Lagern verloren geht, ist bei den neuzeitlichen Stählen nicht zu befürchten. Die nicht seltenen Fälle, in denen jemand nach dem Kompaß in die Gegenrichtung läuft, gehen in der Regel auf Ablese- oder Einstellfehler zurück. Man sollte sich sofort nach dem Kompaßkauf vergewissern und

fest einprägen, welches Ende der Nadel nach Norden zeigt. Das Nordende ist häufig rot gekennzeichnet; fast immer trägt es an der Spitze eine
Leuchtmarkierung.

Eine kleine Luftblase in der Dose stört die Anzeige nicht. Sie bildet
sich leicht bei niedriger Temperatur oder niedrigem Luftdruck und
verschwindet meist von selbst wieder.

2.3.1 Verkanten

Ein selbstverursachter Anzeigefehler ist das Verkanten des Kompasses.
Dabei schleift die Nadel mit einem Ende am Boden der Dose und kann
nicht mehr frei schwingen. Zum Verkanten neigt man besonders in den
Bergen, wenn der Zielpunkt wesentlich höher oder niedriger liegt als
der eigene Standort. Ein verstellbarer Spiegel erlaubt es, den Kompaß
in der richtigen Haltung, nämlich waagerecht, zu heben und zu senken
und dennoch mühelos die Stellung der Nadel zu beobachten.

Inklination. Die Nadel eines in Deutschland gekauften Kompasses kann
in Südafrika, Südamerika oder Australien/Neuseeland auch dann den
Boden der Dose streifen, wenn man ihn waagerecht hält. Auf der
Nordhalbkugel der Erde wird nämlich das Nordende, auf der Südhalbkugel das Südende der Nadel nach unten gezogen, um so steiler, je
weiter polwärts man steht. Am magnetischen Nord- oder Südpol zeigt

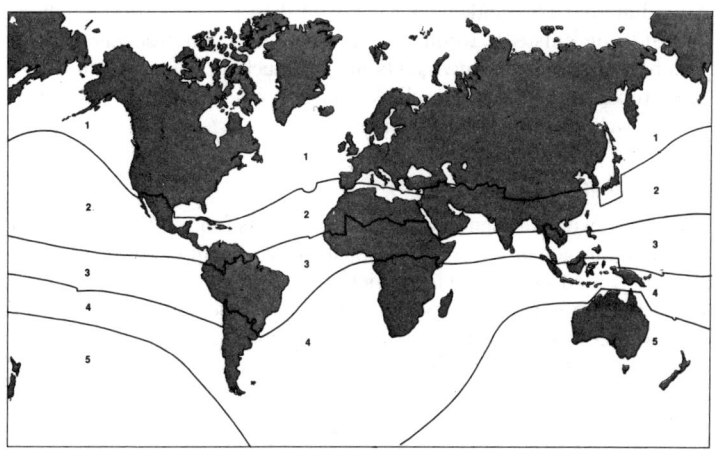

Abb. 29 Inklinationszonen

47

eine frei bewegliche Nadel überhaupt keine Himmelsrichtung mehr an, sondern stellt sich senkrecht.

Die Hersteller wirken dieser Kippneigung (Inklination) entgegen, indem sie den Schwerpunkt der Nadel verlagern, jeweils entsprechend der Zone, in der das Gerät verkauft oder angewandt werden soll (Abb. 29). Bei einem für unsere Breiten vorgesehenen Kompaß ist also gerade das Südende der Nadel schwerer, das auf der Südhalbkugel ohnehin erdwärts neigt. Wer dann dort den Kompaß schräg hält, damit die Nadel frei spielen kann, erhält – außer in Nord-Süd-Richtung – eine falsche Anzeige.

Der Einfluß der Inklination ist bei den Modellen verschieden groß, denn er hängt von der Höhe der Dose, der Lagerung und Länge der Nadel und der Art des Ausgleichs ab. Die geschlossene Dose verhindert jedenfalls eine Abhilfe. Vor einer Reise über den Äquator sollte man daher in der Anleitung nachlesen oder durch Rückfrage beim Fachhändler klären, ob die Inklination stören wird, ob sich die Dose auswechseln läßt oder ob man einen für die entsprechende Inklinationszone eingerichteten Kompaß kaufen muß.

2.3.2 Reibungselektrizität (elektrostatische Aufladung)

Manchmal scheint die Nadel am Boden der Dose festzukleben, obwohl der Kompaß waagerecht liegt. Sie wird dann durch die elektrostatische Aufladung der Dose oder des Lineals in dieser Stellung festgehalten. Die Störung entsteht, wenn der Kompaß z. B. mit trockenem Stoff gerieben wird. Sie verschwindet beim Gebrauch oft von selbst durch die Feuchtigkeit der Hand. Durch Anhauchen oder feuchtes Abwischen läßt sie sich augenblicklich beseitigen.

2.3.3 Ablenkung (Deviation)

Auch dort, wo die Magnetnadel des Kompasses frei spielen kann, zeigt sie nur dann genau an, wenn sie nicht durch Einflüsse in ihrer Nähe abgelenkt wird. Störend wirken sich u. a. aus
- magnetisch wirksame Gesteine im Boden (Eisenerz, Basalt),
- elektrische Anlagen und Gleichstrombahnen (500 m),
- Eisenbetonbauten und Gittermasten (200 m),
- Liftanlagen und Seilbahnen,
- Fahrzeuge (50 m),
- Waffen, Messer, Äxte, Armbanduhren, Stahlbrillen (5 m),
- eiserne Fels- und Karabinerhaken, Eispickel, Steigeisen,

- Fotoapparat, Belichtungsmesser, Fernglas,
- Funkgerät, Verschütteten-Suchgerät (Lawinenretter),
- Lautsprecher, Radio, Tonband- oder Diktiergerät.

In Klammern stehen die – sehr hoch angesetzten – Mindestabstände, die nach den Dienstvorschriften der deutschen Bundeswehr einzuhalten sind.

Die genannten Kleingegenstände stören die Anzeige auch dort, wo man sie nicht sieht, wie etwa die Kamera unter dem Regenumhang oder unter der Spritzdecke des Faltboots. Daß ein Kompaß auf eisernen Schiffen verwendet werden kann, wird durch eine aufwendige Kompensation der störenden Ablenkung ermöglicht.

2.3.4 Kompaßdrehfehler

In Fahrzeugen und Flugzeugen mit magnetischem Kompaß wirkt sich außer der Längs- und Querneigung und der Beschleunigung auch noch der Kompaßdrehfehler auf die Anzeige aus. Die Kompaßnadel folgt nämlich beim Kurvenfahren oder -fliegen nur mit Verzögerung, so daß der Vollkreis vollendet sein kann, bevor die Anzeige wieder die Ausgangsrichtung angibt.

2.4 Kompaßarbeit in Winkelmessung

Die Handgriffe mit dem Kompaß sind verhältnismäßig einfach zu lernen. Man versteht und behält sie jedoch leichter, wenn man von der Grundtatsache ausgeht, daß alle Kompaßarbeit letztlich Winkelmessung ist. Diese Einsicht entscheidet über den Lern- und Lehrerfolg des Buches, und alle Handgriffe und Einzelregeln lassen sich daraus ableiten:

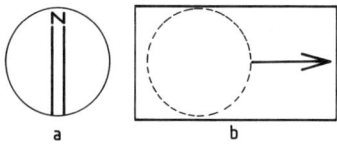

Abb. 30 Nordrichtung und Zielrichtung am Kompaß

a) **Nordrichtung:**
   *Nordmarke und Nordlinien
   an der Dose*

b) **Zielrichtung:**
   *Kurspfeil und Anlegekanten
   am Lineal*

- Kompaßdose und Lineal zusammen dienen als verstellbarer Winkelmesser.
- Man mißt im Uhrzeigersinn den Winkel von der *Nord*richtung zur *Ziel*richtung.
- Die *Nord*richtung wird dabei dargestellt durch die Nordmarke und die Nordlinien an der *Dose* (Abb. 30a).
- Die *Ziel*richtung wird dargestellt durch den Kurspfeil und die beiden Anlegekanten am *Lineal* (Abb. 30b).
- Man überträgt entweder einen auf der Karte gemessenen Winkel ins Gelände oder einen im Gelände gemessenen Winkel auf die Karte.
- Auch in den Ausnahmefällen, wo Zahlen abzulesen oder einzustellen sind, geht es um die Winkelgrößen.
- Die Kompaßnadel dient allein dazu, im Gelände die Nordrichtung zu ermitteln; auf der Karte bleibt sie unbeachtet.

Abb. 31 Nordmarken bei verschiedenen Kompaßmodellen

Die Nordmarke kann bei verschiedenen Kompaßmodellen verschieden aussehen (Abb. 31).

Welche der parallelen Linien der Dose (für die Nordrichtung) und welche auf dem Lineal (für die Laufrichtung) benutzt werden, ist belanglos. Denn wenn parallele Linien durch andere Parallelen geschnitten werden, bilden sie an den Schnittpunkten stets gleiche Winkel (Abb. 32). Wir dürfen also bei der Arbeit mit dem Kompaß jede Linie auf der Dose und jede der beiden Anlegekanten und den Kurspfeil heranziehen, ohne einen Fehler zu machen. Allerdings arbeitet man sauberer, wenn man die längeren mittleren Linien auf der Dose den kurzen am Rand vorzieht.

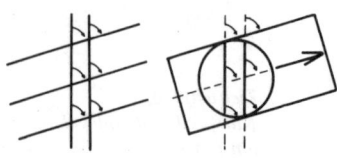

Abb. 32 Parallelen schneiden andere Parallelen stets im selben Winkel

Um die Größe des Kurswinkels anzugeben, geht man immer von der Nordrichtung aus und zählt rechtsherum, im Uhrzeigersinn, genau wie wir bei der Uhr Stunden und Minuten zählen. Abgelesen wird der Wert je nach Modell an der Einstellmarke oder an der Nordmarke (vgl. 2.1). Wenn wir einmal die Dose mit zwei Fingern frei in der Luft festhalten und den Kurspfeil nach rechts drehen, wird die abgelesene Zahl immer größer, je weiter wir gedreht haben (Abb. 33). Auch das ist uns von der Uhr her vertraut: je weiter der Zeiger, von der 12 aus gesehen, gelaufen ist, um so mehr Zeit ist vergangen. Wie beim Zifferblatt die 12 oben steht, muß beim Kompaß die Nordmarke immer nach Kartennord zeigen.

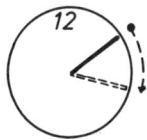 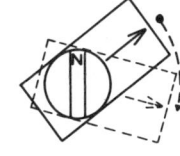

Abb. 33 Die Zahl 12 auf der Uhr und die Nordmarke auf der Dose zeigen immer nach oben

Das Ablesen des Kurswinkels ist jedoch, von wenigen Sonderfällen abgesehen, in der Praxis gar nicht nötig, denn in der Regel überträgt man unmittelbar den eingestellten Winkel, ohne die Zahlen zu beachten. Darum ist es auch nebensächlich, welche Art der Kreisteilung der eigene Kompaß hat. Da keine Zahlen abgelesen werden, arbeitet es sich mit einem Vollkreis von 360 Grad oder 400 Gon genauso gut wie mit 6000, 6300 oder 6400 Strich. Höchstens unter Kursteilnehmern kommt es vor, daß man zur Kontrolle den Zahlenwert mit anderen vergleicht. Aber auch für den Vergleich ist es aufschlußreicher zu sehen, ob der andere für das nächste Wegstück das gleiche Hilfsziel wählt.

Statt »Kurswinkel« sagt man, besonders in der Schweiz, auch Azimut oder – mit dem Gedanken an den Zahlenwert – Marschzahl. Wir bleiben im folgenden Text bei »Kurswinkel« bzw. »Zielrichtung«.

2.5 Hinweise für den Kompaßkauf

Eine Empfehlung für den Kompaßkauf soll die gedachte Verwendung berücksichtigen. Wer jedoch gerade anfängt, sich mit Karte und Kompaß zu beschäftigen, kann kaum abschätzen, welche Möglichkeiten sich damit eröffnen. Unabhängig vom Verwendungszweck gilt allgemein:

- Gewicht, Größe und Form müssen erlauben, daß man den Kompaß in der Brusttasche trägt. Nur dann kann man ihn jederzeit zu Rate ziehen. Wer den Kompaß »nur für den Notfall im Rucksack« hat, wird den Notfall früher und häufiger erleben.

- »Taschenkompasse«, rund, ohne Anlegekante und mit pfeilförmiger Nadel sowie alle Kompasse mit undurchsichtiger Dose zeigen zwar auch, »wo Norden ist«, sind aber für moderne Orientierungsverfahren nicht geeignet.

- Die sogenannten Bussolen sind teilweise erheblich aufwendiger und teurer als die hier vorgestellten Modelle, dabei für unsere Zwecke nur bedingt brauchbar.

Doch längst nicht alles, was als »Orientierungskompaß«, »Marschkompaß« oder »Touringkompaß« angeboten wird, entspricht dem neuesten Stand. Auch der in der Bundeswehr verwendete Marschkompaß ist verbesserungsfähig. Im Geschäft wird man selten fachkundig beraten, und auch von den empfohlenen Modellen erfüllt kaum eines alle Wünsche. Darum sollte jeder vor dem Kauf wissen, was man heute von einem Kompaß verlangen darf und was er für sich selbst als notwendig oder wünschenswert betrachtet.

Zuerst muß man sich zwischen Lineal- und Spiegelkompaß entscheiden. Für die Nahorientierung, also das Wandern vorwiegend auf Wegen und den Orientierungslauf, wurde der *Linealkompaß* geschaffen; wenn er die Grundforderungen erfüllt, kostet er um DM 20,–. Für möglichst vielseitigen Gebrauch auch in anderen Ländern (wo die Mißweisung zehnmal so groß sein kann wie gegenwärtig in Mitteleuropa) und für die Fernorientierung im Gebirge und auf dem Wasser ist der *Spiegelkompaß mit verstellbarer Mißweisung* das richtige Gerät; er kostet rund dreimal so viel.

Dose. Grundbedingung für genaues und flottes Arbeiten ist, daß die *stabförmige Magnetnadel flüssigkeitsgedämpft* schwingt. Ungeübte verwechseln Nord und Süd weniger leicht, wenn die Nadel nur am Nordende eine Spitze hat, am Südende dagegen rund oder stumpf endet. Eine weitere Merkhilfe bedeutet es, wenn (nur) die *Nordhälfte der Nadel rot* ist und – ebenso wie bei Einstellmarke/Nordmarke – einen Leuchtpunkt trägt.

Wenn die Nadel durch eine hohe Dose und entsprechende Lagerung eine große *Neigungsfreiheit* hat, ist der Kompaß auch in anderen Inklinationszonen besser zu brauchen.

Eine *große Dose* (nutzbare Länge der mittleren Nordlinien 35–50 mm) bringt einen doppelten Vorteil, wenn der Hersteller die Möglichkeiten genutzt hat: Längere Nordlinien kann man sauberer nach den Gitterlinien der Karte oder nach der Magnetnadel ausrichten; die Skala kann feiner unterteilt sein und läßt sich dann genauer ablesen und einstellen. Da es bei den meisten Verfahren nicht auf die Gradzahl, sondern auf den eingestellten Winkel ankommt, ist die Dose mit den längeren Nordlinien vorzuziehen.

Ein *griffiger Dosenrand* erlaubt es, die Dose auch mit Handschuhen leicht und genau einzustellen. Die Dose soll sich ruckfrei drehen lassen, der Drehung aber – überall gleichmäßig – so viel Reibung entgegensetzen, daß sie nicht ungewollt verstellt werden kann. Auf keinen Fall darf man sie seitlich verschieben können, wie das bei einigen Billigfabrikaten möglich ist.

Moderne Orientierungsverfahren setzen *Nordlinien* voraus. Linien in Ost-West-Richtung (»Querband«) sind kein Ersatz. Der Hinweis, man könne ja den Kompaß nach den Ortsnamen ausrichten, hilft aus mehreren Gründen wenig: Die Richtung ist auf diese Weise nicht annähernd so zuverlässig zu bestimmen wie nach einer Gitterlinie; die Mißweisung wird einheitlich als Abweichung von *senkrechten* Linien angegeben; wo man den Kompaß am dringendsten braucht, nämlich in unbewohnten Gegenden und auf dem Wasser, fehlen Ortsnamen; auch sonst steht die Beschriftung selten genau an der Stelle, wo man den Kompaß anlegen sollte. Der *Abstand* der beiden mittleren Nordlinien darf nur wenig größer sein als die Breite der Nadel. Nordlinien *am Boden der Dose* liegen unmittelbar auf der Karte auf und lassen sich deshalb genauer nach einer Gitterlinie ausrichten. Rote Linien heben sich zwar deutlicher vom Kartenbild ab, werden aber bei schwachem Licht nur grau wahrgenommen; schwarze sind darum bei Dunkelheit besser zu erkennen. Bei Dosen mit Mißweisungsausgleich hilft es zur besseren Unterscheidung, wenn beide Farben verwendet sind, rot für die Nordlinien und schwarz für die Nordmarke.

Die *Kreisteilung* ist letztlich willkürlich. Für die reine Orientierung sind Grad, Gon und Strich gleich brauchbar, bei der Geländeaufnahme bringt die Gon-Einteilung Vorteile. Eine doppelte Skala, etwa für Grad und Strich, verkürzt stets die Nordlinien am Boden der Dose, ist also nachteilig. Sollten die Mißweisungsangaben nicht der Kreisteilung am eigenen Kompaß entsprechen, rechnet man sie nach 10.2.11 um. Ob die Ziffern auf der *Skala rechtsläufig oder linksläufig* angeordnet sind, hängt nur von der Bauweise ab. Im ersten Fall dreht sich die Skala mit der

Dose, und das hintere Ende des Kurspfeils dient als Einstellmarke; im anderen Fall sitzt die Skala fest auf dem Lineal, und die Einstellmarke (= Nordmarke) dreht sich mit der Dose.

Sehr nützlich ist ein *verstellbarer Mißweisungsausgleich.* Sobald man ihn für ein bestimmtes Kartenblatt eingestellt hat, wird die Mißweisung zwangsläufig berücksichtigt. Der Mißweisungsausgleich sollte gegen unabsichtliches Verstellen gesichert sein, sich aber doch so einfach handhaben lassen, daß man ihn im Gelände verändern kann. Wenn zum Verstellen ein Werkzeug benötigt wird, sollte es am Kompaß selbst oder an der Tragschnur befestigt sein, damit man es jederzeit zur Hand hat. Einen Leuchtpunkt irgendwo seitlich der Nordmarke als »Mißweisungsausgleich« anzubieten, ist verantwortungsloser Unfug, aber es geschieht tatsächlich.

Ein *Neigungsmesser* wird beim reinen Wandern nicht benötigt. Wo man Neigungswinkel zuverlässig messen will, etwa bei geologischen Untersuchungen oder bei der Geländeaufnahme, ist ein getrenntes Gerät vorzuziehen (Abb. 127).

Ableselupe oder -prisma bringen für die Aufgaben, die man mit einem Handkompaß löst, keinen Vorteil, erhöhen aber Gewicht und Preis.

Lineal. Erst zusammen mit dem Lineal wird die Kompaßdose zum verstellbaren Winkelmesser und ermöglicht die vielfältigen Anwendungen, die in diesem Buch gezeigt werden.

Wenn der Kompaß eine *lange Anlegekante* hat, kann man auf der Karte größere Abstände ohne Hilfsmittel überbrücken. Spiegelkompasse haben zwar meist nur kurze Lineale, aber der voll aufgeklappte Deckel oder das geöffnete Gehäuse verlängern die Anlegekante, wenn sie zweckmäßig konstruiert sind.

Längs einer Anlegekante ist eine *Millimeterskala* erwünscht. Skalen für die verschiedenen Kartenmaßstäbe sind entbehrlich, denn nach den Millimetern kann man für jeden Maßstab die Entfernung ausrechnen. Bei manchen Modellen lassen sich Maßstabskalen auf die Vorderkante des Lineals aufschieben. Einige Hersteller bieten Aufklebemaßstäbe an, die nur Pfennige kosten.

Planzeiger für die Maßstäbe 1:50 000 und 1:25 000 sind nützlich, um die Lage von Punkten auf der Karte schnell und eindeutig zu beschreiben. Wer das nur gelegentlich tut, kommt mit der Millimeterskala aus.

Zum Zählen von Höhenlinien oder bei ungünstigen Lichtverhältnissen lernt man die *Lupe* schätzen. Im Notfall dient sie auch als Brennglas. Wer für alle Schrift auf eine Vergrößerung angewiesen ist, wählt am besten ein Modell mit aufgesetzter Lupe, also fest eingestellter Brennweite. Sie erhöht allerdings das Gewicht.

Mit einem *Markierungsloch* von 6 bis 8 mm Durchmesser lassen sich Punkte auf der Karte sauber und zentriert bezeichnen, ohne daß ihre nähere Umgebung unleserlich wird.

Flache *Gummifüße* auf der Unterseite des Lineals verhindern, daß das Lineal auf der Karte verrutscht, wenn man die Dose dreht.

»Schrittzähler«, die an der Längsseite des Lineals angeschraubt werden können, zählen gar keine Schritte, sondern dienen lediglich als Merkhilfe. Entweder drückt man den Hebel alle hundert Schritte und braucht dann beim Zählen nur auf die Einer und Zehner zu achten, oder man drückt ihn jeweils bei der Schrittzahl, die beim eigenen Schrittmaß einer Strecke von hundert Metern entspricht. Der Schrittzähler macht einer der beiden Anlegekanten als Lineal unbrauchbar. Beim Umgehen von Hindernissen kann er das Gedächtnis entlasten; für die Geländeaufnahme ist aber ein getrenntes Gerät handlicher (Abb. 126).

Eine *Libelle* ist nur sinnvoll bei Kompassen, die auf ein Stativ geschraubt werden sollen.

Spiegel. Der Spiegel macht es möglich, einen Punkt im Gelände anzupeilen und gleichzeitig die Stellung der Magnetnadel zu beobachten. So erhält man zuverlässigere Ergebnisse bei der Standortbestimmung und der Orientierung nach entfernten Punkten, beim Ermitteln der magnetischen Nordrichtung und bei der Geländeaufnahme. Ein Spiegel unter der Dose erlaubt zwar, die Skala seitenrichtig abzulesen; aber mit wenigen Ausnahmen achtet man bei den hier gezeigten Verfahren nicht auf Zahlen, sondern darauf, daß Magnetnadel und Nordlinien parallel stehen.

Ein Spiegel *im Deckel* verführt erst gar nicht dazu, beim Peilen nach den Zahlen zu schauen. Wenn der Deckel genauso breit ist wie das Lineal und sich bei aufgelegtem Kompaß bis in die Kartenebene zurückklappen läßt, verlängert er die Anlegekante. Einen Kompaß mit einem Deckel in auffallender Farbe findet man leichter wieder, wenn man ihn einmal abgelegt hat.

Damit das Blickfeld beim Visieren nicht auf einen Schlitz beschränkt wird, trägt der obere Deckelrand eine *Kimme* und der Spiegel einen senkrechten *Mittelstrich.* Wenn man nämlich nicht auch die Umgebung des Zielpunktes sieht, findet man im dichten Wald, vor einer Bergkette oder vor einem Inselgewirr ohne Kompaß die Stelle nicht wieder, die man angepeilt hatte. Der Mittelstrich verringert auch die Gefahr, daß man den Kompaß verkantet und dadurch falsche Werte erhält (Abb. 46).

Ist der Spiegel *stufenlos schwenkbar*, so behält man die Dose mit der Nadel auch dann noch im Blick, wenn man bergauf oder bergab visiert. Denn der Kompaß muß auch dabei waagerecht gehalten werden, sonst kann die Nadel schleifen.

Sonderkompasse. Ein *Armbandkompaß* ist handlicher als ein Lineal- oder Spiegelkompaß, wenn es allein darum geht, die Karte einzunorden oder grob eine Richtung einzuhalten. Auf Skiwanderungen ist er für lange Abfahrten in unübersichtlichem Gelände die beste Lösung. Er ist zwar nicht durchsichtig und hat keine Anlegekante. Wenn die Dose drehbar ist, lassen sich trotzdem Richtungen auch aus der Karte übernehmen, indem man das Armband zwischen Standort und Ziel straff spannt.

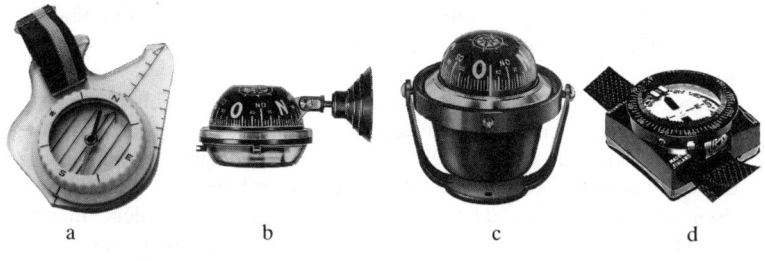

a   b   c   d

Abb. 34 Sonderkompasse
> *a) Daumenkompaß, b) Autokompaß, c) Bootskompaß, d) Taucher-kompaß*

Der *Daumenkompaß* (Abb. 34a) wurde für Spitzenläufer bei Orientierungswettkämpfen geschaffen, wo man die Karte eingenordet in der Hand hält und dabei mit dem Daumen den letzten Standort bezeichnet. Er setzt Kompaßerfahrung sowie kurze Kompaßstrecken in gut gegliedertem Gelände voraus. Dann spart man damit auf jeder Teilstrecke einige Sekunden, kann seinen Standort aber schlechter als mit dem Linealkompaß bestimmen.

Ein *Peilkompaß* bringt Vorteile bei der Geländeaufnahme, auf Wasserwanderungen und beim Gehen nach einer Wegtabelle, taugt aber zum Wandern weniger als der einfachste Linealkompaß. Er wird in Abschnitt 8.2.1.1 vorgestellt.

Der *Autokompaß* (Abb. 34b) dient zur Groborientierung im Fahrzeug. Er hilft auch bei Umleitungen, Ortsausfahrten und innerhalb großer Städte. Der beste Platz ist in der Mitte der Windschutzscheibe unter dem Rückspiegel. Ein Autokompaß sollte kompensierbar sein; beim Ausgleich der Ablenkung muß man einige Regeln beachten:

- nach MaN ausrichten und eine örtlich abweichende Mißweisung, soweit sie ins Gewicht fällt, nur rechnerisch berücksichtigen (bisher hat noch kein Hersteller daran gedacht, dafür eine verstellbare Marke vorzusehen),
- die Bedingungen wie während der Fahrt schaffen (Türen geschlossen, Motor laufend, ggf. andere Stromverbraucher eingeschaltet),
- den Fehler in jeder Himmelsrichtung nur halb ausgleichen und den Vorgang wiederholen, bis der Restfehler erträglich erscheint,
- mit einem anderen Kompaß abseits vom Fahrzeug prüfen, ob die Ladung (Dachlast!) die Bedingungen verändert hat.

Man darf dem Autokompaß nie so vertrauen wie einem Lineal- oder Spiegelkompaß. Auch die Hersteller versprechen keine größere Genauigkeit als ±15°. Der Winkel entspricht dem Weg des Minutenzeigers in 2½ Minuten; die seitliche Abweichung vom Kurs kann also nach beiden Seiten bis zu einem Viertel der Fahrstrecke betragen.

Bootskompasse (Abb. 34c) haben wie Autokompasse entweder eine kardanische Aufhängung oder sie schwimmen frei in einer durchsichtigen Kugel. Bei jedem fest eingebauten Kompaß geht die Kielrichtung des Bootes und ggf. die Ablenkung durch das Boot selbst in die Rechnungen ein. Dadurch wird die Kurs- und Standortbestimmung auf kleinen Booten umständlicher, aber kaum genauer als mit einem Handkompaß. Ohne Landsicht, also auf offener See, bei Nebel oder nachts, kommt man aber schwerlich ohne Bootskompaß aus.

Bei Boots- und Autokompassen, die in Fahrtrichtung abgelesen werden, sind die Himmelsrichtungen scheinbar verkehrt eingetragen, wenn man von oben daraufschaut.

Beim *Blindenkompaß* kann sich die magnetische Scheibe drehen, solange der Deckel geschlossen ist. Sie bleibt stehen, wenn man den Deckel öffnet, und man kann dann die in Blindenschrift angegebenen Himmelsrichtungen ertasten.

Taucherkompasse (Abb. 34d) sind für hohen Wasserdruck und schlechte Lichtverhältnisse ausgelegt und teilweise mit einem Tiefenmesser verbunden. Meist werden sie wie Armbanduhren getragen.

✳

	Linealkompaß	Spiegelkompaß	Peilkompaß (8.2.1.1)
Genauigkeit	2°–4°	1°–2°	1/3°–1/2°
Gewicht ab	28 g	35 g	50 g (mit Lineal) 110 g (im Gehäuse)
Preis ab	23 DM	40 DM	72 DM
Eignung	*Nah*orientierung: Wandern auf Wegen, kurze Kompaßstrecken, OL-Wettkämpfe	*Fern-* und Nahorientierung: im Gebirge und auf dem Wasser (Wegaufnahme)	*Fein*orientierung: sehr genaue Standortbestimmungen, einfache Vermessung; Gehen nach Wegtabelle; *nicht zum Wandern,* aber bei Landsicht auch als Bootskompaß verwendbar
Vorzug	sofort ablesbar; leicht, flach, billig	Nadel liegt beim Peilen im Blickfeld	Ablesen ohne Einstellen = Einhandbedienung
Nachteil	Nadel liegt beim Peilen nicht im Blickfeld	Spiegel muß zum Ablesen aufgeklappt werden: dazu beide Hände nötig	gemessener Winkel wird nicht festgehalten; Kartenarbeit verlangt Hilfsmittel

Tab. 4 Handkompasse

Tabelle 4 gibt einen Überblick über die drei Gruppen, in die man die modernen Handkompasse aus der Sicht des Wanderers einteilen kann. Die Gewichtsangaben mögen überflüssig erscheinen. Aber der Kompaß gehört nun einmal beim Wandern in die Brusttasche, – und es werden Modelle als Wanderkompaß angeboten, die über dreimal so viel wiegen (und kosten: »Imponierspielzeug« nennen sie die Hersteller selbst). Außerdem: Wer bei zwanzig Teilen seiner Wanderausrüstung je

100 g einspart, braucht zwei Kilo weniger zu tragen; wenn er dafür Lebensmittel einpackt, ist er auf einer Fernwanderung mehrere Tage länger unabhängig.

2.6 Weitere Orientierungshilfen

Dieser Abschnitt könnte Anfänger erschrecken. Sie sollten darum 2.6 zunächst überschlagen und erst lesen, wenn sie schon einige Erfahrungen im Gelände gesammelt haben.

2.6.1 Höhenmesser

Die wichtigste Orientierungshilfe nach Karte und Kompaß ist – in entsprechendem Gelände – der Höhenmesser (Abb. 35). Ein gutes Gerät mit großem Meßbereich, Temperaturkompensation und einem Teilstrich für je 10 Höhenmeter kostet mehrere hundert DM. Das Angebot reicht von Geräten mit 50-m-Skala (ab DM 50,–) bis zum vollelektronischen Gerät mit einer (Anzeige-)Genauigkeit von 1 m (über DM 700,–).

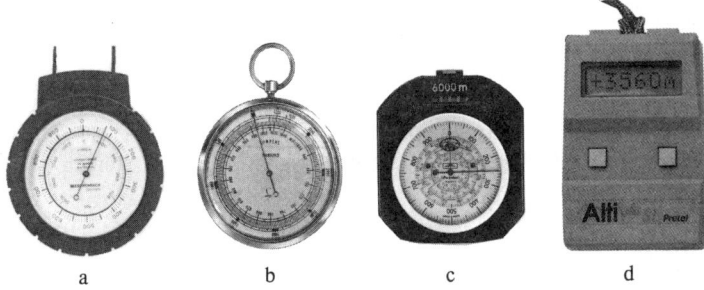

a   b   c   d

Abb. 35 Höhenmesser
a) Eschenbach »alpin 6000«, b) Lufft 6003, c) Thommen TX 22,
d) Pretel Altiplus S 1

Der Höhenmesser ergänzt Karte und Kompaß bei der Standortbestimmung und erweitert die Möglichkeiten dazu. Die Verfahren »Richtung und Höhenlinie« (5.2.1), »Geneigte Standlinie und Höhe« (5.2.2) und »Richtung einer Höhenlinie« (5.2.4) setzen genaue Höhenmessungen voraus. Wenn ähnliche Punkte wie Berg, See, Weggabel, Hütte, kreuzender Bach anders nicht sicher zu unterscheiden sind, lassen sie sich unter Umständen nach ihrer Höhe über dem Meeresspiegel bestimmen. Der Höhenmesser kann beim Vergleich mit den Höhenangaben der Karten auch zeigen, wie weit man auf seinem Weg bereits gekommen ist, besonders bei höchsten oder tiefsten Punkten auf Kammwanderungen, in langen Tälern und selbstverständlich beim reinen Bergsteigen.

Freilich mißt ein Höhenmesser die Höhe nur mittelbar, unmittelbar jedoch den *Luftdruck,* also das Gewicht der Luftsäule über dieser Stelle. Die Luftsäule ist um so kürzer (und leichter), je höher man steht. Außer von der Höhe über dem Meeresspiegel hängt der Luftdruck auch noch vom Wetter und der Lufttemperatur ab. So wird bei *Schön*wetter (= Hochdruck) eine *geringere,* bei *Schlecht*wetter (= Tiefdruck) eine *größere* Höhe angezeigt. Auch Temperatursprünge – von milder Luft im Wald zu schneidender Kälte über der Baumgrenze, von frostiger Luft im Waldschatten in den Sonnenschein an baumfreien Stellen – erscheinen in der Anzeige als Höhenunterschiede. Das Gerät ist also ein Luftdruckmesser, der innerhalb enger zeitlicher und örtlicher Grenzen zur Höhenanzeige benutzt werden kann.

Um den Anzeigefehler gering zu halten, stellt man den Höhenmesser möglichst oft neu ein, z. B. nach höchstens 200 Höhenmetern, 2 Stunden oder 10 km Horizontalentfernung. Selbst dann sollte man immer noch mit einer Ungenauigkeit von 10 m rechnen. Zum Ablesen hält man das Gerät waagerecht und tippt leicht auf das Glas.

Wenn man am Ort bleibt, über Nacht zum Beispiel, dient der *Höhenmesser als Barometer* und gibt Auskunft über das Steigen oder Fallen des Luftdrucks.

Den Normaldruck für die eigene Höhe kann man auf einem Taschenrechner mit der Taste »eˣ« näherungsweise selbst berechnen (10.2.22). Die Werte dort gelten für den Normalverlauf der Temperaturkurve; außerdem sind sie gerundet. Wenn man jedoch nur auf das kommende Wetter schließen will, fällt der Fehler nicht ins Gewicht. Denn bei extremen Wetterlagen kann die Abweichung vom Normaldruck in der Anzeige über 300 Höhenmetern nach oben und unten entsprechen.

2.6.2 Schrittzähler

Auf Wegen sind Schrittzähler, die nach dem Trägheitsprinzip arbeiten, die zuverlässigste Art, die zurückgelegten Strecken zu messen. Bei den neuen Geräten mit Digitalanzeige (Abb. 126b in 8.2.1.2) läßt sich die Schrittlänge zentimetergenau einstellen und die zurückgelegte Strecke wahlweise in Schritten, Metern, Fuß oder Meilen ablesen. Schrittzähler zählen *jede* Erschütterung. Bei der Rast oder bei Abstechern, die nicht gemessen werden sollen, muß man sie also anhalten oder ablegen oder die Meßergebnisse, auf die es einem ankommt, anderweitig festhalten.

2.6.3 Uhr

Die Zeitmessung ist die zweite Möglichkeit, um die zurückgelegten Strecken zu schätzen; sie ist weniger genau, denn das Gehtempo wechselt noch leichter als die Schrittlänge.

Eine Zeigeruhr braucht man aber auch, um nach Sonne oder Mond die Richtung zu bestimmen (4.4.3, 7.1.2). Zuverlässige Ergebnisse setzen allerdings voraus, daß man dabei statt der Uhrzeit die Ortszeit zugrunde legt. Dazu sind Normalzeit, Sommerzeit, mittlere Ortszeit und wahre Ortszeit zu unterscheiden.

Normalzeit. Die Bahn der Erde um die Sonne ist kein Kreis, sondern eine Ellipse, und die Erdachse steht schräg zu dieser Umlaufbahn. Daraus ergeben sich Unregelmäßigkeiten in der Tageslänge. Für die Normalzeit, also auch die Zeitangabe in Rundfunk und Fernsehen, sind diese Abweichungen über das Jahr gemittelt.

Die Normalzeit entspricht dem Zeitunterschied von einer Stunde für je 15 Längengrade. Die koordinierte Weltzeit UTC (Universal Time Coordinated, auch als Westeuropäische Zeit, WEZ, oder früher als Greenwich Mean Time, GMT, bezeichnet) ist auf den Nullmeridian durch Greenwich bezogen, die Mitteleuropäische Zeit, MEZ, auf die geographische Länge 15° O und die Osteuropäische Zeit, OEZ, auf 30° O. Aber die Ränder der Zeitzonen folgen den politischen Grenzen (Abb. 36), und es gibt auch Länder mit Zwischenwerten. Von Spanien bis Polen, also von 9° W bis 24° O, gilt MEZ; Großbritannien, Portugal, Island und fast ganz Westafrika, also Länder zwischen 24° W und 12° O, haben WEZ. Finnland, Rumänien, Bulgarien, Griechenland und die Türkei verwenden Osteuropäische Zeit; ob und wie sich die baltischen Länder und die GUS-Staaten entschieden haben, ist noch nicht bekannt. Die Zeitzonen in den USA heißen Eastern Standard Time (75° W = UTC − 5), Central Standard Time (90° W = UTC − 6), Mountain Standard Time (105° W = UTC − 7) und Pacific Standard Time (120° W = UTC − 8).

Sommerzeit. Wenn die Uhr im Sommer vorgestellt wird, entspricht die Sommerzeit für eine Zeitzone der Normalzeit für die ostwärts benachbarte Zeitzone: Sommerzeit für WEZ (= WESZ = UTC + 1) ist

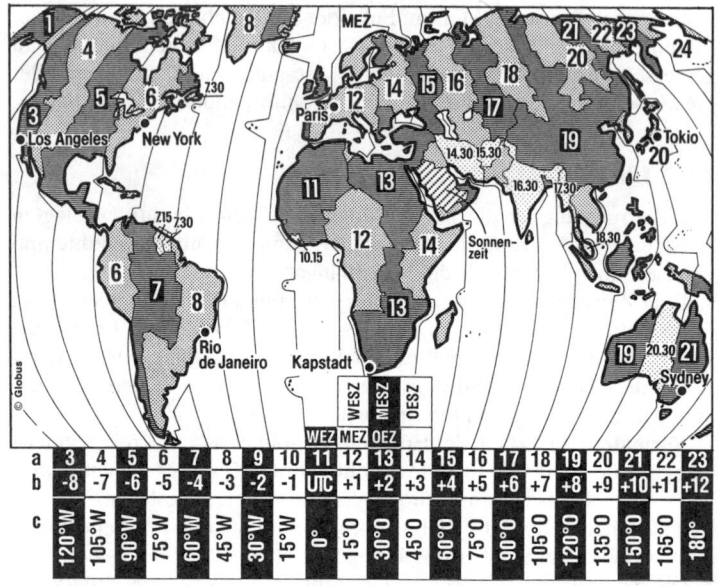

Abb. 36 *Zeitzonen der Erde (Karte: Globus 5183)*
   a) Uhrzeit um 12.00 Uhr MEZ
   b) Weltzeit (UTC)
   c) Zeitmeridian

Normalzeit für MEZ; MESZ entspricht OEZ = UTC + 2. Die Sommerzeit beginnt und endet nicht überall einheitlich.

Mittlere Ortszeit, MOZ. Die mittlere Ortszeit ergibt sich aus dem Unterschied zwischen der geographischen Länge des Standorts, die man aus dem Kartenrahmen abliest, abzählt oder abschätzt (Abb. 20–22), und des Zeitmeridians, z. B. 15° O für MEZ. Nur für die Orte längs des Zeitmeridians stimmen Normalzeit und mittlere Ortszeit überein. Jeder Längengrad Abstand vom Zeitmeridian bedeutet vier Minuten Zeitunterschied gegenüber der Uhrzeit.

Nach MOZ ist es später als nach Normalzeit, wenn der Standort ostwärts vom Zeitmeridian liegt (denn die Sonne hat den Standort bereits passiert); westlich davon ist es früher (denn die Sonne hat den

Standort noch nicht erreicht). Deutschland und die Schweiz liegen westlich von 15° O. Nach MOZ ist es daher in Deutschland, in der Schweiz und im größeren Teil von Österreich früher als nach MEZ. Für Aachen (6,1° O) beträgt der Unterschied fast 35,6 Minuten bei Normalzeit, bei Sommerzeit also über anderthalb Stunden.

MOZ bestimmt man nach der Formel

> MOZ = Uhrzeit ±(Längenunterschied in Grad · 4) Minuten
> + bei Standort ostwärts des Zeitmeridians
> − bei Standort westlich des Zeitmeridians

Beispiel Aachen (6,1° O)
Uhrzeit = 15.30 Uhr MEZ (entspricht 15° O)

Längenunterschied = (15−6,1)° = 8,9° (Standort westlich)
MOZ = 15.30 Uhr−(8,9 · 4) min = *14.54 Uhr*

Wahre Ortszeit, WOZ. Die wahre Ortszeit entspricht dem tatsächlichen Sonnenstand für einen bestimmten Kalendertag. Sie kann über 16 Minuten von MOZ abweichen. Nur viermal im Jahr, *um* den 16. 4., 14. 6., 2. 9. und 26. 12., ist WOZ gleich MOZ; die Abweichung ist am größten *um* den 11. 2., 14. 5., 26. 7. und 3. 11. Die genauen Daten könnte man nur für eine bestimmte Jahreszahl nennen, da das Kalenderjahr etwa 1/4 Tage kürzer ist als das Sonnenjahr und dieser Unter-

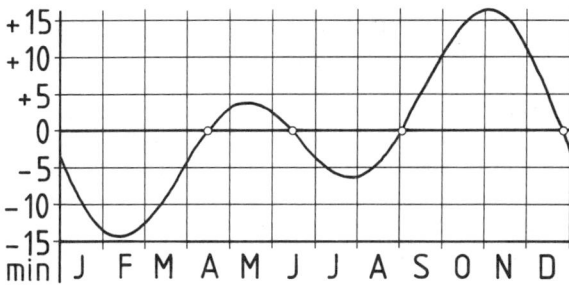

Abb. 37 Zeitgleichung: Abweichung der wahren Ortszeit (WOZ) von der mittleren Ortszeit (MOZ) im Lauf des Jahres
WOZ = MOZ + Zeitgleichung; 1 mm Höhe entspricht 1 Minute

schied jedes vierte Jahr (Schaltjahr) durch den 29. Februar ausgeglichen wird.

Die Abweichung für ein bestimmtes Datum entnimmt man der *Zeitgleichung* (Abb. 37/Tab. 17). Die Formel für WOZ lautet dann

$$WOZ = MOZ + Zeitgleichung$$

Beispiel 11. Februar
übrige Werte wie oben

Zeitgleichung für 11. Februar = rund – 14 Minuten
WOZ = 14.54 Uhr – 14 min = *14.40 Uhr*

Da der Abstand zwischen den Längengraden polwärts abnimmt (10.2.23), ändert sich die Ortszeit, auf die Ost-West-Entfernung bezogen, längs des 69. Breitengrads doppelt so schnell wie auf der Breite von München und dreimal so schnell wie am Äquator.

2.6.4 Taschenrechner

Mit einem guten Taschenrechner lassen sich Orientierungsaufgaben lösen, an die sich noch vor wenigen Jahren nur ein Fachmann am Schreib- oder Kartentisch heranwagen konnte, weil er dazu in Tafeln nachschlagen mußte. Zu denken ist an die rechnerische Bestimmung entfernter Punkte und der Mißweisung nach dem Sonnenstand sowie an Standortbestimmungen über große Entfernungen. Man nimmt sich damit auch eher eine Rechnung vor, die man sich sonst vielleicht schenken würde, etwa Entfernung, Gehzeit, Steigung, Ortszeit, Tageslänge, Dauer der Dämmerung, Normaldruck der Luft für eine bestimmte Höhe ü. M.

Besonders brauchbar für unterwegs sind leichte Modelle, bei denen man ohne Stift und Papier auskommt: Solarrechner mit mehreren Speichern und Hexagesimaltaste. Sie sind unabhängig von Batterien und ersparen einem beim Wechsel zwischen Dezimal- und Sechzigersystem die Nebenrechnung für Gradunterteilungen und Uhrzeiten. Der Preis für solche Rechner ist inzwischen auf fast DM 30,– gesunken; sie wiegen nur wenig über 100 g.

Die Tasten, mit denen man auf dem Taschenrechner aus sin, cos, tan die Winkelgröße ermittelt, sind je nach Modell z. B. *sin*$^{-1}$, *INV sin* oder *arc sin*. In diesem Buch ist die dritte Schreibweise verwendet.

2.6.5 Satelliten-Orientierung (GPS)

Seit dem Sommer 1990 steht das Global Positioning System (GPS) allgemein und an allen Punkten der Erde zur Verfügung. Reinhold Messner und Arved Fuchs haben sich auf ihrem Marsch zum Südpol 1989/90 bereits damit orientiert. Die (auch) batteriebetriebenen Geräte zeigen – unabhängig von atmosphärischen Bedingungen (Wolken, Luftdruck usw.) – mit Hilfe von drei Satelliten Länge und Breite des

Abb. 38 Geräte zur Satelliten-Orientierung (GPS)

Standorts auf 100 m genau an, mit vier Satelliten auch die Höhe des Standorts über dem Meeresspiegel. Außerdem ermitteln sie (u. a.) die Richtung zum nächsten Zielpunkt. Doch sie geben nur Standort und Kurswinkel an. Man kann so zwar nie mehr verlorengehen; aber um die Richtung im Gelände zu finden und einzuhalten, bleibt man weiterhin auf den Kompaß angewiesen, muß sich also auch weiterhin mit der Mißweisung auseinandersetzen.

Nach dem Stand von April 1992 stehen für zivile Benutzer bereits sechs Modelle verschiedener Hersteller zur Verfügung. Sie wiegen betriebsbereit zwischen 600 g und 1600 g, sind unterschiedlich leistungsfähig und kosten zwischen DM 3000,– und 7000,–. Die Preise sinken schnell.

GPS wird mit Sicherheit *die* Navigations- und Orientierungshilfe der Zukunft. Um sie zu nutzen, muß man die angezeigten Werte in eine Karte mit geographischem Netz übertragen.

2.6.6 Wanderkameraden

Wer in schwierigem Gelände oder in unbewohnten Gegenden die Orientierung übernommen hat, trägt eine große Verantwortung und darf sie unterwegs und bei der Rast nicht aus den Augen verlieren. Das sollte aber nicht dazu führen, daß man sich damit abkapselt und nur auf sich selbst und seine Geräte verläßt. Sondern sehr viel spricht dafür, die Wanderkameraden an den eigenen Überlegungen zu beteiligen und vor allem ihre kritischen Einwände ernstzunehmen. Wenn es in einer verfahrenen Lage zu rekonstruieren gilt, an welchen Punkten man in welcher Reihenfolge vorbeigekommen ist (7.4), oder wenn der Standort aus dem Karten- und Landschaftsbild erschlossen werden soll, bringen mehrere Köpfe ein zuverlässigeres Ergebnis als einer allein. Die Bereitschaft der anderen zum Mitdenken muß man wecken, pflegen und nutzen. Sich durchsetzen und »recht behalten« mag noch so befriedigend erscheinen; recht *haben* ist für eine einwandfreie Standort- und Kursbestimmung wichtiger.

2.7 Übungen

2.7.1 Kreisteilungen umrechnen
(zu 2.2, Rechenhilfen siehe 10.2.11)

Wieviel Grad sind
a) 310 gon   b) 120⁻ (mils)   c) 1412^v d) 5050 A‰
e) 4100⁻ (schwedisch)?
Wieviele Minuten sind
f) 12⁻ (mils)   g) 40 cgon   h) 10^v i) 8⁻ (schwedisch)
j) 5,5 A‰?
Wieviel Strich (mils, A‰) sind
k) 203°   l) 1° 4'   m) 71 gon   n) 1200^v
o) 6000⁻ (schwedisch)?

2.7.2 Kompaß ablesen (zu 2.4)

Ordnen Sie die Kompasse in Abb. 39 nach der Größe des eingestellten Kurs-winkels. Beachten Sie dabei die Nordmarke!

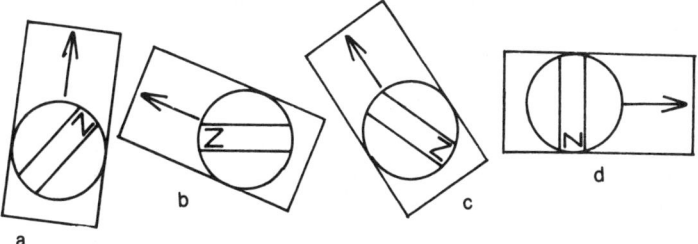

Abb. 39 *Verschiedene Kurswinkel*
eingestellt

2.7.3 Uhrzeit und Ortszeit (zu 2.6.3)

a) Wie ist die Ortszeit am 1. Oktober um 10.00 Uhr MEZ auf 20°O?
b) Wann steht die Sonne nach WESZ auf 21°30'W am 28. Juli genau im Süden?

3. Von der Karte ins Gelände

Nach der logischen Ordnung gehört der Teil »Mißweisung« *vor* den Teil »Von der Karte ins Gelände«. Aber wer gerade anfängt, sich mit dem Kompaß zu beschäftigen, möchte nach den theoretischen Teilen 1 und 2 endlich auch damit arbeiten. Darum ist die in den Kursen bewährte – zugegebenermaßen unlogische – Reihenfolge auch im Buch beibehalten worden. So kann der Anfänger den Text in der Ordnung durcharbeiten, in der er vorliegt; wer schon Erfahrungen hat und in erster Linie sein theoretisches Wissen erweitern will, wird sich bei Teil 3 ohnehin nicht lange aufhalten.

Die Mißweisung ist nämlich in Mitteleuropa so gering, daß sie für die Kursbestimmung beim Wandern kaum zum Tragen kommt. Auf den Wettkampfkarten für den Orientierungslauf ist sie stets berücksichtigt. Angehende Orientierungsläufer können sich in den ersten Wettkampf wagen, sobald sie nur Teil 3 sicher beherrschen.

Allen Kompaß-Neulingen wird darum dringend nahegelegt, die Teile 4 und 5 erst dann in Angriff zu nehmen, wenn sie Teil 3 gründlich durchgearbeitet und wirklich sicher verstanden haben. Auch die Merk-sätze zu »Kompaßarbeit ist Winkelmessung« (2.4 mit Abb. 30) und die Hinweise zu den Anzeigefehlern (2.3) müssen fester geistiger Besitz geworden sein. Die Handgriffe sollte man wie im Schlaf beherrschen und wiederholt auch im Gelände angewandt haben.

Die Handgriffe in Teil 5 sind nämlich in allen Einzelheiten die sinngemäße Umkehrung der in Teil 3 gezeigten (5.1 und Tab. 9); wenn man dort dann nicht auf sicherem Können aufbauen kann, ist heillose Verwirrung die Folge.

An die Teile »Mißweisung« und »Vom Gelände auf die Karte« geht man außerdem ganz anders heran, wenn man nicht nur gelesen, sondern selbst im Gelände erfahren hat: *Einen Kurswinkel kann man erst bestimmen, wenn man seinen Standort kennt.* Auf einer Wanderung muß man darum häufig erst einmal seinen Standort bestimmen, bevor man einen Kurswinkel ermitteln kann. Wer schon ein paarmal erlebt hat, wie selbst kleine Winkelfehler das Finden – also erst recht die Standort-bestimmung – erschweren können, nimmt dann auch Teil 4 so ernst, wie er es verdient.

3.1 Kursbestimmung

Nun können wir an die Hauptaufgabe herangehen, die mit dem Kompaß zu lösen ist, nämlich das Bestimmen der Kursrichtung. Die Aufgabe besteht aus zwei Schritten:

- nach der Karte den Kurswinkel bestimmen,
- den Kurswinkel in das Gelände übertragen.

Damit auch das Warum verständlich wird, sind diese beiden Schritte zunächst einmal ausführlich beschrieben. Am Schluß folgt dann eine Kurzfassung des Verfahrens.

3.1.1 Kurswinkel ermitteln

Wir erinnern uns: Der Kurswinkel ist der Winkel von der *Nord*richtung (Nordmarke und Nordlinien an der *Dose)* zur *Ziel*richtung (Kurspfeil und Anlegekanten am *Lineal)*. Die Kompaßnadel bleibt auf der Karte unbeachtet (2.4).
Die ersten Handgriffe sind nun:
1. Wir legen den Kompaß so auf die Karte, daß

- eine der beiden Anlegekanten Standort und Ziel verbindet und
- der *Kurspfeil zum Ziel* weist (Abb. 40a),

und halten ihn so mit einer Hand auf der Karte fest.

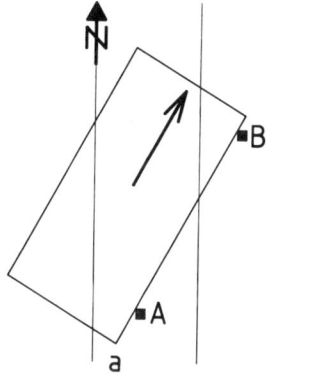
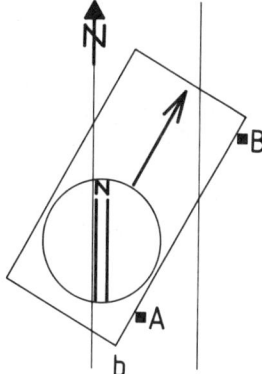

Abb. 40   Kurswinkel ermitteln
   a) Standort und Ziel mit einer Anlegekante verbinden,
      *dabei **Kurspfeil zum Ziel***
   b) Nordlinien der Dose nach einer Gitterlinie der Karte ausrichten,
      *dabei **Nordmarke nach Kartennord***

69

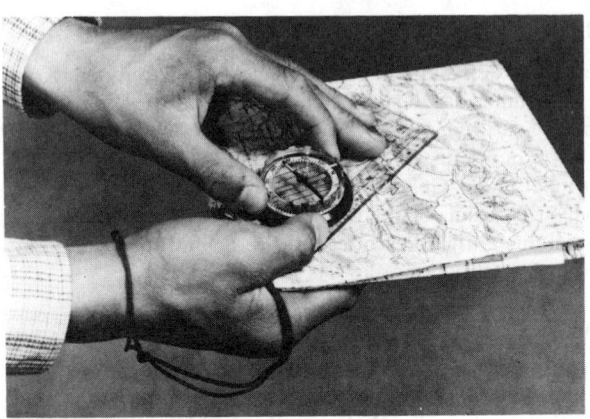

Abb. 41 So hält man Karte und Kompaß, wenn man einen Kurswinkel ermittelt

Auf der klein gefalteten Karte, wie man sie im Gelände mit sich führt, hält man dabei das Lineal mit dem Daumen und drückt mit den übrigen Fingern der gleichen Hand von unten gegen die Karte (Abb. 41).

2. Mit der anderen Hand drehen wir dann die Dose so weit, daß
   - die **Nordmarke nach Kartennord,** also nach oben, weist und
   - die Nordlinien der Dose genau parallel zu einer senkrechten Linie der Karte liegen (Abb. 40b).

Wenn es möglich ist, verwenden wir dazu eine der langen mittleren Nordlinien der Dose.

Ob die beiden Linien sauber parallel verlaufen, läßt sich besser beurteilen, wenn die Gitterlinie nicht von der Nordlinie auf der Dose abgedeckt wird, sondern dicht daneben liegt (Abb. 42). Eine lange Anlegekante kann man längs der Linie AB verschieben und so errei-

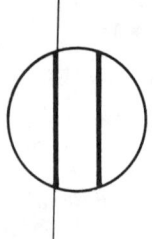
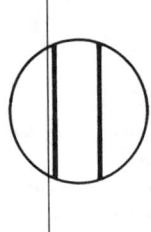

Abb. 42 Nordlinien der Dose nach den Gitterlinien der Karte ausrichten: rechts genauer

chen, daß eine der mittleren Linien der Dose dichter an eine Nordlinie der Karte heranrückt.

Zeigt die Nordmarke nach dem unteren Kartenrand oder weist der Pfeil zum Standort statt zum Ziel, so hat man die Gegenrichtung eingestellt. Wenn man beide Fehler auf einmal macht, heben sie sich zwar gegenseitig auf, aber darauf sollte man sich lieber nicht verlassen, sondern bei den ersten hundert Malen, die man den Kompaß einstellt, laut – und danach jedesmal in Gedanken – mitsprechen:

Kurspfeil zum Ziel,

Nordmarke nach Kartennord

– und sich vergewissern, daß man es wirklich so gemacht hat.

Von jetzt an bedeutet »Nordmarke nach Kartennord« stets auch: »Nordlinien der Dose parallel zu einer Gitterlinie ausrichten«.

Die beiden oben beschriebenen Handgriffe sind so wichtig, daß man sie zu Hause üben sollte, bis sie einem in Fleisch und Blut übergegangen sind, am besten zuerst an einem Tisch im Sitzen, dann aber – wie man es im Gelände tun muß – im Stehen mit der gefalteten Karte in der Hand.

Von dem bei älteren Kompaßmodellen notwendigen Auflegen und Einnorden der Karte ist hier nicht mehr die Rede, weil diese umständlichen und zeitraubenden Schritte bei den hier vorausgesetzten Kompassen (2.1) nicht mehr vorkommen.

3.1.2 Winkel ins Gelände übertragen

Mit den beiden in Abschnitt 3.1.1 beschriebenen Handgriffen haben wir den Winkel zwischen Nordrichtung und Laufrichtung ermittelt und – solange wir nicht an der Dose drehen – so sicher »aufbewahrt«, daß wir ihn jetzt unverändert ins Gelände übertragen können. Die Teilschritte dazu sind:

* den ganzen Körper in Kursrichtung drehen,
* ein Hilfsziel auswählen.
1. Wir heben dazu den Kompaß von der Karte ab und halten ihn waagerecht so in der Hand, daß die Nadel frei schwingen kann. Der Kurspfeil (oder der Spiegel) zeigt vom Körper weg. **Jetzt brauchen wir die Magnetnadel!** Wir drehen den Körper (also nicht nur Hand

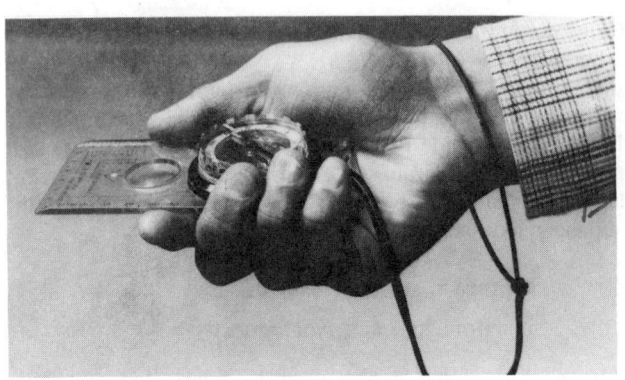

Abb. 43 *Kurswinkel ins Gelände übertragen*
So hält man den Linealkompaß waagerecht etwa in Hüfthöhe und
blickt über den Kurspfeil ins Gelände

und Kopf) auf der Stelle so weit, bis die Magnetnadel mit ihrem
Nordende auf die Nordmarke weist. Wenn wir wirklich den ganzen
Körper gedreht haben, stehen wir jetzt so, daß Kurspfeil und Blick in
die auf der Karte ermittelte Richtung zeigen.

2. Nun blicken wir über den in etwa Hüfthöhe gehaltenen (Abb. 43)
   Kompaß hinweg und verlängern in Gedanken den Kurspfeil ins
   Gelände hinein. In dieser Richtung suchen wir uns ein Hilfsziel, von
   dem wir annehmen können, daß wir es auf dem ganzen Weg dorthin
   nicht aus den Augen verlieren werden.

Hilfsziele. Wie weit entfernt ein Hilfsziel liegen darf, hängt vom
Gelände ab. In dichtem Wald kann es schon der übernächste Baum
sein, weil die Sicht gar nicht weiter reicht (man läuft dann erst um den
Baum und richtet den Kompaß auf der anderen Seite auf das nächste
Hilfsziel); in offenem Gelände kann es ein auffallender Baumwipfel im
nächsten Waldrand sein oder eine Birke zwischen Fichten, vielleicht
aber auch ein Gipfel in mehreren Kilometern Entfernung.

Wichtig ist allein, daß man das Hilfsziel entweder überhaupt nicht
aus den Augen verliert oder es mit Sicherheit wiederfindet, wenn man
vielleicht unvermutet in eine Senke hinabsteigen mußte. Denn zwischen
zwei Hilfszielen kann man seitliches Abweichen nur berichtigen,
solange man das nächste im Blick hat. Andererseits ist man von einem
Hilfsziel zum anderen nicht sklavisch an die Luftlinie gebunden, sondern wird Hindernissen ausweichen und sich auch sonst den bequem-

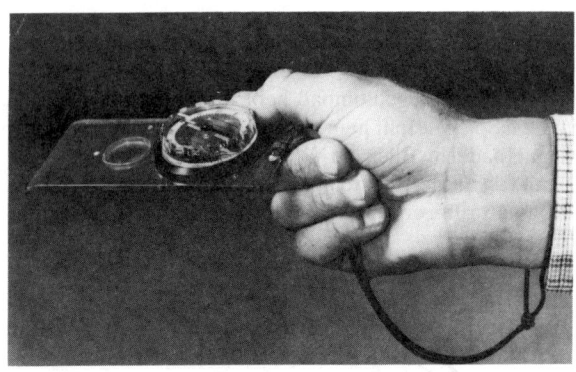

Abb. 44 *So hebt man den Linealkompaß in Augenhöhe und blickt an der Anlegekante entlang*

sten Weg suchen. Dies ist aber nur dann möglich, wenn das gewählte
Hilfsziel in Richtung auf das Ziel liegt und nicht etwa schon dahinter;
sonst kann man seitliches Abweichen nicht mehr ausgleichen.

Wasserwandern. Ein Sonderfall beim Wasserwandern ist das
Ansteuern eines Punktes bei starkem Seitenwind. Sobald man die
Abtrift nicht mehr durch Gegensteuern ausgleichen kann, dreht sich das
Boot langsam in den Wind, während man auf sein Ziel zuhält. Man
erreicht es dann oft genau gegen den Wind. Wichtig ist unter solchen
Bedingungen, daß man es ständig im Blick behält, denn der Hintergrund verändert sich laufend. Sitzt man allein in einem Ruderboot, mit
dem Blick nach rückwärts, braucht man einen Orientierungspunkt, von
dem man sich entfernt.

Kompaß ohne Spiegel. Wenn man die Möglichkeit hat, sich nach weit
entfernten Punkten zu orientieren, hebt man einen Linealkompaß,
ohne die Richtung zu verändern, bis in Augenhöhe und visiert an einer
der beiden Anlegekanten entlang. Dazu muß er so gehalten werden,
daß eine Anlegekante freibleibt (Abb. 44).

Wer mit einem Kompaß ohne Spiegel allein im Gelände ist, kann sich
helfen, indem er ihn auf einen Baumstumpf oder Zaunpfahl legt (Vorsicht: der Draht kann ablenken!) und von oben auf den Kompaß schaut,
während er den ganzen Kompaß dreht, bis Nordmarke und Magnetnadel übereinstimmen. Man visiert dann entlang der Anlegekante,
ohne den Kompaß zu verschieben. Zu zweit geht es noch leichter:
während der eine die Nadel beobachtet, visiert der andere an der

Anlegekante entlang. Aber das sind Notbehelfe; zur Fernorientierung gehört ein Spiegelkompaß.

Spiegelkompaß. Einen Spiegelkompaß hebt man immer in Augenhöhe (Abb. 45). Den Spiegel stellt man dabei so ein, daß man die ganze Dose mit der Magnetnadel im Blick hat. Wenn die Tragschnur gerade so lang ist, daß sie bei fast ausgestrecktem Arm fest um den Nacken liegt, hält man den Kompaß ruhiger und kann dadurch sehr genau visieren und einstellen.

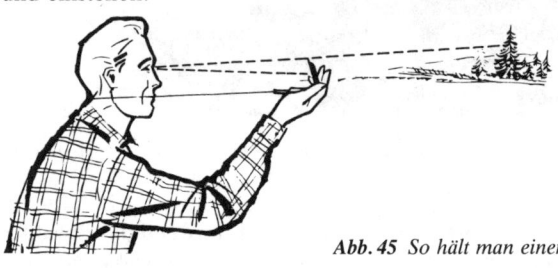

Abb. 45 So hält man einen Spiegelkompaß

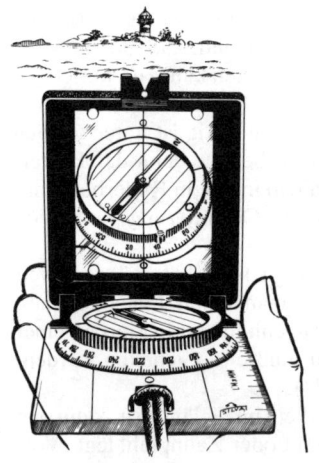

Abb. 46 So visiert man über die Kimme. Die Mittellinie auf dem Spiegel verhindert seitliches Verkanten und erhöht die Genauigkeit

Visiert wird über die Kimme hinweg (Abb. 46). Der Mittelstrich auf dem Spiegel muß dabei senkrecht stehen und genau über die Achse der Magnetnadel laufen. Der Kompaß ist unbedingt waagerecht zu halten. Wenn man bergauf visiert, hebt man ihn etwas an und stellt den Spiegel flacher; bergab senkt man den Arm mit dem Kompaß und stellt dafür den Spiegel steiler.

Keine Hilfsziele. Unter besonders schwierigen Bedingungen wie bei Nebel oder auf dem Eis muß man entweder beim Gehen den Kompaß ständig vor sich halten und überwachen, daß die Nadel auf die Nordmarke zeigt, oder man läßt einen Wanderkameraden vorauslaufen und weist ihn so ein, daß er als Hilfsziel dienen kann (7.2.2).

Wie genau jeder einzelne unter verschiedenen Bedingungen visiert und geht, kann nur die Erfahrung zeigen; und welches Verfahren man anwendet, hängt von der im besonderen Fall erforderlichen Genauigkeit ab. Wer ein Punktziel sucht, wird ganz von selbst gewissenhafter arbeiten, als wenn er nur auf eine Auffanglinie (3.2.1) zustrebt.

Wo es nicht möglich ist, den Kurswinkel mit den hier beschriebenen Handgriffen zu bestimmen, bleibt der Ausweg, ihn nach dem in Abschnitt 8.2.2.7 beschriebenen Verfahren rechnerisch zu ermitteln. Ehe Sie es anwenden können, müssen Sie jedoch Teil 6 durchgearbeitet haben.

Der Schritt »Mißweisung ausgleichen« ist um der Vollständigkeit willen bereits hier eingefügt, obwohl er erst in Abschnitt 4.5 behandelt wird.

Kursbestimmung

Auf der Karte
- mit einer Anlegekante Standort und Ziel verbinden, dabei
  Kurspfeil zum Ziel,
  Nordmarke nach Kartennord

Mißweisung ausgleichen
  westliche Mißweisung (−) zuzählen,
  östliche Mißweisung (+) abziehen

Im Gelände
- Nadel auf Nordmarke einspielen lassen, dazu den Kompaß waagerecht halten und den ganzen Körper drehen
- in Pfeilrichtung visieren und Hilfsziel im Gelände suchen

3.2 Streckenwahl

Eine überlegte Streckenwahl muß bei der Wanderung wie im Wettkampf – nur die Gewichte liegen anders – einen Ausgleich zwischen drei einander oft einschränkenden Forderungen herstellen. Sie lauten

- sicheres Finden,
- Schonung der Kräfte,
- Zeitersparnis.

Zur Wahl stehen können

der lange Weg auf Pfaden, die kaum zu verfehlen sind – oder die Luftlinie nach dem Kompaß, die möglicherweise durch unwegsames Gelände führt;

der kurze, anstrengende Weg durch eine Schlucht oder über einen Berg – oder der kräftesparende Weg entlang der gleichen Höhenlinie;

der Anstieg in der Fallinie, der keine Orientierungsprobleme bietet – oder der weniger steile Anstieg auf einem Zickzack- oder Spiralkurs der die Höhenlinien schräg schneidet;

auf Wasserwanderungen die gerade Verbindungslinie zwischen zwei Inseln, auf der Wind und Wellen genau von der Seite oder genau von vorn kommen – oder ein Kurswechsel, so daß sie schräg angreifen, – oder ein windgeschützter Umweg hinter Inseln.

Das sichere Finden, als das Grundanliegen jeder Orientierung, gehört an die erste Stelle. Aber kleine Ungenauigkeiten beim Messen und Übertragen führen fast unvermeidlich zu Kursabweichungen. Erfahrene Orientierungsläufer rechnen im Wettkampf mit Richtungsfehlern bis 5 %. Auf 100 Meter sind 5 Meter nicht viel, und einen Grenzstein oder gar eine Futterkrippe findet man immer noch. Aber auf einer Kompaßwanderung wäre man nach nur drei Kilometern um 150 m abgewichen; Brücken, Wegkreuzungen oder Hütten müßte man dann bei Nebel, Schneetreiben oder Dunkelheit schon in einem Kreis von 300 m Durchmesser suchen.

Der Kompaß ist also keinesfalls ein Hilfsmittel, das einen über viele Kilometer hinweg unfehlbar zu einem bestimmten Punkt führt. Darum sollte man bei jeder Kompaßwanderung folgende Regeln beachten:

- laufend das Gelände mit der Karte vergleichen, um seitliche Abweichungen zu bemerken und auszugleichen,
- lange Kompaßstrecken mit Hilfe geeigneter Geländemerkmale in Teilstrecken zerlegen,
- Leit- und Auffanglinien nutzen,
- Grob- und Feinorientierung unterscheiden.

Die folgenden Abschnitte zeigen, wie das im einzelnen geschehen kann. Die dabei verwendeten Zeichen sind in Abb. 47 erklärt.

a) Kurs

b) Groborientierung

c) Feinorientierung

d) Ziel(gebiet)

e) Peilrichtung

f) Zählstrecke

Abb. 47 *Zeichenerklärung für die Teile 3 und 5*

3.2.1 Grob- und Feinorientierung

Grundbegriffe. Die Orientierung ist nur Mittel zum Zweck und sollte es bleiben. Wir entlasten uns beim Wandern, wenn wir nur dort nach dem Kompaß gehen, wo es nötig ist. Dazu muß man aber – in Gedanken und im Verhalten – ganz bewußt unterscheiden:

Groborientierung ist das Gehen ohne oder mit nur gelegentlicher Kompaßhilfe nach Geländemerkmalen wie Leitlinien oder Geländeneigung oder nach Hilfen wie Sonnenstand und Windrichtung.

Feinorientierung ist das Gehen nach dem genau eingestellten Kompaß von Hilfsziel zu Hilfsziel, im Zielgebiet u. U. sogar mit Schrittzählen.

Bei langgestreckten Geländemerkmalen wie Pfad, Bach, Tal, Höhenzug, Uferlinie, Grenzschneise, Freileitung, Waldrand, Baumgrenze, Renzaun unterscheiden wir danach, was sie für die Orientierung leisten:

Standlinie ist die Linie, auf der wir uns gerade befinden, im einfachsten Fall der Weg, auf dem wir gehen, oder der Fluß, auf dem wir fahren.

Leitlinie ist eine Geländelinie, die ungefähr in unserer Kursrichtung verläuft; sie kann uns zur Groborientierung dienen.

Auffanglinien verlaufen *quer zu unserem Kurs*. Sie zeigen uns an, wie weit wir in Kursrichtung vorangekommen sind, und damit auch, wo wir mit der Feinorientierung beginnen sollten. ***Von der Grob- zur Feinorientierung kann man nur übergehen, wenn man seinen Standort kennt.*** Eine Auffanglinie dient auch als »Netz«, wenn wir uns verirrt haben.

Wer für andere verantwortlich ist, tut gut daran, wenn er am Beginn einer (Teil-)Strecke deutlich angibt (und sich vergewissert, daß alle verstanden haben),

- welche Art Auffanglinie es gibt,
- in welcher Richtung man sie findet, wenn man den Anschluß verloren hat, und
- in welcher Richtung man der Auffanglinie folgen und wie man sich dann verhalten sollte.

Kann man einen Höhenmesser einsetzen, hat man auch in den Höhenlinien mögliche Stand-, Leit- und Auffanglinien.

Fallbeispiele. Für die Lage eines Punktes, den man nicht schon von weitem erkennt, gibt es drei Schwierigkeitsstufen:
- auf oder an einer Leitlinie (Weg, Bach, Waldrand, Seeufer, Schneise...),
- hinter einer Auffanglinie,
- vor einer Auffanglinie.

Punkte unmittelbar *an* einer Leitlinie findet man, indem man ihr folgt (Abb. 48).

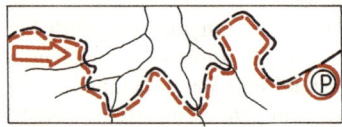

Abb. 48 Ziel an einer Leitlinie

Ein Ziel *hinter* einer Linie, die man mit Sicherheit im Gelände ausmachen kann (Auffanglinie), erreicht man schneller, wenn man bis zu dieser Linie nur grob die Richtung einhält und nicht dauernd auf den Kompaß schaut; die Stellung der Sonne oder die Windrichtung genügen bereits, um den Kurs annähernd einzuhalten. Erst an einem eindeutig bestimmbaren Punkt auf der Linie (Wegbiegung, Waldecke, Bachknie) muß man den Kompaß genau einstellen und dann auf der letzten Teilstrecke sorgfältig die Richtung einhalten (Feinorientierung, Abb. 49).

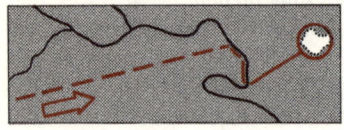

Abb 49 Ziel hinter einer Auffanglinie

Wenn der gesuchte Punkt *vor* einer Geländelinie liegt, hilft sie zwar nicht unmittelbar, das Ziel zu finden, fängt einen aber auf, wenn man daran vorbeigelaufen ist. Wer eine solche Auffanglinie in seine Strekkenwahl einbezieht (Abb. 50), nimmt zwar bewußt einen Umweg in Kauf. Dafür braucht er aber nur auf einem kürzeren Stück Feinarbeit mit dem Kompaß zu leisten.

Abb. 50 *Ziel vor einer Auffang-*
linie: deutlich
daneben halten

Immer wenn man, wie bei der Aufgabe in Abb. 50, einen Punkt auf oder in der Nähe einer Linie sucht, ist es ratsam, so deutlich rechts oder links *neben* dem gesuchten Punkt auf die Auffanglinie zu zielen, daß dort kein Zweifel besteht, in welcher Richtung man der Linie folgen muß.

Wo zwar keine Auffanglinie zur Verfügung steht, aber das Gelände doch einige flächenhafte Merkmale aufweist, z. B. eine große Kiesgrube, Wildzäune, einen See, gewinnt man an Sicherheit, wenn man auf die Mitte zielt, obwohl man eigentlich daran vorbeilaufen muß (Abb. 51).

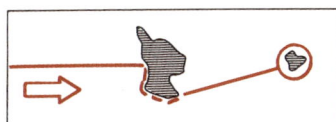

Abb. 51 *Breite Ziele: auf die*
Mitte halten steigert
die Sicherheit

Im Fall der Abb. 52 könnte es klüger sein, sofort auf den Pfad zuzustreben, wenn das zu erwartende höhere Gehtempo die Verlängerung der Strecke aufwiegt. Wer dagegen schon zu erschöpft ist, um zügig zu gehen, entscheidet möglicherweise richtiger, wenn er in leicht belaufbarem Gelände dem Pfad fernbleibt und die kürzere Strecke

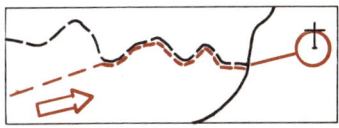

Abb. 52 *Lange Kompaßstrecken*
vermeiden: Leitlinien
benutzen

wählt. In beiden Fällen lohnt sich aber, die Weggabel als den Punkt vorzusehen, an dem man mit der Feinorientierung beginnt. Das Feldkreuz sofort anzusteuern, ist nur anzuraten, wenn man hoffen kann, auf dem Querweg den eigenen Standort mit Sicherheit bestimmen und so den Kompaß neu einstellen zu können, Auf dem Kartenbeispiel ist jedoch außer der Einmündung kein Merkmal zu sehen, das eine Standortbestimmung ermöglicht.

Bei Abb. 53 ist es sicherer, das Punktziel Mulde nicht unmittelbar anzusteuern, sondern mit Hilfe der Lichtung und des Bachknies die Kompaßstrecken zu verkürzen. Dafür wird allerdings ein längerer Weg in Kauf genommen.

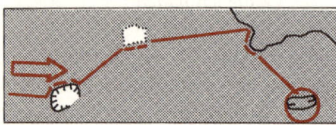

Abb. 53 *Lange Kompaßstrecken vermeiden: Zwischenziele anlaufen*

Will man den Endpunkt einer Linie von einem Standort aus erreichen, der ungefähr in ihrer Fortsetzung liegt, so wählt man einen Kurswinkel, der einen auf der einen oder der anderen Seite etwa parallel an ihr entlangführt. Sobald man sicher ist, daß man an ihrem Endpunkt seitlich vorbeigelaufen ist, ändert man seinen Kurs so, daß man im rechten Winkel auf die Auffanglinie trifft, und geht dann auf oder an ihr entlang zum Endpunkt zurück (Abb. 54a). Wenn man ins Leere stößt (Abb. 54b), muß man die Auffanglinie in der Gegenrichtung suchen. Darum ist es wichtig, daß man im rechten Winkel auf die gesuchte Linie zugeht.

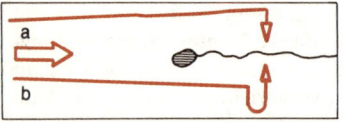

Abb. 54 *Auffanglinie in Kursrichtung*
a) Auffanglinie getroffen
b) Auffanglinie zunächst in Gegenrichtung gesucht

3.2.2 Richtung und Entfernung

Schrittmaß. Die letzten Beispiele haben gezeigt, daß es noch nicht genügt, wenn die Richtung stimmt. Ohne wenigstens ungefähr zu wissen, wie lange man diese Richtung einhalten muß, kann man die ärgsten Fehler machen.

Um im Gelände die Entfernung zu messen, gibt es jedoch kein so zuverlässiges Gerät, wie es der Kompaß für die Richtung darstellt. Der Schrittzähler versagt, sobald das Gelände schwer begehbar wird. Berg- und Gletscherwanderer können allenfalls Seillängen zählen. Mit Hilfe der Zentimeterskala am Kompaß läßt sich ausrechnen, wie lang eine auf der Karte gemessene Strecke im Gelände ist. Doch erst wenn man die Entfernung in eine Schrittzahl umsetzen kann und dort, wo es darauf ankommt, wirklich Schritte zählt, erzielt man brauchbare Ergebnisse. Man muß also die eigene Schrittlänge unter verschiedenen Bedingungen kennen.

An einer Straße mit Kilometersteinen sucht man sich dazu einen Abschnitt mit Wald auf der einen und offenem Gelände auf der anderen Seite. Eine Strecke von hundert Metern legt man nun mehrfach unter verschiedenen Bedingungen zurück, auf der Straße, im offenen Gelände und im Wald. Dabei zählt man die Doppelschritte. Die so erhaltenen Schrittzahlen stellt man sich in einer Tabelle zusammen. Von den Werten für 100 m aus lassen sich die übrigen bestimmen. So kann man sich für jeden üblichen Maßstab leicht eine Übersicht schaffen (Tab. 5). Das ist keine Spielerei, denn von einem bestimmten Grad der körperlichen Erschöpfung an wollen selbst solche Rechnungen nicht mehr recht gelingen, die man zu Hause und ausgeruht überhaupt nicht als schwierig empfände.

Karte 1:50 000	Gelände	Weg		Gelände offen		Gelände schwierig	
		Schritt	Lauf	Schritt	Lauf	Schritt	Lauf
1 cm	500 m	280	165	360	215	395	300
5 mm	250 m	140	83	180	108	198	150
2 mm	**100 m**	**56**	**33**	**72**	**43**	**79**	**60**
1 mm	50 m	28	16	36	22	39	30

Tab. 5 Schrittzahlen unter verschiedenen Bedingungen (Doppelschritte)

Auch das Schrittzählen führt einen nicht zum Ziel, sondern nur ins Zielgebiet, aber immerhin genauer, als es irgendein anderes Verfahren unter diesen Umständen könnte. Wer sicher ist, daß er das Zielgebiet erreicht hat, kann dann beginnen, sich im näheren Umkreis umzusehen.

Die Zeit zu messen wäre noch unzuverlässiger, solange man sich nicht auf Wegen bewegt. Dort jedoch sind Zeitschätzungen eine Hilfe, die man schon bei der Vorbereitung einer Wanderung nutzen sollte.

Unterwegs ist dann das Beste, was man tun kann, laufend die (eingenordete) Karte zu Rate zu ziehen, das Kartenbild mit der Landschaft zu vergleichen und auf diese Weise möglichst jederzeit den augenblicklichen Standort zu erkennen. Dann schrumpfen die Strecken, für die man auf das Schätzen der Entfernung angewiesen ist, zu erträglichen Reststücken zusammen.

»Richtungssinn«. Auf diese Weise gewinnt man eine recht gute Vorstellung von der Genauigkeit beim Gehen nach dem Kompaß und gleichzeitig Vertrauen in das eigene Können. Außerdem gewöhnt man sich gleich daran, dem Kompaß mehr zu vertrauen als dem Gefühl, und zwar zunächst in einer Lage, in der wenig davon abhängt. Manchmal genügt es nämlich schon, nur um einen starken Baum herumzugehen, und man kann nicht mehr mit Sicherheit sagen, aus welcher Richtung man gekommen ist und in welcher man weitergehen wollte.

Wie wenig man sich auf seinen Richtungssinn verlassen kann, beweist jede Strecke von wenigen hundert Metern durch dichten Wald: Man stellt sich, mit dem Gesicht zum Wald, an einem Waldrand auf und ermittelt mit dem Kompaß die Blickrichtung. Dann steckt man den Kompaß weg, geht in den Wald hinein und versucht dabei, die Richtung beizubehalten. Erst nach 100 Doppelschritten sieht man wieder auf den Kompaß und prüft nach, um wieviel man von der ursprünglichen Richtung abgewichen ist. Soweit nicht Sonnenschein die Aufgabe zu sehr erleichtert, wird man mit Sicherheit deutlich aus der Richtung abkommen.

Der beste Rat für jemanden, der nach dem Kompaß geht, ist deshalb,
- sauber zu arbeiten und dann
- voll auf die Anzeige zu vertrauen, auch wenn der eigene »Richtungssinn« anderer Meinung ist.

Wegskizze. Obwohl Bergwanderbücher immer noch empfehlen, sich vor einer Bergwanderung eine Wegskizze oder -tabelle mit Richtungen und Entfernungen anzufertigen, ist hier nicht mehr davon die Rede. Das Verfahren hatte so lange seinen Sinn, wie es nur Kompasse ohne genügend lange Anlegekante gab und man deshalb ständig mit Bleistift und Lineal arbeiten und dazu jedesmal die Karte auffalten, auflegen und einnorden mußte. Wer jedoch, wie hier vorgeschlagen ist, die Nordlinien in die Karte eingetragen, die Karte mit Folie oder Sprühmittel geschützt und klein gefaltet hat und einen modernen Kompaß benutzt, hat das alles nicht mehr nötig. Er kann die geplante Strecke und alle erwünschten zusätzlichen Angaben (Entfernung, Steigung, geschätzte Zeit usw.) mit abwaschbarem Stift unmittelbar in die Karte eintragen und unterwegs mühelos den jeweiligen Kurs ermitteln, ohne die Karte dazu auch nur aus der Kartentasche zu nehmen. Unter diesen Umständen ist nicht einzusehen, warum er unterwegs auf die Fülle der zusätzlichen Angaben der Karte (Höhenlinien!) verzichten und sich auf eine dürftige Skizze beschränken soll, die noch dazu im gleichen Augenblick wertlos wird, indem er vom geplanten Kurs abweichen will oder muß. Das gilt für Wanderungen; die Bergwacht, die bei Rettungseinsätzen ohne Rücksicht auf die äußeren Bedingungen (Nacht, Schneesturm, Nebel), aber in vertrautem Gelände, einen bestimmten Punkt erreichen muß, bereitet weiterhin Wegtabellen vor. Sind aber die Bedingungen erst einmal so, daß man im Gelände auf die Karte verzichtet, dann liegt es auch nahe, statt eines Lineal- oder Spiegelkompasses einen Kompaß mit Einhandbedienung, also einen Peilkompaß (8.2.1.1), zu benutzen.

3.2.3 Steigung

Nach der Karte kann man den Weg in unbekanntem Gelände erst dann vernünftig legen, wenn man die Steigungen kennt. Sie ergeben sich aus Höhenunterschied und Entfernung. Der Vergleich mit einer bekannten Steigung zeigt dann, ob die Anstiege den eigenen Kräften angemessen sind.

Zeichnerisch. Man zeichnet eine waagerechte Gerade für die Entfernung, an einem Ende im gleichen Maßstab eine Senkrechte für die Höhe und verbindet die Endpunkte. Die so ermittelte Schräge ist zwar anschaulich, aber schwer zu vergleichen. Zahlen eignen sich besser. Die Formeln lauten:

Prozent.
$$\text{Steigung} = \frac{\text{Höhenunterschied in m} \cdot 100}{\text{Entfernung in m}}\%$$

Grad.
$$\text{Steigung} = \arctan\left(\frac{\text{Höhenunterschied in m}}{\text{Entfernung in m}}\right)°$$

Beispiele 10 Höhenlinien bei 20 m Äquidistanz = 200 m Höhenunterschied
16 mm bei Maßstab 1:50 000 = 800 m Entfernung

$$\frac{200}{800} \cdot 100 = \textbf{25 Prozent; } \arctan \frac{200}{800} = \textbf{14 Grad}$$

Wie man Prozent in Grad oder Grad in Prozent umwandelt, ist in 10.2.6 und 10.2.7 gezeigt.

Die Angabe von Grad oder Prozent hat allerdings nur dann einen Aussagewert, wenn die Steigung ungefähr gleichmäßig ist, die Höhenlinien also halbwegs gleichen Abstand haben.

Zum Vergleich seien einige Steigungen genannt:
- 4 % (= 2,3°) gelten als Obergrenze bei neuen Autobahnen;
- 10 % (= 5,7°) bewältigt ein normaler Radfahrer nur mit Gangschaltung;
- zwischen 10 % und 18 % Steigung haben die Alpenpässe auf den Fernstraßen;
- um 30 % (= 17°) liegt die Steigfähigkeit im 1. Gang für Personenautos;
- Skiabfahrten gelten bis 25 % (= 14°) als leicht, bis 40 % (= 22°) als mittelschwer und bis 55 % (= 29°) als schwer (Pistenraupen bewältigen höchstens 55 % Steigung). Abfahrten, die mehrfach steiler als 45 % (= 24°) sind, gelten als ungeeignet für den Massenskilauf;
- 50 % Steigung (= 26,5°) sind die Höchstgrenze für OL-Wettkämpfe;
- 100 % sind nicht senkrecht, sondern ein Winkel von 45°.

Gehzeit. Beim Bergwandern gilt als Faustregel für den Zeitbedarf, daß man für 4 km Weg und für 300 m Höhenunterschied jeweils 60 Minuten anzusetzen hat. Die Gehzeit für ein Wegstück ermittelt man, indem man die kürzere Zeit halbiert und zur längeren hinzuzählt.

Beispiel: Maßstab = 1:50 000
Äquidistanz = 20 m
Entfernung auf der Karte = 16 mm
geschnittene Höhenlinien = 10

$$\frac{60}{4000 \text{ m}} = 0,015$$

$$\frac{60}{300 \text{ m}} = 0,2$$

waagerechte Entfernung = 16 mm · 50 000 = 800 m
Höhenunterschied = 10 · 20 m = 200 m
Zeit für die Entfernung = 800 · 0,015 Minuten = 12 Minuten
Zeit für den Höhenunterschied = 200 · 0,2 Minuten = 40 Minuten
Voraussichtliche Gehzeit = $\frac{12}{2}$ + 40 Minuten, also rund 46 Minuten

Für den Anstieg mit Skiern gelten etwa die gleichen Zahlen. Bergab legt man zu Fuß etwa 600 Höhenmeter in der Stunde zurück. Für geübte Bergwanderer und Bergsteiger gelten natürlich andere Werte. Man sollte die eigenen Zeiten kennen, damit man für künftige Planungen von verläßlichen Werten ausgeht.

Gleichmäßiger Anstieg. Anstiege ermüden weniger, wenn der Neigungswinkel möglichst gleichmäßig ist, also nicht flachere und steilere Strecken abwechseln. Man kann solche Anstiege auf der Karte planen, wenn man sich auf eine bestimmte Steigung festgelegt hat. Der Abstand zwischen den Höhenlinien, der dieser Steigung entspricht, wird so berechnet:

$$\text{Abstand der Höhenlinien} = \frac{\text{Äquidistanz} \cdot 100\,000}{\text{Prozentzahl} \cdot \text{Maßstabszahl}} \text{ mm}$$

Beispiel: Äquidistanz = 20 m
geplante Steigung = 15 %
Maßstab = 1:25 000

$$\text{Abstand der Höhenlinien} = \frac{20 \cdot 100\,000}{15 \cdot 25\,000} \text{ mm} = 5{,}3 \text{ mm}$$

Mit diesem Abstand zeichnet man vom Ausgangspunkt ab von einer Höhenlinie zur nächsten die Wendepunkte in die Karte ein und verbindet sie durch gerade Linien. Während der Wanderung mißt man dann den Kurswinkel für jede Teilstrecke nach diesen Linien und entscheidet nach dem Höhenmesser, wann jeweils die neue Richtung einzuschlagen ist. Alle drei in Abb. 55 eingezeichneten Wege haben die gleiche Steigung und sind gleich lang.

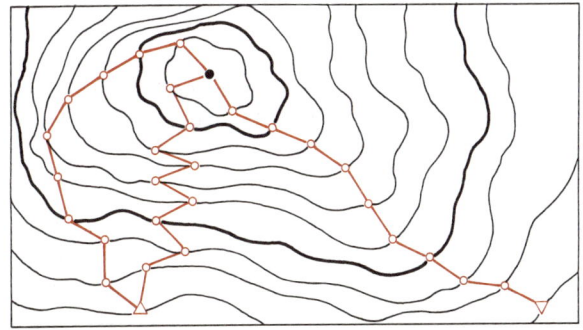

Abb. 55 Gleichmäßige Steigung; alle eingezeichneten Anstiege haben die gleiche Steigung und sind gleich lang

Steigung verringern. Muß man bergauf einen festen Kurswinkel einhalten und stellt unterwegs fest, daß die Steigung die Kräfte überschreitet, so kann man um den gleichen Winkel abwechselnd nach rechts und links vom Kurs abweichen. Wenn man auch darauf achtet, nach rechts und

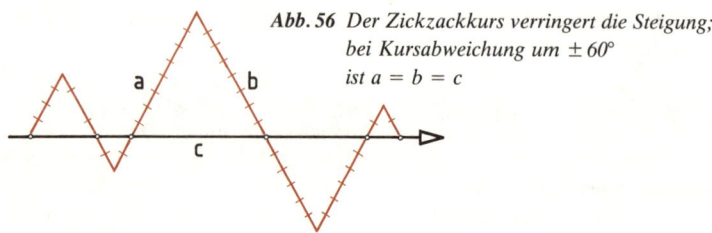

Abb. 56 *Der Zickzackkurs verringert die Steigung; bei Kursabweichung um ± 60° ist a = b = c*

links um die gleiche Schrittzahl abzuweichen, bleibt man in der ursprünglich beabsichtigten Richtung (Abb. 56).

Wenn es das Gelände erlaubt, im Winkel von ± 60° vom Kurs abzuweichen und zur Kurslinie zurückzukehren, bilden die beiden Schrägstrecken mit der Steilstrecke ein gleichseitiges Dreieck. Dann wird durch die verdoppelte Gehstrecke die Steigung halbiert, und die Schrittzahl für eine Dreiecksseite entspricht der in Kursrichtung zurückgelegten Strecke, allerdings in der Schrägentfernung.

3.2.4 Hindernisse umgehen

Auch die beste topographische Karte bewahrt einen nicht vor Überraschungen. Höherer Wasserstand nach der Schneeschmelze oder nach starken Regenfällen, eine dichte Schonung, undurchdringliche Hecken, vor allem aber Sumpfgebiete und Gletscherspalten können auf einer Kompaßstrecke unversehens zum Ausweichen zwingen. Sobald man aber den Kurs verläßt, zeigt der Kompaß nicht mehr aufs Ziel. In der Regel kann man nur dann zur alten Kurslinie zurückfinden, wenn man in beiden Richtungen gewissenhaft Schritte zählt.

Nach Sicht. Sobald man auf ein seitlich ausgedehntes Hindernis stößt, das nicht mit klar erkennbarer Begrenzung in die Karte eingetragen ist, versucht man sich einen Überblick zu verschaffen, ob es leichter nach rechts oder nach links zu umgehen ist. Bei einem Sumpf, der an den unbegehbaren Stellen nur wenige oder gar keine Bäume aufweist, wird das oft einfach zu entscheiden sein.

Gerade in diesem Fall scheint sich anzubieten, daß man sich auf der gegenüberliegenden Seite, genau in der Kursrichtung, ein Merkmal von so kennzeichnendem Aussehen sucht – eine Baumgruppe vielleicht –, daß man es nach dem Umgehen wiederfindet und von dort aus seinen Weg nach dem Kompaß fortsetzen kann. Von dieser Lösung ist jedoch außer in ganz klaren Fällen dringend abzuraten, denn man nähert sich nachher dem ausgewählten Merkmal von der Seite (Abb. 57a), vielleicht sogar von hinten (Abb. 57b). Selbst ein einzelner Baum, noch mehr aber eine Baumgruppe, bietet von jeder Seite und vor einem anderen Hintergrund ein so anderes Bild, daß man das Merkmal eher *nicht* wiedererkennen wird. Wer sich das Zählen ersparen will, soll lieber die Stelle markieren, an der er auf das Hindernis gestoßen ist, und sich nach dem Umgehen so aufstellen, daß er in der Fortsetzung des Kompaßkurses steht. Dazu muß er sich auf der anderen Seite des Hindernisses so lange seitwärts verschieben, bis beim Anvisieren des Punktes das Südende der Nadel an der Nordmarke liegt.

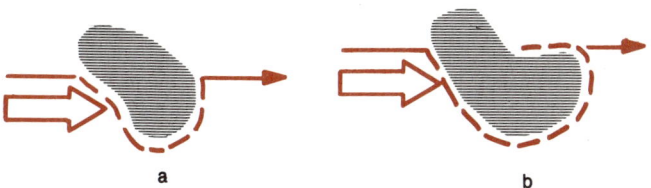

a   b

Abb. 57 Hindernisse umgehen: Auf ein Hilfsziel jenseits des Hindernisses trifft man von der Seite (a) oder gar von rückwärts (b)

Wenn man nicht allein ist, wird man es sich in einem solchen Fall allerdings leichter machen, indem man den Wanderkameraden um den Sumpf herumschickt und ihn so einweist, daß er genau in der Fortsetzung des Kompaßkurses steht und selbst als Hilfsziel dienen kann. Anschließend geht man auf einem bequemen Weg zu ihm hin und setzt von seinem Standort aus die Wanderung gemeinsam fort. Man sollte allerdings sicher sein, daß während des Einweisens die Sichtverbindung nicht durch Nebel oder Schneetreiben abreißt.

Mit dem Kompaß. Als Grundsatz für jedes Umgehen mit dem Kompaß gilt:

> Winkel und Schrittzahl vom Kurs weg müssen genau so groß sein wie Winkel und Schrittzahl zum Kurs zurück

Im einzelnen bedeutet das:
1. Wenn man sich entschieden hat, nach welcher Seite man umgehen will, macht man eine Vierteldrehung nach der entsprechenden Seite und läßt die Magnetnadel – ohne die Einstellung der Dose zu

verändern! – auf die Umgehungsmarke einspielen. Den Umgehungsmarken entsprechen die Markierungen für Ost und West auf der
Dose. Die Stellung der Kompaßdose darf auf keinen Fall verändert
werden, sonst verliert man den Kurswinkel, nach dem man jenseits
des Hindernisses den Weg fortsetzen will. **Wenn bei einem Kompaß
mit Mißweisungsausgleich (4.5.3) die Umgehungsmarken nicht auf
der Mißweisungsscheibe sitzen, ist der Umgehungswinkel von der
Nordmarke statt von 0° aus zu wählen.**
Drehen wir uns nach rechts, so steht die Nadel auf der Westmarke,
nach einer Linksdrehung steht sie auf der Ostmarke. In beiden Fällen
entfernen wir uns, wenn wir in Pfeilrichtung weiterlaufen, im rechten
Winkel vom Kurs.

2. Solange wir in dieser Richtung seitlich ausweichen, zählen wir unsere
Schritte und merken uns die Zahl oder schreiben sie auf.

3. Sobald wir sehen oder vermuten, daß wir seitlich am Hindernis
vorbei sind, lassen wir die Nadel wieder auf die Nordmarke einspielen und setzen den Weg im ursprünglichen Kurswinkel fort. Wenn
wir die Einstellung nicht verändert haben, laufen wir jetzt, um die
gezählte Schrittzahl seitlich versetzt, parallel zum alten Kurs.

4. Diese seitliche Versetzung gleichen wir bei nächster Gelegenheit aus.
Wir gehen also am Ende des Hindernisses die gleiche Anzahl Schritte
im rechten Winkel auf die alte Kurslinie zurück. Dazu lassen wir die
Nadel auf die entgegengesetzte Umgehungsmarke einspielen, laufen
wieder in Pfeilrichtung und zählen die Schritte. Sobald die aufge-
schriebene Schrittzahl erreicht ist, lassen wir die Nadel wieder auf die
Nordmarke einspielen und setzen unseren Weg von da auf der alten
Kurslinie fort. Da diese Überlegungen erfahrungsgemäß oft verwir-
ren, sind sie in Abb. 58 auch zeichnerisch dargestellt; die kurzen
Querstriche geben die Strecken an, auf denen Schritte gezählt werden müssen.

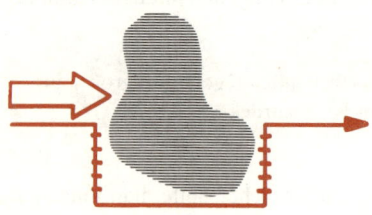

Abb. 58 Hindernisse umgehen: rechte Winkel sind sicher

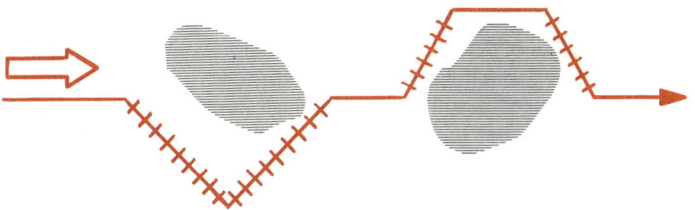

Abb. 59 Hindernisse umgehen: spitze Winkel sind nicht zu empfehlen

Man kann ein Hindernis natürlich auch in spitzen Winkeln umgehen (Abb. 59). Wenn es darauf ankommt, die in Kursrichtung zurückgelegte Strecke genau zu kennen, umgeht man in Winkeln von ± 60° (vgl. 3.2.3). Doch der Gewinn gegenüber rechten Winkeln ist zweifelhaft. Zwar ist der Umweg bis 30 % kürzer, aber die Zählstrecken werden länger, und die Gefahr eines Winkelfehlers wächst.

Beim Umgehen mit ungleich großen Winkeln könnte man überhaupt nicht mehr mit Zählen allein ermitteln, wann der alte Kurs wieder erreicht ist, sondern nur mit einer maßstäblichen Zeichnung oder einer Rechnung. Aber das sind Schreibtischlösungen; für Wanderungen braucht man einfache, sichere Verfahren.

Neben der Gefahr eines Winkelfehlers gibt es noch einen wichtigeren Grund, beim Umgehen rechte Winkel anzuwenden: wenn das Hindernis eine Form wie in Abb. 60 hat oder wenn man zu früh in die alte Richtung zurückgeschwenkt ist, handelt man sich mit dem Umgehen im spitzen Winkel Schwierigkeiten ein. Wer sich dagegen auf rechte Winkel beschränkt, braucht nur auf allen Strecken, die rechtwinklig vom Kurs weg und zum Kurs zurück verlaufen, die Schritte zusammenzuzäh-

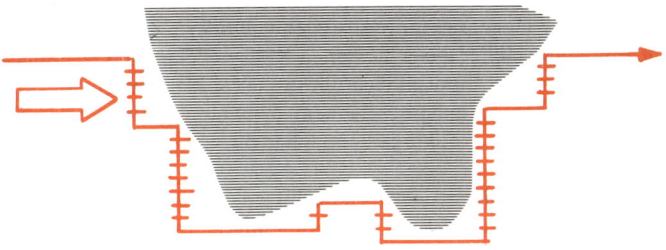

Abb. 60 Hindernisse umgehen: rechte Winkel bewähren sich vor allem bei unerwarteter Form des Hindernisses

len. Die Länge der Teilstrecken parallel zur Kurslinie bleibt unberücksichtigt. Was hier in der Zeichnung sehr verwickelt aussieht, ist also im Grund nur eine Abwandlung von Abb. 58.

Auch das Umgehen sollte man gründlich durchdenken und erst im Zimmer, dann in bekanntem Gelände mehrere Male durchspielen, bevor man in die Lage kommt, auf einer Kompaßwanderung unvermittelt auf ein Hindernis zu stoßen, das einen zum Umgehen zwingt. Für Anfänger sei noch einmal betont, daß hier nur von solchen Hindernissen die Rede ist, deren Grenzen auf der Karte nicht klar erkennbar sind oder die überhaupt nicht eingetragen sind. Wenn das Kartenbild mit der Natur übereinstimmt, wird man – ohne den Kompaß zu benutzen und ohne Schritte zu zählen – einfach am Rand des Hindernisses entlang gehen und auf der anderen Seite, an einer auch auf der Karte eindeutig bestimmbaren Stelle, den Kompaß neu einstellen.

Umgehen
- am sichersten rechtwinklig
- Kompaß dabei nicht verstellen, sondern Ost- und Westmarke benutzen
- gleiche Schrittzahl vom Kurs weg und zum Kurs hin

3.2.5 Gegenrichtung

Wenn es auf einer Kompaßwanderung nötig wird, ein kurzes Stück zurückzugehen, etwa weil dort, wo man den letzten Kurswinkel eingestellt hat, die Kamera liegengeblieben ist, wird man sicherheitshalber nicht die Einstellung der Dose verändern. In einem solchen Fall genügt es, für den Rückweg das Südende der Nadel auf die Nordmarke einspielen zu lassen.

Wer doch die Gegenrichtung einstellen will oder nach der Wegaufnahme mit einem Helfer die gemessenen Kurswinkel in die Gegenrichtung umrechnen muß, braucht sich nur zweierlei klarzumachen:

- Die Gegenrichtung entspricht einem Winkelunterschied von der halben Größe des Vollkreises, unabhängig von der verwendeten Kreisteilung.
- Die Grad-, Gon- oder Strichzahl muß auf jeden Fall innerhalb der des Vollkreises bleiben, darf bei der Gradteilung also nicht über 360° hinausgehen.

Um die Gegenrichtung zu erhalten – wir bleiben bei der Gradeinteilung – muß man darum bei allen Kurswinkeln *bis* 180° die Gradzahl des halben Vollkreises, also 180, dazuzählen; ist der Kurswinkel *über* 180° groß, zieht man 180 davon ab.

Beispiele: Kurs = 45° (Nordost), Gegenkurs = 45° + 180° = 225° (Südwest)
Kurs 270° (West), Gegenkurs = 270° − 180° = 90° (Ost)

Gegenrichtung

- Gradzahl *bis* zum halben Vollkreis um den halben Vollkreis vergrößern,
- Gradzahl *über* dem halben Vollkreis um den halben Vollkreis vermindern.

3.3 Übungen

3.3.1 Kurswinkel aus der Karte (zu 3.1.1)

Bestimmen Sie auf dem Übungsgitter (10.7) mit dem Kompaß den Kurswinkel
a) von 1 nach 6 b) von 4 nach 9 c) von 5 nach 2
d) von 7 nach 4 e) von 11 nach 12 f) von 10 nach 8.
Stehen Sie jedesmal auf, wenn Sie einen Kurswinkel ermittelt haben, halten Sie
den Kompaß, wie in Abschnitt 3.1.2 beschrieben ist, und suchen Sie sich ein
»Hilfsziel« in Ihrer Umgebung.

3.3.2 Gehen nach dem Kompaß und Schrittzählen (zu 3.2.2)

a) Kennzeichnen Sie abseits der Straße – am besten im lichten Wald – eine Stelle
so, daß Sie sie zwar wiedererkennen, aber nicht von weitem sehen können.
Gehen Sie von dort aus mit dem Kompaß eine bestimmte Anzahl Schritte.
Machen Sie dann – ohne die Kompaßdose zu verdrehen – eine Vierteldrehung
und legen Sie in der neuen Richtung die gleiche Schrittzahl zurück. Gehen Sie
so vier Teilstrecken in der Form eines Quadrates. Nach der vierten Teilstrecke sollten Sie wieder am Ausgangspunkt stehen (Abb. 61a).

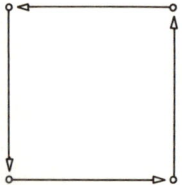 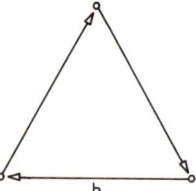

Abb. 61 Gehen nach dem Kompaß mit Schrittzählen

b) Gehen Sie in der gleichen Weise ein gleichseitiges Dreieck. Dazu lassen Sie
die Nadel bei jeder Drehung um ein Drittel des Vollkreises weiterwandern,
bei einem Kompaß mit 360° Teilung also um 120°, bei 400 gon um 133 gon
(Abb. 61b).
c) Gehen Sie in einem Wald mit parallelen Wegen nach dem Kompaß von einem
sicher bestimmten Punkt auf dem einen Weg (Abzweigung, Brücke, Weg-
knick) auf einen bestimmten Punkt auf dem anderen Weg zu. Berechnen und
zählen Sie dabei die Schritte (Abb. 62a).
d) Schneiden Sie im Wald bei einer größeren Wegbiegung mit Kompaßhilfe den
Bogen ab. Berechnen und überprüfen Sie die Schrittzahl (Abb. 62b).

Abb. 62 *Gehen nach dem Kompaß mit Schrittzählen*

3.3.3 Steigung aus Höhenlinien (zu 3.2.3; vgl. 10.2.4)

Berechnen Sie für die Höhenlinien in Abb. 63 die Steigung in % für folgende Maßstäbe und Äquidistanzen

a) 1:50 000 und 20 m   b) 1:25 000 und 10 m
c) 1:20 000 und 5 m   d) 1:15 000 und 5 m.

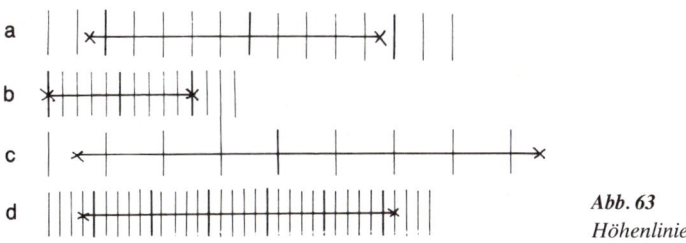

Abb. 63
Höhenlinien

3.3.4 Steigung: Abstand der Höhenlinien (zu 3.2.3; vgl. 10.2.5)

Wie viele mm auf der Karte müssen zwischen zwei Höhenlinien liegen, wenn die Steigung ungefähr betragen soll

a) 10 % beim Maßstab 1:50 000 und Äquidistanz 20 m
b) 12 % beim Maßstab 1:25 000 und Äquidistanz 10 m
c) 15 % beim Maßstab 1:20 000 und Äquidistanz 5 m
d) 5 % beim Maßstab 1:15 000 und Äquidistanz 5 m?

3.3.5 Gegenrichtung (zu 3.2.5)

Welche ist die Gegenrichtung zu
a) 86°; 216°
b) 1254⁻ (mils); 4629⁻ (mils)
c) 6210⁻ (schwedisch); 163⁻ (schwedisch)
d) 3180ᵛ; 2630ᵛ?

4. Mißweisung

4.1 Gradnetz der Erde

Die Erde dreht sich um eine Achse; die beiden Punkte der Erdoberfläche, durch die ihre Drehachse geht, die sich also nur um sich selbst drehen, sind Nord- und Südpol. Alle Kreislinien, die beide Pole verbinden, heißen *Längenkreise* oder *Meridiane* (Abb. 64). Um mit ihrer Hilfe die Lage eines Punktes auf der Erdoberfläche beschreiben zu können, wird die Erde in 360 Längenkreise eingeteilt. Der Meridian, der durch die ehemalige Sternwarte in Greenwich (England) verläuft, wurde willkürlich mit 0° bezeichnet. Von ihm aus zählt man nach Westen und Osten, bis man von beiden Seiten auf den 180. Meridian stößt, der demjenigen mit der Zahl 0 genau gegenüberliegt. Die Zahlen von 1 bis 179 tauchen also doppelt auf. Wenn wir uns einen Globus wie üblich mit dem Nordpol nach oben vorstellen, finden wir die Meridiane von Null aus nach links als »westlich« und die nach rechts als »östlich« bezeichnet. Ein Ort auf 90° östlicher Länge oder 90° O liegt also einem Ort auf 90° westlicher Länge oder 90° W genau gegenüber.

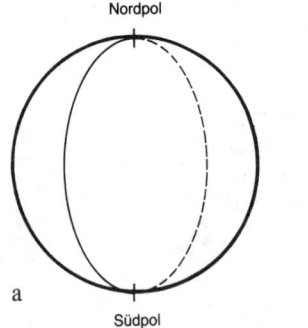 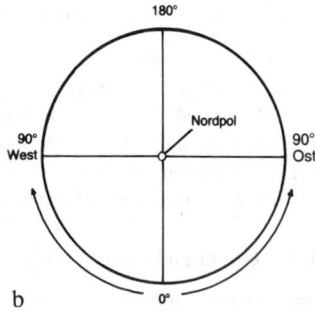

Abb. 64 Längenkreise oder Meridiane
  a) Die Meridiane treffen sich in den Polen
  b) Vom Nullmeridian zählt man nach O und W bis 180°

Die *Breitenkreise* oder *Parallelkreise* schneiden die Längenkreise im rechten Winkel; sie haben unterschiedlichen Umfang. Der größte ist der Äquator, gleich weit entfernt vom Nord- und Südpol, mit der Zahl Null; vom Äquator aus nach Norden und Süden werden sie immer kleiner, bis an den Polen bei 90° nur noch ein Punkt übrig ist (Abb. 65).

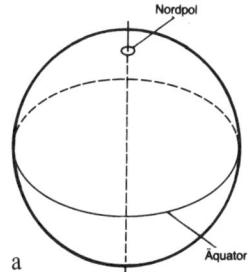 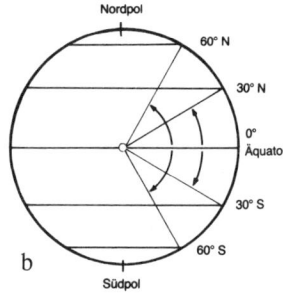

Abb. 65 *Breitenkreise*
a) Der größte Breitenkreis ist der Äquator. An den Polen schrumpfen die Breitenkreise zu einem Punkt,
b) die Breitenkreise zählt man vom Äquator nach N und S bis 90°

Man zählt sie vom Äquator aus nach Norden und Süden und setzt hinter die Gradzahl die Bezeichnung »nördlicher Breite« oder einfach »N« bzw. »südlicher Breite« oder »S«. Da Längen- und Breitengrade ebenso wie Winkel auch noch in 60 Minuten und die Minuten weiter in 60 Sekunden unterteilt werden können, läßt sich mit diesen Angaben jeder Ort auf der Erde auf ± 15 m genau bezeichnen: am Äquator entspricht ein Grad 111,1 km; 1 Minute entspricht also 1,852 km (= 1 Seemeile), und eine Sekunde sind 30,86 m. Damit keine Verwechslungen mit den Zeiteinheiten vorkommen, sagt man auch »Bogenminute« und »Bogengrad«.

Die für eine Kugel recht willkürlich anmutenden Bezeichnungen »Länge« und »Breite« werden verständlicher, wenn man ihre Herkunft aus der antiken Seefahrt kennt. Dort waren sie auf das Mittelmeer mit seiner Längsausdehnung in Ost-West-Richtung bezogen.

4.2 Von der Kugeloberfläche in die Kartenebene

Die Grundforderungen an eine Karte sind

- *Längentreue:* In allen Himmelsrichtungen entsprechen gleiche Entfernungen auf der Erde gleich langen Strecken auf der Karte,
- *Flächentreue:* Gleich große Flächen auf der Erde erscheinen auf der Karte gleich groß,
- *Winkeltreue:* Jeder im Gelände gemessene Winkel zwischen zwei Richtungen erscheint auf der Karte ebenso groß.

Die Forderungen klingen selbstverständlich. Aber wenn eine Kugeloberfläche in der Ebene abgebildet werden soll, lassen sie sich nie gleichzeitig erfüllen. Selbst wenn es nur um kleinere Ausschnitte der Erdoberfläche geht, muß man entweder entscheiden, welche Forderung auf Kosten der beiden anderen voll erfüllt werden soll, oder man muß bei allen drei Abstriche hinnehmen.

Seekarten sind ein Beispiel für die einseitige Lösung: Auf der Erdoberfläche wie auf dem Globus bilden die Längen- und Breitenkreise miteinander rechte Winkel. In der Kartenebene können die rechten Winkel verloren gehen (Abb. 66a). Winkeltreue ist aber bei einer Seekarte eine unverzichtbare Forderung. Damit sie ohne Abstriche erfüllt wird, stellt man auf der Karte die Meridianlinien parallel (Abb. 66b) und gleicht die dadurch entstehenden Winkel- und Formverzerrungen aus, indem man den Maßstab polwärts stetig wachsen läßt (Abb. 66c); man verzichtet also bewußt auf Längen- und Flächentreue. Bei Seekarten entnimmt man das Maß für Entfernungen stets den

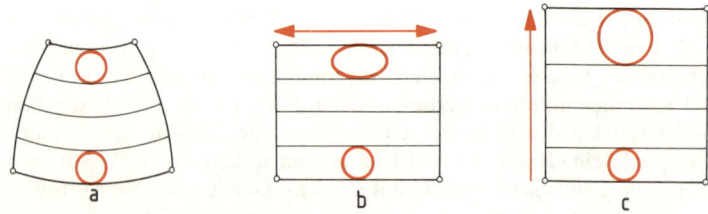

Abb. 66 *Seekarten sind nur winkeltreu*
a) Ausschnitt aus dem Globus, nördliche Halbkugel
b) Meridianlinien parallel gestellt, dazu Nordrand gestreckt
c) polwärts stetig wachsender Maßstab: Winkeltreue auf Kosten der Längen- und Flächentreue

seitlichen Kartenrändern, und zwar in der Höhe (= geographischen Breite), in der die betreffende Strecke liegt.

Auch bei topographischen Karten hat die Winkeltreue den Vorrang. Damit aber die unvermeidlichen Verzerrungen bei Längen und Flächen erträglich bleiben, wird die Erdoberfläche abschnittweise verebnet: Man unterteilt sie senkrecht entlang der Meridiane und stellt jeden der Streifen gesondert dar (Abb. 67). Für die deutschen Karten wendet man dabei das *Gauß-Krüger-Verfahren* an und bildet Meridianstreifen von 3 Längengraden Breite. Die Streifen sind am Äquator mit rund 333 km am breitesten und verjüngen sich nach den Polen hin. Am 50. Breitengrad ist ein Meridianstreifen etwa 214 km breit. Da die Kartenblätter unserer TK 50 einheitlich 20 Längenminuten breit sind, decken je neun Blätter die Breite eines Meridianstreifens ab. Die Haupt-(Mittel-)meridiane der Meridianstreifen liegen bei 0°, 3°, 6° usw., also stets bei einer durch 3 teilbaren Gradzahl. Das Gauß-Krüger-Verfahren heißt im Ausland Transversale Mercator-Projektion.

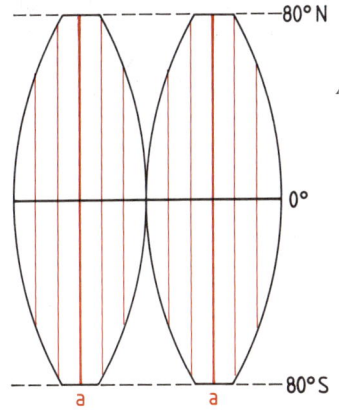

Abb. 67   *Topographische Karten sind (hinreichend) winkel- und längentreu.*

Die Erdoberfläche wird dazu streifenweise verebnet und dafür von 80° N bis 80° S in Meridianstreifen von 3° oder 6° Breite eingeteilt (a = Hauptmeridian). Bei 3° breiten Meridianstreifen verhält sich also die Breite zur Länge wie 3:160 (in Abb. 67 aber wie 3:8).

Eine in vielen Ländern übliche Abwandlung des Gauß-Krüger-Verfahrens verwendet 6° breite Meridianstreifen. Davon abgeleitet ist die aus dem militärischen Bereich stammende Universale Transversale Mercator-Projektion, abgekürzt *UTM-Verfahren.* Hier liegen die Hauptmeridiane bei 3°, 9°, 15° usw., also immer bei einer durch 6 teilbaren Gradzahl ± 3°. Die Polkappen werden gesondert als Kreise abgebildet.

Die Abbildungsfehler dieser Verfahren werden für das einzelne Kartenblatt so klein, daß die Karten als winkel- und längentreu gelten dürfen. Die Fehler liegen weit unter der Genauigkeit, mit der wir Entfernungen aus der Karte entnehmen und als Kompaßwanderer Richtungswinkel messen, einstellen und im Gelände einhalten können.

Über mehrere Kartenblätter hinweg darf man die seitlichen Kartenränder dennoch nicht mehr als Parallelen behandeln. Da aber rechte Winkel die Arbeit mit der Karte sehr erleichtern, werden in den einzelnen Meridianstreifen senkrechte Gitterlinien parallel zum Hauptmeridian eingedruckt oder im Kartenrahmen angerissen (Abb. 25, 26). Ihr Abstand entspricht 1 bzw. 2 km im Gelände, beträgt also 2 bzw. 4 cm beim Maßstab 1:50000 und 4 cm beim Maßstab 1:25000. Das parallele Gitter heißt je nach Kartenart *Gauß-Krüger-Gitter* oder *UTM-Gitter*. *Die Gauß-Krüger-Koordinaten sind nicht identisch mit den UTM-Koordinaten.*

Im Gitter jedes Meridianstreifens kann nur die eine Gitterlinie genau in Nord-Süd-Richtung verlaufen, die mit dem Hauptmeridian zusammenfällt. Alle anderen weichen um so mehr von der Nordrichtung ab, je größer ihr Abstand vom Hauptmeridian ist (Abb. 68): auf der Nordhalbkugel westlich vom Hauptmeridian nach Westen, ostwärts davon nach Osten (südlich des Äquators umgekehrt). Der Winkel, um den eine Gitterlinie von GeN abweicht, heißt Meridiankonvergenz (4.4).

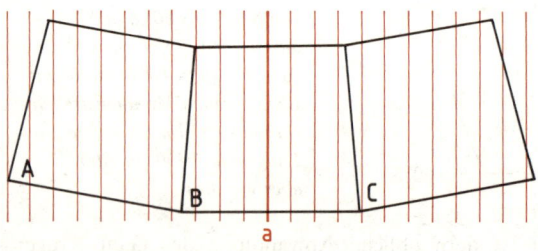

Abb. 68 *Meridianlinien und Gitterlinien*
Die seitlichen Ränder der deutschen topographischen Karten (A, B, C) sind Meridianlinien. Die Gitterlinien laufen parallel zum Hauptmeridian (= a) des Meridianstreifens (vgl. Abb. 67). In jedem Meridianstreifen weist also nur die eine Gitterlinie polwärts, die mit dem Hauptmeridian zusammenfällt.

4.3 Drei Nordrichtungen

Von nun an können wir nicht mehr so unbefangen wie bisher von »Nordrichtung« sprechen, sondern müssen drei Nordrichtungen unterscheiden, nämlich Geographisch-Nord, Magnetisch-Nord und Gitter-Nord. Auf den Pfeilsymbolen der neueren topographischen Karten wird ziemlich einheitlich GeN durch einen Stern, MaN durch eine (altertümliche) Kompaßnadel und GiN durch einen Querstrich oder ein kleines schwarzes Quadrat bezeichnet (Abb. 69); manchmal ist GiN nur die Verlängerung einer Gitterlinie über den Kartenrahmen hinaus.

a) *Geographisch-Nord*   b) *Magnetisch-Nord*   c) *Gitter-Nord*
Abb. 69 *Pfeilsymbole für die drei Nordrichtungen*

4.3.1 Geographisch-Nord (GeN)

Geographisch-Nord ist die »echte« Nordrichtung, die Richtung zum Nordpol und (genähert) zum Polarstern. Unsere topographischen Karten sind polwärts ausgerichtet. Also weisen alle Meridianlinien nach GeN, ebenso jede andere Gerade vom oberen zum unteren Kartenrand, die gleiche Minutenfelder verbindet. In der Bundesrepublik Deutschland und in Österreich (aber nicht in der Schweiz) entsprechen auch die seitlichen Kartenränder der topographischen Karten den Meridianlinien; es handelt sich also um Gradabteilungskarten. Die Meridianlinien bilden zusammen mit den Breitenkreisen das geographische Netz. In der Seefahrt wird Geographisch-Nord als »rechtweisend Nord« bezeichnet.

4.3.2 Magnetisch-Nord (MaN)

Das Magnetfeld der Erde ist nach den magnetischen Polen ausgerichtet. Sie sind nicht ortsfest und fallen nicht mit den geographischen Polen zusammen. Für die Orientierung mit dem Kompaß entscheidet jedoch nicht die Lage der Magnetpole, sondern der ***örtliche Verlauf der magnetischen Feldlinien.***

Die magnetische Nordrichtung, auf die wir uns bei der Arbeit mit dem Kompaß stützen, heißt in der Seefahrt »mißweisend Nord«. Für uns sind folgende ihrer Merkmale wichtig:

- sie muß für jeden Punkt der Erdoberfläche gesondert bestimmt werden,
- sie verändert sich laufend,
- Größe und Richtung der Veränderung sind nicht langfristig vorhersehbar,
- an vielen Stellen der Erde ist sie noch örtlich gestört,
- sie stimmt nur ausnahmsweise mit den senkrechten Gitterlinien überein.

Die Abweichung wird aber sehr genau vermessen und auf den topographischen Karten angegeben, und zwar jeweils für ein bestimmtes Jahr und mit der voraussichtlichen Veränderung in den folgenden Jahren. Karten der Polargebiete zeigen neben dem Geographischen und dem Magnetischen auch noch den Geomagnetischen Pol. Das ist der Durchstoßpunkt der Achse des »besten Dipols«, ein theoretischer Wert, der für die Orientierung keine Rolle spielt.

4.3.3 Gitter-Nord (GiN)

Gitter-Nord ist die Richtung, in der die senkrechten Linien des rechtwinklig-ebenen parallelen Gitters verlaufen, z. B. des UTM- oder des Gauß-Krüger-Gitters. Gitterlinien verlaufen parallel (während Meridianlinien auf topographischen Karten polwärts zusammenlaufen). Darum weist in jedem Meridianstreifen nur die eine Gitterlinie genau nach GeN, die mit dem Hauptmeridian dieses Streifens zusammenfällt

Nordrichtung	in der Natur	auf der Karte
Geographisch-Nord (GeN)	Nordpol, Polarstern	Meridianlinien, seitliche Ränder* der top. Karte
Gitter-Nord (GiN)	keine Entsprechung	senkrechte Linien des geodätischen Gitters
Magnetisch-Nord (MaN)	magnetische Feldlinien	nicht dargestellt
* in Deutschland und Österreich (nicht in der Schweiz)		

Tab. 6 Nordrichtungen

(Abb. 68). Bei Gitternetzkarten (z. B. Schweiz) bilden Linien des parallelen Gitters die Ränder des Kartenbildes.

Auf Kartenblättern, die am Rand eines Meridianstreifens liegen, kann zusätzlich das Gitter des benachbarten Streifens angegeben sein. Hier ist es gleichgültig, für welches Gitter man sich beim Wandern entscheidet. Wichtig ist allein, daß man den Kompaß nach demselben Gitter ausrichtet, für das man die Nadelabweichung ermittelt hat.

Rechtwinklig-ebene Gitter spielen hauptsächlich in der Geodäsie eine Rolle, der »Wissenschaft von der Ausmessung und Abbildung der Erdoberfläche«. Darum nennt man sie geodätische Gitter.

4.4 Mißweisung ermitteln

Die drei Nordrichtungen bilden miteinander diese Winkel (Abb. 70):
- von GeN nach MaN die Deklination (δ),
- von GiN nach MaN die Nadelabweichung (γ),
- von GeN nach GiN die Meridiankonvergenz ($\varkappa$ oder ω).

Aus je zweien dieser Winkel ergibt sich der dritte.

Abb. 70 Die Winkel zwischen den Nordrichtungen
   a) Deklination, b) Nadelabweichung, c) Meridiankonvergenz

Deklination und Nadelabweichung verändern sich; sie haben außerdem für jedes Kartenblatt, genaugenommen für jeden Ort, einen anderen Wert.

Die Meridiankonvergenz eines Ortes liegt fest. Sie beträgt am Äquator überall 0° und wächst mit der geographischen Breite und mit dem Winkelabstand vom Hauptmeridian; aus diesen beiden Werten kann man sie selbst berechnen (10.2.15). Für den 50. Breitengrad sind die Höchstwerte 1,15° beim Gauß-Krüger-Gitter und 2,3° beim UTM-Gitter; auch für den 80. Breitengrad bleiben sie unter 1,5° bzw. 3°. Die verdoppelten Werte für das UTM-Gitter erklären sich aus den doppelt so breiten Meridianstreifen.

Die Fachsprache kennt für **Deklination** und **Nadelabweichung** keinen gemeinsamen Namen. Wir verwenden von nun an das Wort »**Mißweisung**« als **Oberbegriff** für beide Winkel.

Für Karten ohne geographisches Netz oder geodätisches Gitter, aber mit einem Suchgitter (z. B. die neuen Karten des Alpenvereins), ist »Mißweisung« der Winkel von den senkrechten Linien des Suchgitters nach MaN.

Kartennord bedeutet von jetzt an allgemein die Richtung zum oberen Rand der topographischen Karte, im Gegensatz zu Magnetisch-Nord.

Art	Nordrichtung	Bezugslinien auf der Karte	Netz/Gitter
Deklination (δ, »**Delta**«)	Geographisch-Nord (GeN), zum Nordpol und (genähert) zum Polarstern	Meridianlinien von Pol zu Pol Längengrade, Minutenfelder, seitl. Ränder* der top. Karte	geo- graphisch
Nadelabweichung (γ, »**Gamma**«)	Gitter-Nord (GiN)	senkrechte Gitterlinien	geodätisch z. B. UTM, Gauß-Krüger
* in Deutschland und Österreich (nicht in der Schweiz)			

Tab. 7 Mißweisung

4.4.1 Nach den Angaben auf der Karte

Um welchen Winkel MaN von GeN oder GiN abweicht, wird auf topographischen Karten (nicht aller Länder) und Seekarten für die Blattmitte oder für eigens bezeichnete Stellen des Kartenbildes auf verschiedene Weise angegeben (Abb. 14, 72),

● mit Worten beschrieben,

● in einer Beikarte mit Linien gleicher Abweichung graphisch dargestellt,

● mit Pfeilen für die Nordrichtungen und Zahlen für die Winkelgrößen bezeichnet,

- auf Seekarten im Kartenbild durch eine Windrose mit einem Pfeil nach MaN und die Gradzahl für den Mißweisungswinkel angezeigt (Abb. 72b).

Für das gegenseitige Verhältnis der Nordrichtungen ergeben sich bei östlicher und westlicher Mißweisung je drei Möglichkeiten (Abb. 71).

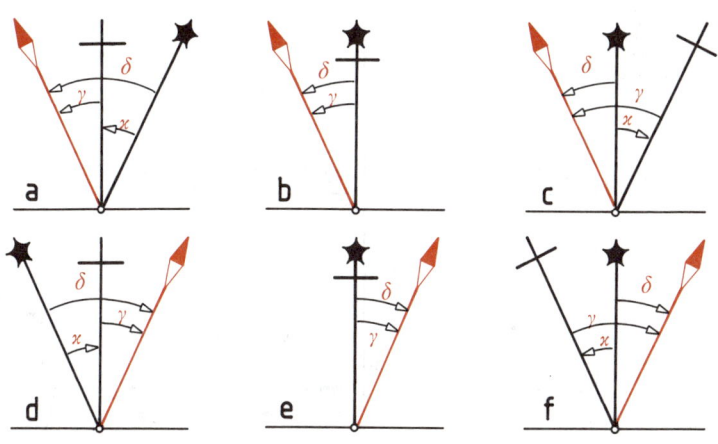

Abb. 71   *Deklination, Nadelabweichung und Meridiankonvergenz*

Westliche Mißweisung: a) $\delta = -50°$ *b)* $\delta = -25°$ *c)* $\delta = -25°$
$\gamma = -25°$ $\gamma = -25°$ $\gamma = -50°$
$\varkappa = -25°$ $[\varkappa = 0°]$ $\varkappa = +25°$

Östliche Mißweisung: d) $\delta = +50°$ *e)* $\delta = +25°$ *f)* $\delta = +25°$
$\gamma = +25°$ $\gamma = +25°$ $\gamma = +50°$
$\varkappa = +25°$ $[\varkappa = 0°]$ $\varkappa = -25°$

(b und e = Hauptmeridian; darum ist GeN = GiN)

Auf den Kartenblättern deutet die graphische Darstellung lediglich an, wie die Nordrichtungen zueinander liegen. Die Winkelgrößen sind also – außer bei den Seekarten – nicht den Pfeilrichtungen, sondern allein den Zahlenangaben zu entnehmen. Angaben in »mils« beziehen sich auf die Kreisteilung in 6400⁻, ebenso die Angaben in A‰ (Artillerie-Promille) in den Schweizer Karten. Die Umrechnung ist im Anhang (10.2.11) gezeigt.

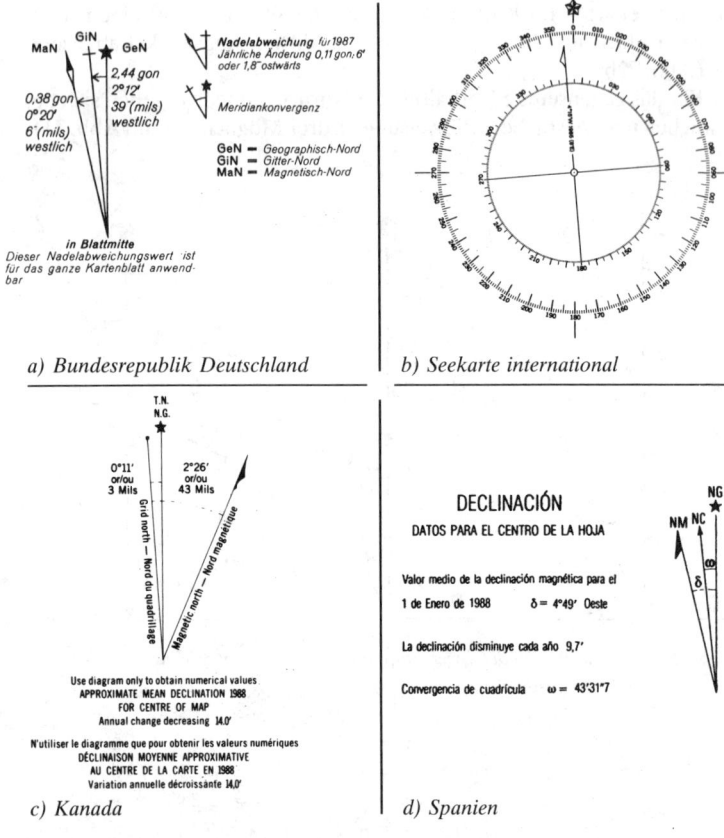

a) Bundesrepublik Deutschland

b) Seekarte international

c) Kanada

d) Spanien

Abb. 72 *Mißweisungsangaben in verschiedenen Karten*

Kennt man die Bedeutung der Pfeile und berücksichtigt die verwendete Kreisteilung, so kann man die Mißweisung den Karten fremder Länder selbst dann noch entnehmen, wenn man die Sprache nicht versteht (Abb. 72). Die wichtigsten Fachausdrücke, die in diesem Zusammenhang auftreten können, sind aber auch in einer Übersicht im Anhang (10.3) zusammengestellt.

Damit man nach den Zahlenangaben auf der Karte die gegenwärtige Mißweisung ermitteln kann, sind folgende Fragen zu beantworten:

104

- Welche Kreisteilung ist verwendet?
- Ist die Deklination (Abweichung von GeN) oder die Nadelabweichung (Abweichung von GiN) angegeben?
- Handelt es sich um östliche oder westliche Mißweisung?
- Wie groß ist der Mißweisungswinkel?
- Für welches Jahr gilt die Angabe?
- Welche jährliche Änderung wurde erwartet?

Beispiel (Abb. 72a) Nadelabweichung für 1987: 0° 20′ westlich
erwartete jährliche Änderung: 6′ ostwärts
Von 1987 bis 1992 sind 5 Jahre
5 · 6′ = 30′; 0° 20′ westlich + 30′ östlich = 10′ östlich
Mißweisung für 1992 also = $^1/_6$° östlich
Achtung! Über 10 Jahre alte Mißweisungsangaben sind nicht mehr zuverlässig und sollten nach einem anderen Verfahren (Tab. 8) überprüft werden.

4.4.2 Aus dem Gelände

Mit dem Spiegelkompaß kann man die örtliche Mißweisung hinreichend genau auch selbst ermitteln. Notwendig oder ratsam ist das,

- wenn die Karte keine Mißweisungsangaben enthält oder die Angaben mehr als zehn Jahre alt sind,
- wenn mit örtlichen Abweichungen zu rechnen ist oder ausdrücklich auf magnetische Störungen hingewiesen wird,
- wenn Nordlinien in Karten ohne Randbearbeitung (Umgebungskarten, Kartenausschnitte) oder in Luftbilder eingezeichnet werden sollen,
- wenn man keine Linien vom oberen bis zum unteren Kartenrand durchziehen will oder kann.

In solchen Fällen sollte man wenigstens ermessen können, ob man die Mißweisung noch vernachlässigen darf. Eine kleine Ungenauigkeit wiegt dabei weniger, als wenn man eine größere Mißweisung nicht berücksichtigt oder sie gar nach der falschen Seite anträgt.

Die Mißweisung ist der *Unterschied zwischen Geländewinkel und Kartenwinkel.* Wenn der *Geländewinkel größer* ist, haben wir *westliche* Mißweisung; ist der Geländewinkel kleiner, ist die Mißweisung östlich.

Für alle Verfahren, die zwei Winkel vergleichen, muß bei Kompassen mit verstellbarer Mißweisung (4.5.3) die Nordmarke auf Null stehen.
Westliche Mißweisung wird auch mit »–«, östliche mit »+« bezeichnet.
Überall wo die Mißweisung eine Rolle spielt, muß man sich beim Kurswinkel klarmachen, ob es sich um den Karten- oder den Geländewinkel handelt. Wie man die Mißweisung ausgleicht, wird in 4.5. gezeigt. Zunächst lernen wir in 4.4.2.1 – 4.4.4, wie man sie ermittelt.

4.4.2.1 Kartenwinkel und Geländewinkel

Wir brauchen eine möglichst lange Meßlinie. Geeignet ist *entweder* eine gerade Linie im Gelände, die auch auf Karte oder Luftbild zu sehen ist, z. B. Straße, Bahnlinie, Kanal, Freileitung, Grenzschneise, Renzaun *oder* (besser) ein auf Karte oder Luftbild eindeutig bestimmter Standort zusammen mit einem möglichst weit entfernten, vom Standort aus sichtbaren Punkt wie Gipfelkreuz, Turm, Inselspitze. Um den Kompaß anlegen zu können, verbindet man notfalls Standort und Zielpunkt mit dem zurückgebogenen Kartenrand (Abb. 73).

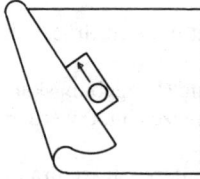 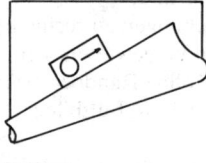

Abb. 73 Wenn die Anlegekante zu kurz ist, kann auch eine Kante des Kartenblattes als Lineal dienen

Wir bestimmen den Kartenwinkel (3.1.1) unserer Meßlinie und halten die Gradzahl fest. Dann messen wir den Geländewinkel (5.1.1, erster Schritt) und vergleichen die beiden Winkel.
Beispiel Kartenwinkel = 255°
Geländewinkel = 270°
Geländewinkel größer, Mißweisung = *15° westlich.*

Das ist die Nadelabweichung, wenn der Kartenwinkel nach einer Gitterlinie ermittelt wurde; von einer Meridianlinie ausgehend, erhält man die Deklination (Tab. 7 und Abb. 70).

4.4.2.2 Linie nach MaN.

Für eine Karte oder ein Luftbild ohne Nordlinien brauchen wir unmittelbar die Richtung nach MaN. Dazu messen wir wie in 4.4.2.1 den Geländewinkel einer Meßlinie (Abb. 74). Weil sich die Nordlinien der Dose nicht in die Karte oder in das Luftbild hinein verlängern lassen, müssen wir anschließend Kurspfeil und Nordmarke vertauschen. Das ist zeichnerisch und rechnerisch möglich.

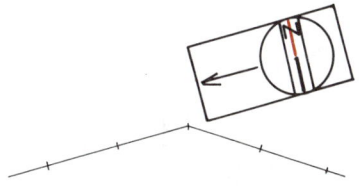

Abb. 74 Mißweisung aus dem Gelände gewinnen: Richtungswinkel einer Meßlinie ermitteln

Vertauschen zeichnerisch (Abb. 75)

Bei der zeichnerischen Lösung werden keine Zahlen abgelesen, sondern nur Parallelen beachtet.

1. Die Nordlinien der Dose legen wir an eine Gerade (z. B. den gedruckten Kartenrand) an, ohne die Kompaßeinstellung zu verändern, und zeichnen entlang der Anlegekante eine Linie.

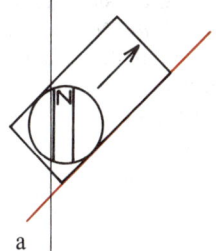
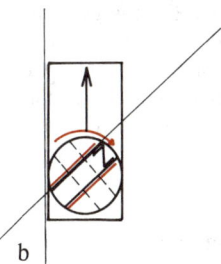

a   b

Abb. 75 Richtung von Dose und Kurspfeil vertauschen: zeichnerisch
a) Dose an eine Gerade anlegen, entlang der Anlegekante eine Linie ziehen
b) Lineal an die Gerade anlegen, Dose nach der gezeichneten Linie ausrichten

2. Dann legen wir den Kompaß mit der Anlegekante an die Gerade an und *drehen* die Dose, bis die Nordlinien parallel zu der gezeichneten Linie liegen. Damit werden Kurspfeil und Nordmarke vertauscht.

Vertauschen rechnerisch (Abb. 76)
1. Wir ziehen die Gradzahl des Geländewinkels vom Vollkreis ab.
2. Das Ergebnis stellen wir am Kompaß ein. Auch so sind Nordmarke und Kurspfeil vertauscht.

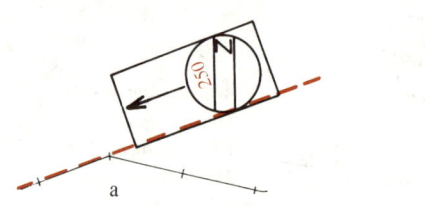 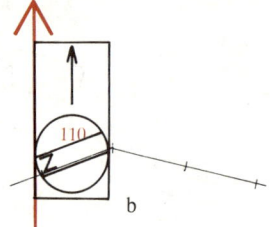

a   b

Abb. 76 *Richtung von Dose und Kurspfeil vertauschen: rechnerisch*
  a) Geländewinkel = 250°
  b) Gradzahl vom Vollkreis abziehen, Ergebnis einstellen
    (360–250)° = 110°

Beispiel (Abb. 76) Geländewinkel der Meßlinie = 250°
          einstellen: (360–250)° = 110°

Nachdem die beiden Richtungen am Kompaß vertauscht sind, legen wir auf der Karte oder dem Luftbild *(ausnahmsweise!) die Nordlinien der Dose* an die Meßlinie, in Abb. 76 b also an die Freileitung; dann zeigt die Anlegekante nach MaN. Entlang einer der beiden Anlegekanten ziehen wir eine Linie und bezeichnen ihr Nordende mit dem Nordpfeil.

4.4.3 Nach der Sonne

Was über die tägliche und jährliche Sonnenbahn für die Orientierung wissenswert ist, steht in 7.1.2. Zwei neue Begriffe brauchen wir jedoch schon jetzt. Denn bei Angaben und Rechnungen zum Sonnenstand ist anzugeben, für welche Breite B, welchen Tag und welche Zeit sie gelten. Die Ortszeit ist im Stundenwinkel S enthalten, der Kalendertag in der Deklination D (neu definiert).

Deklination. Deklination heißt »Ablenkung, Abweichung«. Wir haben das Wort bisher nur als »Abweichung der magnetischen Feldlinien von GeN« gebraucht. Bei der Orientierung nach der Sonne begegnet es uns in einer neuen Bedeutung.

Die Ebene, in der die Erde um die Sonne läuft, heißt Himmelsäquator. Wegen der Schrägstellung der Erdachse scheint sich die Sonne für den irdischen Beobachter im Lauf eines Jahres auf- und abzuschrauben (Abb. 137). Der jeweilige *Winkelabstand der Sonne vom Himmelsäquator* heißt ebenfalls Deklination. Zur Tag- und Nachtgleiche am Frühjahrs- und Herbstanfang beträgt die Deklination 0°. Die äußersten Werte sind + 23,44° zur Sommersonnenwende und – 23,44° zur Wintersonnenwende. Bei der Schrägstellung der Erdachse, beim Abstand der Wendekreise vom Äquator und der Polarkreise von den Polen handelt es sich stets um denselben Winkel von 23,44°. Wie sich daraus die Jahreszeiten ergeben, ist in jedem Schulatlas gezeigt.

Näherungsweise erhält man die Deklination des Tages, wenn man die Mittagshöhe der Sonne mißt, die geographische Breite des Standorts dazuzählt und von der Summe 90° abzieht: D = Mittagshöhe + B − 90°. Tab. 17 (Beilage) nennt die Werte für Deklination und Zeitgleichung für das ganze Jahr. Diese Tabelle und 10.2.25 machen Rechenwege aus der Seefahrt und der Astronomie auch für den Wanderer nutzbar.

Stundenwinkel. Da eine Erdumdrehung 24 Stunden dauert, ändert sich der Richtungswinkel der Sonne um 15° in einer Stunde. So läßt sich die Tageszeit auch als Stundenwinkel der Sonne angeben. Von der Erde aus gesehen, ist die Winkelgeschwindigkeit der Sonne allerdings nur an den Polen so gleichmäßig.

Für Rechnungen zum Sonnenstand verwandelt man die Ortszeit in einen Dezimalbruch, z. B. 14.45 Uhr WOZ in Z = 14,750. Z mal 15 ergibt dann den Stundenwinkel. Wir zählen ihn hier vom Südpunkt der täglichen Sonnenbahn nach Osten und Westen. Die Umformung dazu lautet: Stundenwinkel = 15 · Ortszeit – 180°, kurz: S = 15 · Z – 180°. Für 10.00 Uhr WOZ ist S = –30°, für 15.30 Uhr WOZ = + 52,5°.

Rechnung. Es entlastet das Gedächtnis, wenn B, D und S feste Speicherplätze bekommen. Die alphabetische Reihenfolge entspricht gleichzeitig dem Rechenweg.

Ein falsches Vorzeichen führt zu einem unbrauchbaren Ergebnis. Die Vorzeichen bedeuten für

Breite (B): + = Nord, – = Süd;
Deklination (D): + = Sommerhalbjahr, – = Winterhalbjahr
(Nordhalbkugel);
Stundenwinkel (S): – = vor 12.00 Uhr WOZ, + = nach 12.00 Uhr
WOZ
Höhenwinkel: (H): + = über dem Horizont, – = unter dem
Horizont.
Mißweisung: + = östlich, – = westlich
Gleiche Vorzeichen (+ + oder – –) ergeben +,
ungleiche Vorzeichen (+ – oder – +) ergeben –.

Der Rechner arbeitet klaglos auch mit vielen Stellen hinter dem Komma. Darum gibt man alle Werte mit der vollen Stellenzahl ein und rundet erst das Endergebnis, die Winkel auf volle Grad, Zeitangaben auf volle Minuten.

Genauigkeit. Viele empfinden bereits das Gehen nach dem Kompaß als eine Art Blindflug. Die Frage nach der Verläßlichkeit stellt sich noch dringender bei der Orientierung nach rechnerisch ermittelten Richtungswinkeln, die man kaum überprüfen kann. Bestenfalls zeigt ein Vergleich mit Tab. 16, ob das Ergebnis ins Schema paßt.

Die Werte für Deklination der Sonne und Zeitgleichung in Tab. 17 sind über eine vierjährige Schaltjahrsperiode gemittelt, damit die Tabelle über ein Jahr hinaus brauchbar bleibt. Für D können sie um ± 0,2° von den Werten für ein bestimmtes Jahr abweichen. Für die hier angestrebte Genauigkeit fällt das nicht ins Gewicht. Auch Sonnendurchmesser und Strahlenbrechung dürfen für unsere Zwecke vernachlässigt werden. Dadurch ergibt sich nur dort, wo die Sonne sehr schräg aufsteigt, eine Unsicherheit beim Sonnenaufgang. Die entscheidenden Fehlerquellen hat man jedoch in der Hand: Zeit- und Schattenmessung, genaue Länge und Breite, Umrechnung zwischen Zonen- und Ortszeit, Vorzeichen, Klammerregeln, Fallunterscheidungen.

Bei sorgfältiger Messung und fehlerfreier Rechnung liegt der Winkelfehler innerhalb von ± 1°. Das ist so viel wie ein bis zwei Sonnendurchmesser. Ein Astronom würde so vielleicht seinen Stern nicht mehr finden, aber einen Handkompaß mit einem Teilstrich für 2° können wir kaum genauer einstellen und ablesen.

1. Mittag und Mitternacht. Mittags, in hohen Breiten auch zur Mitternacht, steht die Sonne zuverlässig auf der Nord-Süd-Achse. Dem

Kartenwinkel in 4.2.2.1 entspricht bei diesem Verfahren die wahre Sonnenrichtung. Das sind – außerhalb der Wendekreise – 180° für die Nordhalbkugel, 0°/360° für die Südhalbkugel und für die Mitternachtssonne im Norden.

Man ermittelt nach 10.2.24.2, welche Uhrzeit (Zonenzeit) der wahren Ortszeit Z = 12,0 oder 24,0 entspricht. *Genau* zu diesem Zeitpunkt richtet man den Kompaß nach dem Sonnenschatten aus (beim Spiegelkompaß nach dem Schatten des aufgestellten Deckels, beim Linealkompaß wie in Abb. 138) und die Dose nach der Magnetnadel.

Jeder Zeitunterschied führt zu einem Winkelfehler, denn um die Mittagszeit ändert sich die Sonnenrichtung am schnellsten, besonders in niedrigen Breiten. Wenn dort die Deklination etwa so groß ist wie die geographische Breite (D = B ± 10°), wird auch der Schatten zu kurz. Dann hilft vielleicht ein Pendel weiter. Man hängt eine mit einem (die Magnetnadel nicht ablenkenden) Gewicht beschwerte Schnur auf oder läßt sie halten. Zum Messen tritt man, mit dem Kompaß auf der waagerecht gehaltenen Kartenrückseite, möglichst dicht an das untere Ende der Schnur heran.

Beispiele D = −15°, B = + 10°
D < B, also Mittagssonne im Süden
wahre Sonnenrichtung = 180°
Geländewinkel = 170°
Geländewinkel kleiner; Mißweisung = *10° östlich*
D = −5°, B = −25°
D > B, also Mittagssonne im Norden
wahre Sonnenrichtung = 0°/360°
Geländewinkel = 20°
Geländewinkel größer (als 0°); Mißweisung = *20° westlich*

2. Doppelmessung.

Den Geländewinkel der Mittagssonne erhält man ebenso, wenn man vor- und nachmittags im genau gleichen zeitlichen Abstand von 12.00 Uhr WOZ die Sonnenrichtung mit dem Kompaß mißt und den Mittelwert bildet. Das ist für niedrige Breiten das angemessenere Verfahren.

Beispiel Wahre Sonnenrichtung = 180°
, Geländewinkel um 10.00 Uhr WOZ = 132°,
um 14.00 Uhr WOZ = 208°
Mittelwert für den Geländewinkel = 170°
Geländewinkel kleiner; Mißweisung = *10° östlich*

3. Sonnenaufgang und -untergang. Man braucht WOZ nicht zu kennen, wenn man die Sonnenrichtung im Augenblick des Aufgangs oder Untergangs mißt und diesen Geländewinkel mit der nach 10.2.25.5 berechneten wahren Sonnenrichtung vergleicht. Auch dieser Weg eignet sich für niedrige Breiten, wo die Mittagsmessung fragwürdig oder unmöglich ist. Da dort die Sonne steil steigt und sinkt, ändert sich beim Auf- und Untergang ihr Richtungswinkel sehr langsam (Tab. 16/4). So erhält man selbst dann noch ein gutes Ergebnis, wenn der wahre Horizont z. B. durch einen Waldrand verdeckt ist. Unsicher ist das Ergebnis nach diesem Verfahren dort, wo die Sonne flach steigt, also in mittleren Breiten im Winter und in höheren Breiten.

Beispiel berechnete Aufgangsrichtung = 110°
Geländewinkel = 96°
Geländewinkel kleiner; Mißweisung = *14° östlich*

4. Beliebiger Zeitpunkt. Wer eine Rechnung nicht scheut, ist überhaupt nicht an eine bestimmte Zeit gebunden. Denn nach 10.2.25.3 läßt sich der Sonnenstand für jede Tageszeit auf jeder Breite berechnen. Man braucht dazu einen einzigen Augenblick Sonnenschein, die Karte, einen guten Taschenrechner und eine genaugehende Uhr – und beim erstenmal wohl einige Minuten, bis man die Zahlen zusammengesucht hat.

Bei einem Rechner mit sechs Speichern kommt man ohne Stift und Papier aus. Die Schritte sind:
1. Richtung des Sonnenschattens (= Geländewinkel) messen; Uhrzeit merken, Kompaßeinstellung stehenlassen.
2. Breite B und Länge L des Standorts der Karte entnehmen und abspeichern, dabei B in *Speicher 1.*
3. Deklination D der Sonne für den Kalendertag in Tab. 17 suchen und in *Speicher 2* eingeben.
4. Den Meßzeitpunkt über die Ortszeit in den Stundenwinkel verwandeln (10.2.24.1, Tab. 17, 10.2.25.2) und S in *Speicher 3* eingeben.
5. Sonnenrichtung nach 10.2.25.3 ausrechnen (für die Fallunterscheidung Zähler und Nenner getrennt) und mit dem Geländewinkel vergleichen.

Für die Rechnung nach 10.2.25.3 (Schritt 5) ist die Tastenfolge:
S/sin/±/in Speicher/4 [*Zähler*];
B/sin/±/·/D/cos/+/B/cos/·/D/tan/=/in Speicher/5 [*Nenner*];
aus Speicher/4/:/aus Speicher/5/=/arc/tan/ [*Winkel W*];
Fallunterscheidung nach den Vorzeichen von Nenner und Zähler.

4.4.4 Nach dem Polarstern

Der Polarstern zeigt (außer in Polnähe) GeN an; so läßt sich die örtliche Mißweisung auch mit seiner Hilfe bestimmen. Sichtbar ist er von etwa 10° N an, aber in niedrigen Breiten schwer zu orten. Seine Höhe entspricht der geographischen Breite des Standorts, die man aus den Angaben im Kartenrahmen ermittelt.

Der Polarstern ist der vorderste Deichselstern des Kleinen Wagens. Man findet ihn, indem man die Rückseite des Großen Wagens (5°, bei ausgestrecktem Arm etwa 3 Finger breit) fünfmal nach oben verlängert (28°, etwa 4 Handbreit). Kleiner und Großer Wagen drehen sich nach links um den Polarstern (Abb. 111).

Der Geländewinkel des Polarsterns ist die abgelesene Gradzahl, wenn man den Kompaß nach dem Polarstern und die Dose nach der Magnetnadel ausgerichtet hat. Der Vergleichswinkel ist die wahre Nordrichtung mit 0°/360°.

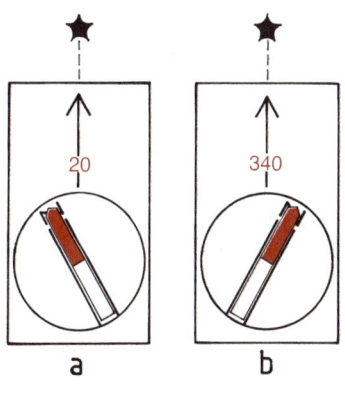

Abb. 77 *Mißweisung nach dem Polarstern ermitteln*

a) Geländewinkel größer (als 0°), Mißweisung = 20° westlich.

b) Geländewinkel kleiner (als 360°), Mißweisung = 20° östlich.

Beispiele (Abb. 77) Wahre Nordrichtung = 0°/360°
Geländewinkel = 340°
Geländewinkel größer (als 0°); Mißweisung = **20° westlich**
Geländewinkel kleiner (als 360°); Mißweisung = **20° östlich**
Geländewinkel = 20°

Der Kompaß darf beim Visieren nicht unmittelbar auf den u. U. hoch am Himmel stehenden Polarstern gerichtet werden, denn die Dose muß stets waagerecht liegen. Einen Spiegelkompaß heben wir nur mit etwas stärker geneigtem Spiegel höher als gewöhnlich. Für den Linealkompaß brauchen wir den Punkt im Gelände, der genau senkrecht unter dem Polarstern liegt. Man findet ihn, indem man den Kompaß mit der Tragschnur als Lot benutzt und das obere Ende der Schnur an den Polarstern »anlegt«. Doch auch ein gerade gewachsener Baum oder eine senkrechte Gebäudekante kann als Lot dienen.

Verfahren	Voraussetzung	Ergebnis; Brauchbarkeit
Nach der Karte (4.4.1)	neue Karte mit Angaben zur Mißweisung	Nadelabweichung/Deklination [G]
Aus dem Gelände (4.4.2)		
1. **Kartenwinkel und Geländewinkel**	Meßlinie in Gelände und Karte, Angaben zu Netz oder Gitter	Nadelabweichung/Deklination [G]
2. **Linie nach MaN**	Meßlinie in Gelände und Karte	MaN [K]; tauglich auch für Karten ohne Netz/Gitter und für Luftbilder
Nach der Sonne (4.4.3)		
1. **Mittag/Mitternacht**	WOZ	Deklination [G/K]; nicht für B = D ± 10°
2. **Doppelmessung**	WOZ	Deklination [G]; auch für niedrige Breiten geeignet
3. **Sonnenaufgang/ -untergang**	B, D, Taschenrechner	Deklination [G]; nicht in hohen (und im Winter in mittleren) Breiten
4. **Beliebige Zeit**	WOZ, B, D, Taschenrechner	Deklination [G]; nicht mittags in niedrigen Breiten
Nach dem Polarstern (4.4.4)	Nordhalbkugel	Deklination [G/K]; ab 10° N, in Polnähe unbrauchbar

Tab. 8 Mißweisung ermitteln: Übersicht
   B = geogr. Breite, D = Deklination der Sonne, G = Gradzahl,
   K = Kompaßeinstellung

4.5 Mißweisung berücksichtigen

Überall in Mitteleuropa liegt die Mißweisung gegenwärtig unter 5°. Zum Vergleich: Der Weg, den der große Zeiger der Uhr in einer Minute zurücklegt, entspricht einem Winkel von 6°. Für eine Kompaßwanderung, die nicht über ungewöhnlich lange Strecken ohne Ausgleichsmöglichkeiten führt, kann eine Mißweisung bis zu dieser Größe *noch* unberücksichtigt bleiben.

Anders wird es, wenn man in Europa weiter nach Westen oder nach Norden kommt, und erst recht, wenn man in anderen Erdteilen reist. Innerhalb Norwegens reicht die Mißweisung von $-4°$ bis $+11°$, im Westen Irlands liegt sie über $-9°$, und Island hat zwischen $-16°$ und $-24°$. Solche Werte darf man nicht mehr vernachlässigen: bei 10° Mißweisung weicht man auf 100 m bereits 17,6 m seitlich ab; nach 5 km sind das 880 Meter und nach einer Kompaßwanderung von 20 km schon über 3,5 km, – immer vorausgesetzt, daß man unterwegs seinen Kurs nicht nach Geländepunkten überprüfen konnte, die auch auf der Karte zu finden sind. In dichtem Wald, in offenem ebenen Gelände, auf dem Wasser oder auf dem Eis eines großen Sees, überall also, wo solche Ausgleichsmöglichkeiten fehlen, müssen wir unbedingt den nach der Karte ermittelten Kurs um den Mißweisungswinkel berichtigen. Wenn man sich auf einer Wasserwanderung nach weit entfernten Inseln orientiert, führt schon eine Mißweisung von wenigen Grad in die Irre.

Wie Abb. 78 zeigt, übersteigt die Mißweisung auf dem Festland für Grönland und die nördlichen Teile Kanadas 30°; auch noch für die USA liegt sie über $-20°$ an der Ostküste und $+20°$ an der Westküste (für Alaska $+34°$). In Südamerika reicht die Mißweisung von $+18°$ in Südchile bis $-23°$ in Nordost-Brasilien. In Afrika weisen der Süden mit $-24°$ und der Westen mit $-11°$ die höchsten Werte auf; die Null-Linie läuft gegenwärtig durch Libyen und biegt in Kenia nach Nordosten um. Für Australien liegen die Werte zwischen $-4°$ und $+13°$, für Neuseeland zwischen $+18°$ und $+25°$. Eine so geringe Mißweisung wie gegenwärtig in Mitteleuropa ist also die Ausnahme. Aber die Werte verändern sich laufend. Vor hundert Jahren hatte das mittlere Deutschland eine Mißweisung von $-12°$ (West); gegenwärtig verläuft die 0°-Linie westlich von München, und in einigen Jahrzehnten ist für ganz Deutschland eine deutliche östliche Mißweisung zu erwarten.

Um die Mißweisung auszugleichen, kann man an drei Stellen eingreifen, bei den Einzelmessungen (4.5.1), beim Gitternetz (4.5.2) und beim Kompaß selbst (4.5.3).

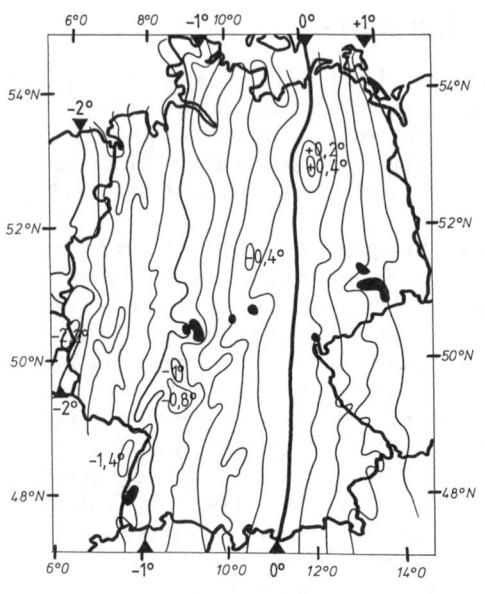

Abb. 78
Größe und Richtung
der Mißweisung
oben: *Deutschland.*
Stand 1990,
Linienabstand 0,2°
unten: *Welt. Stand 1990,*
Linienabstand 5°.
Eine so geringe Mißweisung
wie gegenwärtig in Mittel-
europa ist die Ausnahme.
In Störungsgebieten
(schwarze Flächen)
können die Werte um
einige Grad abweichen.
Die Linien wandern allge-
mein westwärts, in Mittel-
europa z. Zt. um 0,08°
jährlich (rund 15 m täglich):
westliche Mißweisung
nimmt ab, östliche wächst.

4.5.1 Einzelmessungen ausgleichen

Trägt man die nach 4.4 ermittelte Mißweisung nach der falschen Seite an, wird der Richtungsfehler doppelt so groß, als wenn man sie unbeachtet läßt.

Wenn wir bei 20° westlicher Mißweisung einen Kartenwinkel von 220° *unverändert* ins Gelände übernehmen, weichen wir beim Gehen nach dem Kompaß um 20° nach links ab; bei gleichgroßer östlicher Mißweisung weichen wir um 20° nach rechts ab. Um nach dem Kompaß in Richtung 220° zu gehen, müssen wir demnach bei westlicher Mißweisung die 20° zum Kartenwinkel zuzählen, also 240° einstellen; bei östlicher Mißweisung sind 20° abzuziehen, also 200° einzustellen (Abb. 79). Wenn ein Geländewinkel in die Karte übertragen werden soll, gilt dasselbe umgekehrt. So sind vier Fälle zu unterscheiden:

Mißweisung berücksichtigen: Einzelmessungen ausgleichen

Von der Karte ins Gelände: westliche Mißweisung zuzählen, östliche Mißweisung abziehen.

Vom Gelände auf die Karte westliche Mißweisung abziehen, östliche Mißweisung zuzählen.

oder

Mißweisung westlich:
Geländewinkel = Kartenwinkel + Mißweisung
Kartenwinkel = Geländewinkel − Mißweisung

Mißweisung östlich:
Geländewinkel = Kartenwinkel − Mißweisung
Kartenwinkel = Geländewinkel + Mißweisung

Das sieht verwirrender aus, als es ist. Denn lernen (oder abgekürzt im Kompaßdeckel notieren) muß man davon nur eine Zeile; die anderen ergeben sich als Umkehrungen von selbst oder drücken denselben Sachverhalt auf andere Weise aus. Wer ein gutes Bildgedächtnis hat, kann sogar alle Regeln selbst bilden, wenn er sich nur Abb. 79 einprägt.

Auf einer Kompaßwanderung müssen wir dann jedesmal, wenn wir einen Kartenwinkel gemessen haben, anschließend die Gradzahl um die örtliche Mißweisung verändern, ebenso jedesmal, wenn (z. B. zur Standortbestimmung) ein Geländewinkel in die Karte übernommen werden soll.

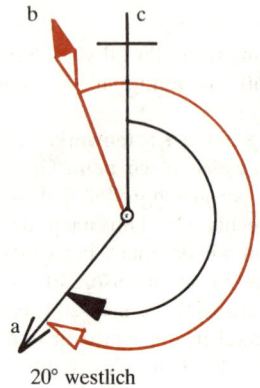 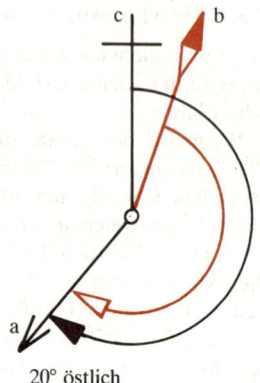

20° westlich   20° östlich

Abb. 79 *Mißweisung: Richtung*
  a) Kurs, b) Geländewinkel, c) Kartenwinkel
  links: Geländewinkel größer   rechts: Geländewinkel kleiner
    = Mißweisung westlich   = Mißweisung östlich

4.5.2 Gitter nach MaN ausrichten

Das ständige Verstellen der Kompaßdose um den Mißweisungswinkel
wird beim Wandern bald lästig. Die Gefahr ist groß, daß man es immer
wieder einmal vergißt; und bei einer Skala mit einem Teilstrich für alle
2° oder gar nur alle 5° kann man den Winkel gar nicht genau einstellen.
Wer keinen Kompaß mit Mißweisungsausgleich besitzt, tut darum gut
daran, die Richtung nach MaN in seine Karte einzutragen, am besten
hellviolett. Die Mißweisung wird dann zwangsläufig berücksichtigt,
wenn man die Dose an eine der violetten MaN-Linien statt an die
schwarzen Gitterlinien anlegt.

Diesem Rat scheint entgegenzustehen, daß sich die Mißweisung
ändert. Aber eine Karte ist ein Verbrauchsartikel; schon weil sie
inhaltlich veraltet, sollte man sie nach einigen Jahren ersetzen und zu
den Erinnerungsstücken legen.

Die in Abschnitt 4.4 beschriebenen Verfahren liefern die Mißweisung entweder als Grad- (Gon-, Strich)*zahl* oder als Kompaß*einstel-*
lung. So ergeben sich für den Eintrag der magnetischen Nordrichtung in
die Karte verschiedene Wege.

118

4.5.2.1 Nach der Gradzahl

Mißweisungsskala. Am einfachsten läßt sich ein Gitter nach MaN ausrichten, wenn die Karte in einem waagerechten Teil des Rahmens eine Skala und im gegenüberliegenden Teil eine Marke hat, die man durch eine Gerade mit dem Mißweisungswert in der Skala verbinden kann. Neue deutsche topographische Karten und die militärischen Ausgaben sind mit einer solchen Hilfe ausgestattet. Die zivilen Ausgaben haben im unteren Teil des Rahmens eine Gradleiste und im oberen eine Marke »M«, die militärischen unten eine Marke »P« und oben eine Liste mit Strich- oder Gon-Einteilung (Abb. 80).

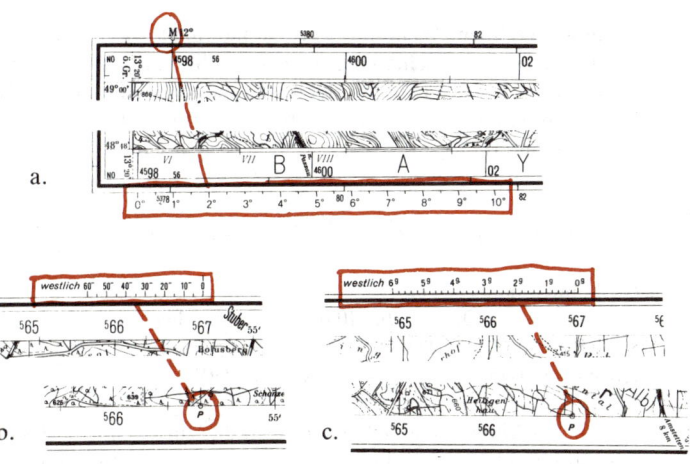

Abb. 80 *Gitter nach MaN ausrichten (1)*
Skalen auf (a) der zivilen und (b, c) militärischen Ausgabe

Mit nur einer Linie nach MaN können wir allerdings wieder nur Einzelmessungen ausgleichen: Wenn der Kurswinkel nach der Karte eingestellt ist, legen wir die Dose an eine Gitterlinie an und richten sie, während wir das Lineal festhalten, nach der MaN-Linie aus.

Wir wünschen aber doch ein vollständiges MaN-Gitter. Dazu tragen wir auch an alle anderen Gitterlinien den gleichen seitlichen Abstand an und verbinden die entsprechenden Punkte im oberen und im unteren Teil des Rahmens. Alle Linien müssen parallel verlaufen. Dieser Hinweis ist angebracht, weil bei größerer Mißweisung die seitliche Ver-

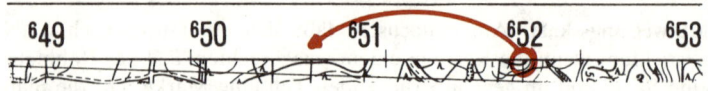

Abb. 81 *Gitter nach MaN ausrichten (2)*
Die errechnete Abweichung trägt man am oberen Kartenrand ab,
bei westlicher Mißweisung nach links, bei östlicher nach rechts

schiebung über die nächste oder auch über die übernächste Gitterlinie
hinausreichen kann (Abb. 81).

Verschiebung berechnen. Wenn die Karte keine Skala wie in Abb. 80
enthält, muß man die Verschiebung berechnen. Sie hängt außer vom
Mißweisungswinkel auch noch von der Kartenhöhe ab, die man mißt
oder dem »Sollmaß« in der Beikarte (Abb. 17) entnimmt.
Die Formel lautet:

---

seitl. Verschiebung = Tangens der Mißweisung · Kartenhöhe

Beispiel   Mißweisung = –5° (West)
Tangens 5° = 0,0875 (10.2.10 oder Taschenrechner)
Kartenhöhe = 44,47 cm (Sollmaß oder gemessen)
Verschiebung = 0,0875 · 47,47 cm = **3,9 cm** (gerundet)

Bei westlicher Mißweisung haben wir nach diesem Beispiel also am
oberen Rand um 3,9 cm nach links auszuweichen; im 2-cm-Gitter der
Karte 1:50 000 erreichen wir dabei fast die übernächste Gitterlinie. Für
östliche Mißweisung gilt sinngemäß, daß die Verschiebung am oberen
Kartenrand nach rechts abzutragen ist.
Wir messen von den Gitterlinien aus, wenn wir den Winkel der
Nadelabweichung verwendet haben; sind wir von der Deklination
ausgegangen, brauchen wir die Meridianlinien. Ob wir – für westliche
Mißweisung – am oberen Rand nach links oder am unteren nach rechts
abweichen, ändert nichts am Ergebnis. Aber es scheint natürlicher, die
Verschiebung oben abzutragen. Denn das entspricht unserem Bild von
der Lage des geographischen und des magnetischen Nordpols, und auch
die Pfeilsymbole bei den Mißweisungsangaben laufen oben auseinander. Solche Merkhilfen sollte man nutzen.

Schnittpunkt. Bei Karten mit eingedrucktem geodätischen Gitter erspart man sich Arbeit, wenn man die obige Formel abwandelt: Man rechnet aus, in welchem Abstand vom oberen Kartenrand die MaN-Linien die Gitterlinien schneiden müssen, damit die seitliche Verschiebung vollen Gitterabständen entspricht. Dann braucht man nicht zwei Dutzend Millimeterabstände einzeln abzumessen, sondern bestimmt mit einem einzigen Bleistiftstrich quer über die ganze Karte sämtliche Schnittpunkte auf einmal (Abb. 82a). Die Zahl der Gitterabstände wählt man zweckmäßig so, daß die Länge des Lineals möglichst voll genutzt wird.

Den Abstand berechnet man nach der Formel

$$\frac{\text{Abstand der Schnittpunkte}}{\text{vom oberen Kartenrand}} = \frac{\text{seitliche Verschiebung}}{\text{Tangens der Nadelabweichung}}$$

Beispiel 1 Nadelabweichung = 5°
Verschiebung = 1 Gitterabstand, also 2 cm bei 1:50 000

$$\frac{\text{Abstand der Schnitt-}}{\text{punkte vom oberen Rand}} = \frac{2}{\tan 5°} = \textit{22,85 cm} \text{ (gerundet)}$$

Beispiel 2 Nadelabweichung = 15°
Verschiebung = 4 Gitterabstände, also 8 cm bei 1:50 000

$$\frac{\text{Abstand der Schnitt-}}{\text{punkte vom oberen Rand}} = \frac{8}{\tan 15°} = \textit{29,85 cm} \text{ (gerundet)}$$

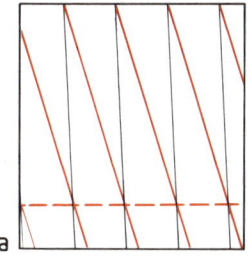 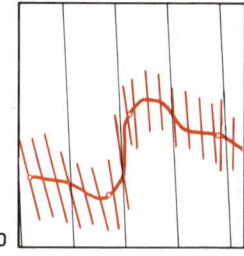

a   b

Abb. 82   Gitter nach MaN ausrichten (3)
a) Bei größerer Mißweisung rechnet man aus, wo die MaN-Linien die Gitterlinien schneiden [4.5.2.1]
b) Auf einer Wanderung genügt es, die aus dem Gelände gewonnene Mißweisung jeweils für den nächsten Streckenabschnitt einzutragen [4.5.2.2], Linienabstand nicht über 2,5 cm.

4.5.2.2 Nach der Kompaßeinstellung

Meßlinie. Mit dem Eintrag der nach 4.4.2.2 gewonnenen magnetischen Nordrichtung ist die wichtigste Arbeit getan. Für ein Wochenende in den Bergen wird es meist genügen, den Kompaß noch einmal anzulegen, entlang der zweiten Anlegekante eine zweite Nordlinie zu ziehen und eine weitere zwischen diesen beiden.

Das Meßlinien-Verfahren ist auch voll angemessen, um – am Tisch und mit dem Lineal – ein entzerrtes Luftbild für die Kompaßarbeit vorzubereiten. Dazu verlängern wir die erste Linie über das ganze Luftbild und zeichnen, wieder von Rand zu Rand, im Abstand von 2 cm mit der feinsten zur Verfügung stehenden Strichstärke die Parallelen dazu.

Ob man aber eine ganze Karte auf diese Weise mit einem magnetischen Gitter überziehen soll, hängt sehr von den Ansprüchen an die Genauigkeit und von den Hilfsmitteln ab. Denn die örtliche Mißweisung kann man ja erst unterwegs ermitteln. Es wird aber kaum gelingen, die nur kompaßlange Nordlinie über ein ganzes Kartenblatt so sauber zu verlängern, daß der gemessene Winkel erhalten bleibt. Jedenfalls kann von Genauigkeit kaum mehr die Rede sein, wenn man in einer Schutzhütte Ski oder Besenstiel zu Hilfe nehmen muß oder gar im Zelt mit einem Rucksackriemen als Lineal auf einem Schneidbrettchen seine Parallelen herstellt.

Bei Wanderungen in Gebieten mit örtlich stark wechselnder Mißweisung empfiehlt es sich, die Mißweisung in kurzen Abständen zu messen und immer nur für das nächste Wegstück in die Karte einzutragen (Abb. 82b).

Polarstern, Sonne. Mit Hilfe des Polarsterns oder der Sonne erhalten wir die Deklination, also die Abweichung von GeN. Diesen Mißweisungswinkel können wir nur in eine Karte mit Meridianlinien unmittelbar übertragen; vor dem Eintrag in eine Karte mit geodätischem Gitter ist die Meridiankonvergenz zu berücksichtigen. Ihre *Größe,* falls sie nicht in der Karte angegeben ist, berechnet man nach 10.2.13. Die *Richtung* (O, + oder W, –) hängt davon ab, ob der Standort östlich oder westlich vom Hauptmeridian liegt (4.2, Abb. 68).

4.5.3 Kompaß mit Mißweisungsausgleich

Der Kompaß mit verstellbarem Mißweisungsausgleich bietet die sicherste und bequemste Art, die Mißweisung zu berücksichtigen. Man verdreht dabei die Nordmarke gegenüber den Nordlinien um den

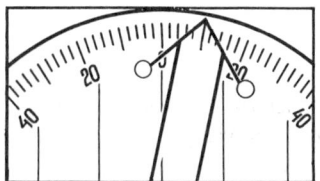

Abb. 83 Beim Kompaß mit Mißweisungsausgleich verdreht man Nordmarke und Nordlinien der Dose gegeneinander. Eingestellt für 10° östliche Mißweisung.

Winkel der Mißweisung (Abb. 83). Wenn man dann, wie gewohnt, *im Gelände* die Magnetnadel auf die Nord*marke* einspielen läßt und *auf der Karte* die Nord*linien* der Dose an die Gitterlinien anlegt, berücksichtigt man die Mißweisung zwangsläufig, kann also den Ausgleich nie mehr übersehen.

Der Winkel muß allerdings für jedes Kartenblatt neu eingestellt werden (vgl. 4.3.2). Das kann man mit bloßem Auge auf 1° genau.

Beim verstellbaren Mißweisungsausgleich handelt es sich zweifellos um die wesentlichste Verbesserung seit der Einführung der durchsichtigen Dose mit Nordlinien. Besonders Bergwanderern ist diese Zusatzausstattung dringend zu empfehlen. Denn in den Bergen kann man zwar selten wirklich nach dem Kompaß gehen, arbeitet dafür aber um so mehr »Vom Gelände auf die Karte« (Teil 5). Erst recht in allen Weltgegenden mit großer Mißweisung erleichtert der Mißweisungsausgleich die Kompaßarbeit ungemein und schließt eine ständige Fehlerquelle aus.

Bei Kompassen mit Mißweisungsausgleich ist zu beachten:
- Der Mißweisungsausgleich muß auf 0 stehen, wenn man aus dem Gelände, nach dem Polarstern oder nach der Sonne die Mißweisung ermittelt.
- Wenn die Umgehungsmarken nicht auf der Mißweisungsscheibe sitzen, wird der Umgehungswinkel von der Nordmarke (statt von 0°) aus gezählt.

Nach dem Stand von 1992 haben folgende Kompasse einen Mißweisungsausgleich, der im Gelände eingestellt werden kann:

Linealkompaß: **Suunto M3D, RA 69 D**

Spiegelkompaß: **Eschenbach 6648 (»BW2«), 6649 (»Alpin«)**
                 Recta DS-50, DP 6
                 Silva 15 TD
                 Suunto MC 1-D, MCA-D

Peilkompaß: **Recta DP 10**

123

4.6 Übungen

4.6.1 UTM-Gitter (zu 4.2)

Zu welchem Mittelmeridian gehört ein Punkt auf dem Längenkreis
a) 4° Ost, b) 11° Ost, c) 1° West, d) 17° Ost, e) 8° West?

4.6.2 Mißweisung ermitteln (zu 4.4)

Wie groß ist die Mißweisung
a) für 1993, wenn sie 1987 bei 7° östlich lag und jährlich um 10′ zunehmen sollte,
b) für 1994, wenn sie 1988 bei 1,5° westlich lag und jährlich um 15′ abnehmen sollte?

Wie groß ist die Nadelabweichung
c) nach Abb. 72 a für 1993,
d) nach Abb. 72 c für 1994?
e) Ermitteln Sie für Ihren Wohnort/Urlaubsort die örtliche Mißweisung nach einer neueren topographischen Karte (4.4.1), nach einer Meßlinie (4.4.2) nach der Mittagssonne zur wahren Ortszeit (4.4.3) und nach dem Polarstern (4.4.4) und vergleichen Sie die Ergebnisse (nur bei Mißweisung über 2°).

4.6.3 Einzelmessungen ausgleichen (zu 4.5.1)

Wie groß ist der Geländewinkel bei
a) Kartenwinkel 174° und Nadelabweichung 7° östlich,
b) Kartenwinkel 50° und Nadelabweichung 5° westlich?

4.6.4 Gitter ausrichten (zu 4.5.2)

Um wie viele Zentimeter und nach welcher Richtung muß man am oberen Kartenrand von den senkrechten Gitterlinien abweichen, um die Nadelabweichung auszugleichen?
a) Die Kartenhöhe beträgt 30,7 cm, die Nadelabweichung + 10,5°.
b) Die Kartenhöhe beträgt 40 cm, die Nadelabweichung − 4°.

Wie viele Zentimeter vom oberen Kartenrand liegt der Schnittpunkt der Gitterlinien mit den MaN-Linien?
c) Die Verschiebung soll beim Maßstab 1:50 000 drei Gitterabstände betragen; die Nadelabweichung beträgt + 12°.
d) Die Verschiebung soll beim Maßstab 1:25 000 einen Gitterabstand betragen, die Nadelabweichung beträgt − 8,5°.

5. Vom Gelände auf die Karte

»Vom Gelände auf die Karte« arbeiten wir, wenn wir unseren Weg auf der Karte verfolgen oder wenn wir Landschaft und Karte vergleichen, um unseren Standort festzustellen. Auch für die Standortbestimmung ist die Karte stets einzuordnen, also ihr oberer Rand nach Norden zu drehen.

Schrägsicht und Draufsicht. Bei Waldstücken und Lichtungen, Seen und Inseln genügt oft die Form allein, um sie zu bestimmen. Den entsprechenden Kartenausschnitt findet man leichter, wenn man sich klarmacht, wodurch sich das Bild der Landschaft wegen der Schrägsicht grundsätzlich von der Draufsicht des Kartenbildes unterscheidet (Abb. 84): Der überblickte Geländeausschnitt erweitert sich keilförmig nach hinten; im Vordergrund erscheinen die Windungen von Flüssen und Wegen, die auf den Beobachter zulaufen, stärker ausgeprägt als im Kartenbild (Abb. 7); die seitlichen Begrenzungen aller Flächen sind verkürzt, die Flächen wirken also in der Schrägsicht gedrungener als im Kartenbild; Querentfernungen werden zu groß, Längsabstände zu kurz geschätzt; bei quer verlaufenden Bergrücken ist die Rückseite, bei hochgelegenem Standort oft auch das Gelände unmittelbar vor den eigenen Füßen nicht einsehbar; entfernte Berge finden sich vermutlich nicht mehr auf demselben Kartenblatt.

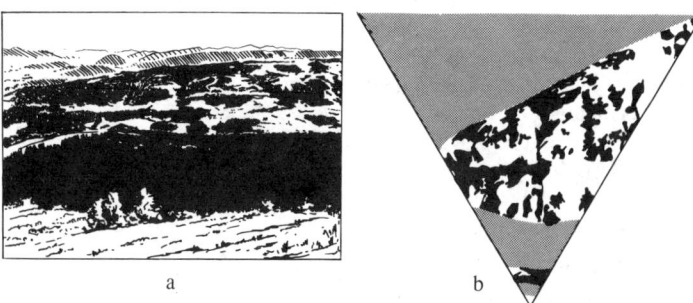

Abb. 84 *Schrägsicht und Draufsicht (Waldflächen schwarz)*
   a) Gelände, b) Karte: graue Flächen sind nicht einsehbar

Veränderte Landschaft. Auch abseits von Siedlungen verändert sich die Landschaft manchmal schneller, als Karten nachgeführt werden. Hütten brennen ab oder werden abgerissen, Wälder gerodet, offene Flächen aufgeforstet, Moore trockengelegt. Neue Forststraßen entstehen, unbenutzte Wege wachsen zu. Hochwasser schwemmt Stege und Brücken weg. Staudämme, Feriendörfer und Liftanlagen verwandeln ganze Wandergebiete. Im Winter werden Wege, Bäche, Mulden, selbst kleine Schluchten zugeweht; See und Sumpf sind kaum mehr zu unterscheiden. Im Norden können dann Wege und geräumte Straßen anders verlaufen als im Sommer, z. B. auf dem Eis von Flüssen und Seen.

Wenn der Standort durch den Vergleich von Gelände und Karte nicht zu erschließen ist, bleiben als Möglichkeiten: den Weg fortsetzen bis zu einem Geländemerkmal, das auch auf der Karte wiedergegeben ist, oder den Standort mit Kompaßhilfe bestimmen.

5.1 Handgriffe

In Abschnitt 3.1 haben wir gelernt, wie man *auf der Karte* von einem bekannten Standort aus den Kurswinkel zu einem Zielpunkt ermittelt. Umgekehrt können wir *im Gelände* die Richtung zu Punkten messen, die wir auch auf der Karte finden, und dann mit Hilfe dieser Richtungswinkel unseren Standort ermitteln. Wenn die Anlegekante des Kompasses zu kurz ist, dient im Gelände der zurückgeschlagene Rand des Kartenblattes als Lineal (Abb. 73).

Die Handgriffe für die Standortbestimmung mit dem Kompaß sind die Umkehrung der Handgriffe für die Kursbestimmung.

Standortbestimmung

Im Gelände

- Kompaß mit dem Kurspfeil auf den erkannten Geländepunkt richten
- Dose nach der Magnetnadel ausrichten – dabei
  Nordmarke zum Nordende der Nadel

Mißweisung ausgleichen

    westliche Mißweisung (−) abziehen
    östliche Mißweisung (+) zuzählen

Auf der Karte
- Kompaß mit dem vorderen Ende der Anlegekante an den Geländepunkt anlegen
- den ganzen Kompaß um diesen Punkt schwenken, bis die Dose nach den Gitterlinien ausgerichtet ist, – dabei
  Kurspfeil zum Ziel
  Nordmarke nach Kartennord
- entlang der Anlegekante eine Linie ziehen

	Von der Karte ins Gelände	Vom Gelände auf die Karte
bekannt ist	der Standort	(mindestens ein) weit sichtbarer Punkt im Gelände
gesucht wird	der Kurswinkel	der Standort
1. Winkel ermitteln	auf der Karte: Dose nach den Gitterlinien ausrichten (drehen)	im Gelände: Dose nach der Magnetnadel ausrichten (drehen)
2. Mißweisung ausgleichen	westliche zuzählen östliche abziehen	westliche abziehen östliche zuzählen
3. Winkel übertragen	ins Gelände: Körper drehen, bis Magnetnadel nach Nordlinien ausgerichtet ist	auf die Karte: Kompaß schwenken, bis Nordlinien nach Gitterlinien ausgerichtet sind

Tab. 9 Kurs- und Standortbestimmung: Vergleich

5.2 Standort bestimmen

Wir zeichnen ohne langes Besinnen einen kurzen Querstrich, wenn wir die Länge einer Strecke angeben wollen (Abb. 85 a), und ein Kreuz, um die genaue Lage eines Punktes zu bezeichnen (Abb. 85 c). Mit densel-

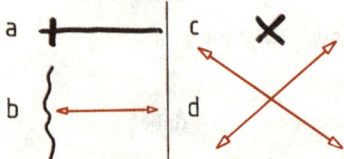

Abb. 85 *Der Schnittpunkt zweier*
Geraden bestimmt die
Lage eines Punktes

ben einfachen Mitteln arbeiten die beiden Grundverfahren zur Standortbestimmung.

Der nach 5.1 entlang der Anlegekante gezogene Strich ist ja erst eine Teilantwort auf die Frage nach unserem Standort: wir wissen zunächst nur, daß wir irgendwo auf dieser Linie stehen. Der Standort ergibt sich erst dadurch, daß diese Linie entweder unsere Standlinie schneidet (Abb. 85 b) oder von einer zweiten Peilrichtung geschnitten wird (Abb. 85 d).

Geländepunkte, die wir zur Standortbestimmung anpeilen wollen, sind dazu besonders geeignet,

- wenn sie möglichst nahe liegen und
- wenn die Peilrichtung unsere Standlinie oder eine zweite Peilrichtung möglichst rechtwinklig schneidet.

Die Nähe ist wünschenswert, weil sich Meß- und Zeichenfehler stärker auswirken, wenn die Entfernung wächst; und je spitzer der Winkel ist, den die beiden Linien miteinander bilden, um so weniger kann man von einem Schnitt**punkt** sprechen (Abb. 86).

Zur Sicherheit überprüft man zusätzlich, ob die Umgebung dem Kartenbild des ermittelten Standorts entspricht und/oder ob eine weitere Peilung das Ergebnis bestätigt.

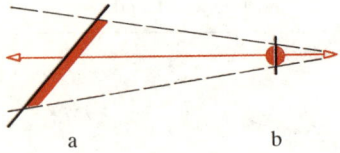

a   b

Abb. 86 *Von Entfernung und Winkel hängt ab, wie genau der Standort*
bestimmt ist.
a) große Entfernung/   *b) geringe Entfernung/*
*   spitzer Winkel: unsicher*   *rechter Winkel: zuverlässiger*

5.2.1 Standlinie und Richtung

Die Geländelinie, auf der wir uns befinden und deren Schnittpunkt mit dem Richtungsstrahl unseren Standort festlegt, ist die *Standlinie*. Jedes langgestreckte Geländemerkmal, das auch auf der Karte erkennbar ist, eignet sich als Standlinie: Bach, Seeufer, Waldrand, Schneise, Weg, Höhenlinie, Freileitung (Vorsicht, Ablenkung!). Das Verfahren ist für alle Fälle dasselbe: Von der Standlinie aus stellen wir nach Abschnitt 5.1 fest, in welcher Richtung der bekannte Punkt liegt, gleichen die Mißweisung aus und ziehen auf der Karte vom anvisierten Punkt aus entlang der Anlegekante eine Linie zurück zur Standlinie. Der Schnittpunkt mit der Standlinie ist der gesuchte Standort; von dort aus bestimmen wir den Kurs zum nächsten Ziel. In der Abb. 87 bis 92 sind mögliche Paare von Standlinie und Geländepunkt dargestellt.

Wir sind jedoch nicht unbedingt auf eine durchlaufende Standlinie angewiesen. Mit Hilfe eines entfernten Geländepunkts kann man beispielsweise auch klären, an welcher von zwei oder mehreren schwer unterscheidbaren Stellen man sich befindet (Abb. 90, 91, 92).

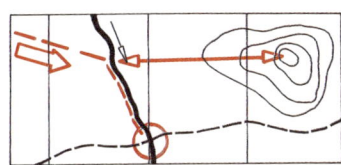

Abb. 87 Standlinie: Bach,
Geländepunkt: Kuppe.
Brücke und Pfad
also bachabwärts

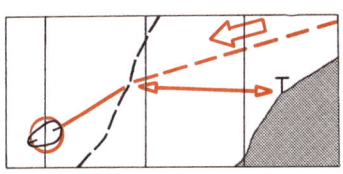

Abb. 88 Standlinie: Weg,
Geländepunkt: Hochsitz.
Mulde also südwestlich

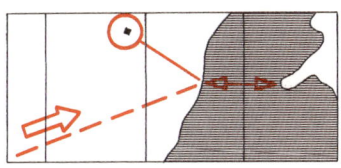

Abb. 89 Standlinie: Seeufer,
Geländepunkt: Landzunge.
Hütte also nordwestlich

129

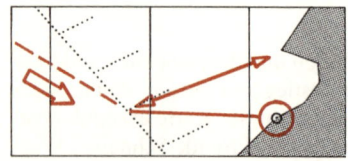

Abb. 90 *Standlinie: Trockengraben,*
Geländepunkt: Waldecke.
Grenzpunkt also östlich

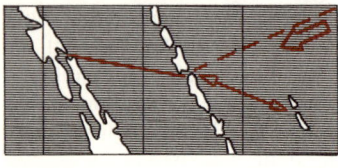

Abb. 91 *Standlinie: Inselkette,*
Geländepunkt: zwei kleine
Inseln davor.
Nächste Durchfahrt
also nordwestlich

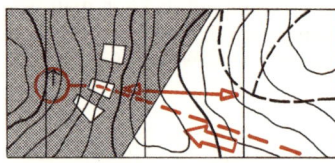

Abb. 92 *Standort: eine der drei*
Lichtungen,
Geländepunkt: Weggabel.
Futterstelle also westlich

Wer einen Höhenmesser einsetzen kann, hat noch weitere Möglichkeiten der Standortbestimmung, die besonders für Bergwanderer in Frage kommen. Wenn die Anzeige zuverlässig ist, kann jede Höhenlinie und jeder geschätzte Zwischenwert zwischen Höhenlinien als Standlinie dienen (Abb. 93). Eine genaue Höhenmessung setzt aber voraus, daß seit der letzten zuverlässigen Einstellung höchstens zwei Stunden vergangen sind, daß nicht mehr als 10 km waagerechte Strecke und nicht mehr als 200 Höhenmeter zurückgelegt wurden und daß kein Wettersturz erfolgt ist.

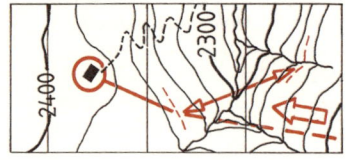

Abb. 93 *Standlinie: lt. Höhen-*
messer etwa 2350 m über
N. N.
Geländepunkt:
Rinne am Gegenhang in
gleicher Höhe.
Pfad zur Hütte (Auffang-
linie) also höher und
nordwestlich

5.2.2 Geneigte Standlinie und Höhe

Mit Hilfe des Höhenmessers läßt sich der Standort in den Bergen oft auch ohne Fernsicht und sogar ohne Kompaß bestimmen. Außer einer zuverlässigen Höhenmessung brauchen wir dazu eine Karte mit Höhenlinien und eine geneigte Standlinie, die in der Karte wiedergegeben ist (Pfad, Waldrand, Bach, Rinne, Rippe).

Der Höhenmesser gibt uns an, auf welcher oder zwischen welchen Höhenlinien wir stehen, unser Standort liegt im Schnittpunkt von Standlinie und Höhenlinie. Bei stark geneigter Standlinie ist das Ergebnis fast punktgenau.

Beispiel Abb. 93, rechte Hälfte
Standlinie: Bach in der Rinne, Höhenmessung: 2350 m.
Kontrollmessungen bei Fernsicht: Bachgabel (SW) oder
Hütte (W).

5.2.3 Mehrere Richtungen

Die Aufgabe, die in 5.2.1 die Standlinie und in 5.2.2 die Höhenlinie erfüllt hat, kann auch von einer zweiten Richtung übernommen werden. Sobald man also wenigstens zwei Geländepunkte mit Sicherheit erkannt hat, kann man auch dann seinen Standort bestimmen, wenn er *nicht* in der Nähe einer auf der Karte eingetragenen Geländelinie liegt oder wenn man überhaupt keinen Anhaltspunkt hat, wo man sich befinden könnte, etwa auf offenem Wasser oder auf einem langgestreckten Bergrücken.

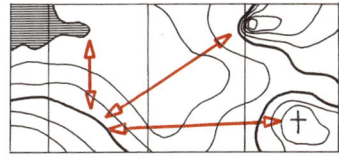

Abb. 94 *Standortbestimmung:*
Mehrere Richtungen

In Abb. 94 sind aus gutem Grund gleich drei Richtungen angegeben. Denn zwei Linien, die nicht zufällig parallel verlaufen, schneiden sich *immer* in einem Punkt, selbst bei den ärgsten Meß- und Zeichenfehlern. Und die Unsicherheit, die wir in 5.2 angesprochen haben, gilt hier für jede der beiden Richtungen; d. h. der Bereich, in dem unser Standort mit Sicherheit liegt, ist hier nicht nur ein Abschnitt einer Linie, sondern eine ganze Fläche (Abb. 95). Hier gilt also erst recht die Regel:

131

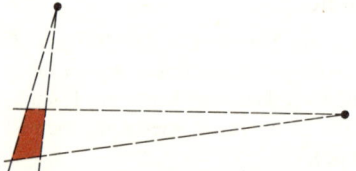

Abb. 95 *Je weniger genau die Richtungswinkel gemessen werden, um so größer ist die Fläche, wo der Standort liegen kann*

- die Geländepunkte sollen möglichst nahe liegen;
- zwei der Richtungen sollen sich möglichst in einem rechten Winkel schneiden.

Wenn man mit drei Richtungen arbeiten kann, läßt sich aus der Größe des Fehlerdreiecks, das an der Schnittstelle der drei Linien entsteht, die Genauigkeit der Standortbestimmung abschätzen. Im Zweifelsfall muß man alle drei Messungen wiederholen. Im Fall der Abb. 94 dürfte die zweite Messung die ungenaueste sein. Denn für eine Hangkante ist die genaue Richtung doch nicht so genau zu bestimmen wie für ein Gipfelkreuz.

Bei einem See mit sehr flachem Ufer jedoch, das sich je nach Wasserstand stark verändert oder mit Schilf bewachsen ist, wäre hier der schwächste Punkt der Messung – obwohl die Entfernung am geringsten ist und sich die Linien 1 und 3 im rechten Winkel schneiden. In Skandinavien und Kanada sind ganze Seensysteme aufgestaut worden, so daß sich der Wasserstand auch unabhängig von Niederschlägen um viele Meter verändern kann; damit ändern sich auch die Uferlinien und die Form und Größe der Inseln.

Solche Überlegungen müssen unbedingt angestellt werden, damit man gegenüber dem gewonnenen Ergebnis kritisch bleibt. Es hilft gar nichts, einen Punkt zum Standort zu »ernennen«, obwohl der Vergleich mit der Umgebung Zweifel weckt, ob er es wirklich sein kann.

In der Navigation nennt man das hier beschriebene Verfahren, mit Hilfe mehrerer Richtungen den Standort zu bestimmen, »Kreuzpeilung«, im Vermessungswesen heißt es »Rückwärtseinschneiden«.

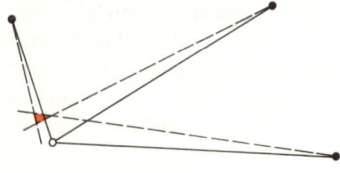

Abb. 96 *Zur Standortbestimmung muß die Mißweisung berücksichtigt werden*

Daß die Mißweisung berücksichtigt wird, ist bei der Standortbestimmung noch wichtiger als bei der Kursbestimmung. Denn meist sind die Entfernungen größer, so daß sich Fehler stärker auswirken. Abb. 96 zeigt, was nur 5° Mißweisung bei der Standortbestimmung ausmachen: Obwohl beim Maßstab 1:50 000 keiner der angepeilten Punkte mehr als 2 km entfernt ist, liegt der wahre Standort rund 200 m neben dem Fehlerdreieck, das man ohne Berücksichtigung der Mißweisung erhält.

Horizontalwinkel. Aus zwei Richtungen läßt sich auch eine kreisförmige Stand*linie* gewinnen; denn alle Standorte, von denen aus man zwei Punkte im gleichen Winkelabstand (= Horizontalwinkel) sieht, liegen auf einem Kreis. Wenn also das Geländemerkmal, auf oder bei dem wir stehen, entlang des Kreises nur einmal vorkommt, reicht der Standkreis allein vielleicht schon aus, um den Standort zu bestimmen. Da die Mißweisung beim Horizontalwinkel keine Rolle spielt, stellt dieses Verfahren den Ausweg dar, wenn man in ein Gebiet mit magnetischer Störung geraten ist oder die Mißweisung überhaupt nicht kennt.

Man verbindet zwei erkannte Punkte A und B auf der Karte mit einer Linie. Im Gelände peilt man sie nacheinander an und errechnet nach Abb. 119 aus dem Winkelunterschied zwischen den beiden Peilrichtun-

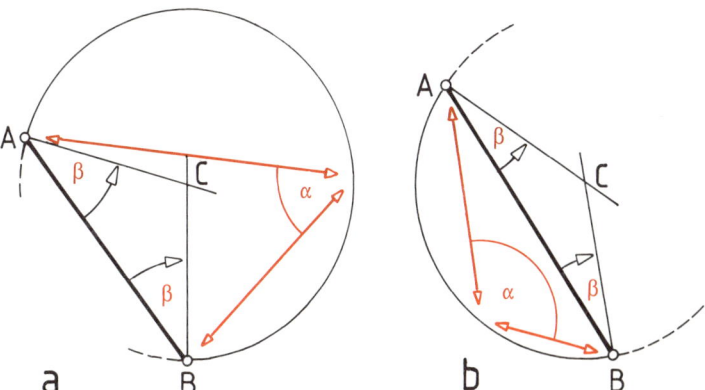

Abb. 97 Standkreis: Mittelpunkt bestimmen
  a) bei spitzem Horizontalwinkel α ist β = 90° − α,
    anzutragen zum Beobachter hin,
  b) bei stumpfem Horizontalwinkel α ist β = α − 90°,
    anzutragen vom Beobachter weg.

133

gen den Horizontalwinkel α. Ist α spitz (Abb. 97 a), bildet man den Winkel $\beta = 90° - \alpha$, ist α stumpf (Abb. 97 b), bildet man $\beta = \alpha - 90°$. Diesen Winkel β trägt man an der Strecke AB in A und B an, bei spitzem Winkel α auf sich zu, bei stumpfem Winkel α von sich weg. Als Winkelmesser dient der Kompaß (Abb. 98 a); man stellt ihn dazu für den einen Punkt auf β, für den anderen auf $360° - \beta$ ein. Wenn die Strecke AB zu kurz ist, zieht man im Abstand von etwa 3 cm noch eine Parallele zu AB. Der Schnittpunkt C der beiden freien Schenkel ist der Mittelpunkt des Standkreises.

Nadel und Faden müssen unterwegs den Zirkel ersetzen: Man knüpft in einen stärkeren Faden eine Schlinge, steckt einen Stift hinein und setzt ihn mit der Spitze auf A oder B. Dann zieht man den Faden straff über C hinaus, sticht die Nadel durch den Faden in Punkt C ein und zeichnet den Kreis (Abb. 98 b).

Wenn man im Gelände und auf der Karte noch einen dritten Punkt erkennt, kann man einen zweiten Kreis konstruieren. Er schneidet den ersten zweimal, im (gemeinsamen) Punkt A oder B und im *Standort*.

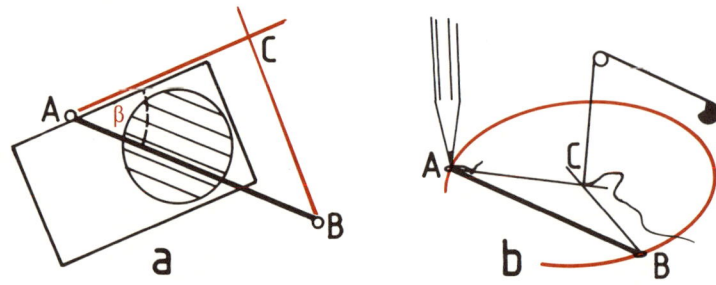

Abb. 98 *Standkreis zeichnen*
a) Kompaß als Winkelmesser, b) Nadel und Faden als Zirkelersatz

5.2.4 Richtung einer gekrümmten Standlinie

Für die Verfahren »Standlinie und Richtung« (5.2.1) und »Mehrere Richtungen« (5.2.3) braucht man entfernte Geländepunkte, die erstens eindeutig bestimmt sind und zweitens vom Standort aus anvisiert werden können. Wenn man aber in ebenem, offenem Gelände oder auch im dichten Wald auf einen Wasserlauf oder eine andere Geländelinie stößt, die sich als Standlinie eignet, sind diese beiden Bedingungen im allgemeinen nicht erfüllt. In einer ähnlichen Lage ist man in den Bergen bei Nebel: der Höhenmesser gibt einem zwar Auskunft über die Standlinie, eben die in Frage kommende Höhenlinie, aber ohne Sicht fehlt die Möglichkeit, darauf nach 5.2.1 den Standort festzustellen.

Ist jedoch der Verlauf der gekrümmten Standlinie (Wasserlauf, Seeufer, Waldrand, Geländekante, Höhenlinie) auf der Karte zuverlässig abgebildet, können wir für die Stelle, an der wir stehen, ihre Richtung ermitteln. Eine gekrümmte Linie hat nämlich in jedem einzelnen Punkt die gleiche Richtung wie die Gerade, die die Kurve in diesem Punkt berührt. Ein an eine Münze angelegter Stift nimmt zwangsläufig eine andere Richtung ein, wenn er eine andere Stelle ihres Randes berührt: aus der *Richtung* des Stiftes (= der Berührungsgeraden oder Tangente) ergibt sich der Berührungs*punkt* (Abb. 99). Ebenso zeigt der Richtungswinkel des Kompasses, an welcher Stelle die Anlegekante eine gekrümmte Standlinie berührt.

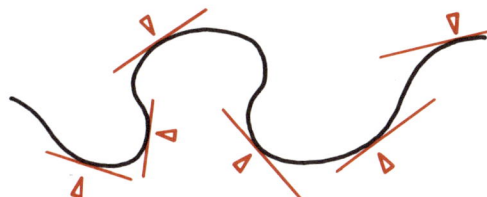

Abb. 99 *Die Berührungsgerade (Tangente) zeigt die Richtung der gekrümmten Linie im Berührungspunkt*

Im Gelände bestimmt man die Richtung der Berührungsgeraden am besten so, daß man sich mit dem Kompaß in der Hand genau von der Biegung wegwendet, also nach außen schaut. In dieser Stellung dreht man die Dose so weit, bis die Magnetnadel sich mit der Ost- oder Westmarke deckt (Abb. 100 a). Wenn man dann die Nadel auf die Nordmarke einspielen läßt, hat die Anlegekante die Richtung der Berührungsgeraden; wohin der Kurspfeil weist, ist hierbei belanglos (Abb. 100 b).

Um die Richtung einer Höhenlinie zu bestimmen, visieren wir mit dem Kompaß in die Richtung der größten Steigung oder des stärksten Gefälles, denn die Höhenlinien verlaufen immer rechtwinklig dazu. Auch hier dreht man die Dose, bis die Nadel auf die Ost- oder Westmarke einspielt. Selbstverständlich muß der Kompaß auch beim

135

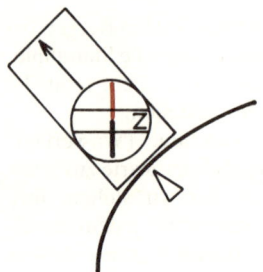 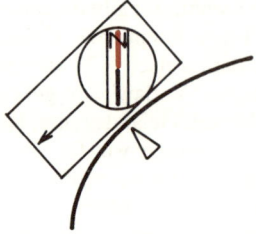

a. Im Gelände   b. Auf der Karte

Abb. 100 *Richtung einer Berührungsgeraden (Tangente) ermitteln*
a) Der Kurspfeil weist vom Krümmungsmittelpunkt auswärts,
die Ost- oder Westmarke der Dose wird nach der Nadel ausgerichtet
(für Kompasse mit Mißweisungsausgleich vgl. 3.2.4)
c) Wenn die Nordlinien der Dose – nach Ausgleich der Mißweisung –
an eine Gitterlinie angelegt werden, zeigen Kurspfeil/Anlegekante
die Richtung der Tangente

Visieren bergauf oder bergab waagerecht gehalten werden, damit sich die Nadel frei bewegen kann. Auf welcher oder zwischen welchen Höhenlinien wir stehen, stellen wir mit dem Höhenmesser fest.

Die folgenden Schritte sind dann für alle gekrümmten Standlinien gleich. Wir legen den Kompaß mit der Nordmarke nach Kartennord auf die Karte und verschieben ihn in dieser Lage. An jeder Stelle, an der die Anlegekante die Standlinie in einem Punkt berührt, also die Berührungsgerade bildet, ziehen wir einen kurzen Strich (Abb. 101). Alle auf diese Weise gewonnenen Berührungspunkte mit der Standlinie kom-

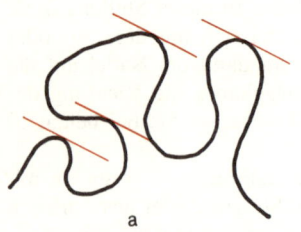 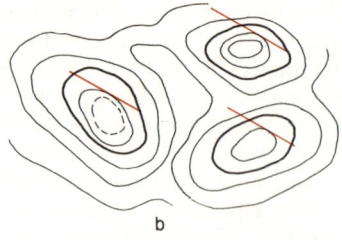

a   b

Abb. 101 *Mögliche Standorte nach der Richtung der Standlinie*
a) Flußschlingen; b) Höhenlinien

men vorläufig als Standort in Frage. Wie der Standort beim Verfahren »Standlinie und Richtung« auf einer Geraden, bei »Mehrere Richtungen« in einer Fläche liegen konnte, gewinnen wir hier mehrere Punkte; aber nur einer kann unser Standort sein.

Wir vergleichen also das Kartenbild jeder dieser Stellen mit unserer näheren Umgebung. Bei der Überprüfung sollte man sich nicht zu sehr an Einzelheiten klammern, sondern das Gesamtbild beurteilen, da das Kartenbild nicht (mehr) in allen Kleinigkeiten mit der Natur übereinstimmen muß.

Wer – z. B. bei plötzlichem Nebel – in die Lage gerät, daß er nur noch die Richtung einer Standlinie zur Bestimmung seines Standorts heranziehen kann, muß äußerst gewissenhaft arbeiten. Vor allem darf er sich nicht auf ein zu kleines Gebiet beschränken und muß innerhalb dieses Gebietes wirklich alle Linien in die Prüfung einbeziehen, die überhaupt als seine Standlinie in Frage kommen könnten. Wenn man sich, um die Ungewißheit zu beenden, willkürlich für eine Stelle entscheidet, die nur halbwegs paßt, und die Augen gegenüber allem verschließt, was dagegenspricht, leistet man sich selbst einen schlechten Dienst, denn man bestimmt dann den Kurswinkel für das nächste Wegstück unter völlig falschen Voraussetzungen.

Richtung einer gekrümmten Standlinie

Im Gelände
- Richtung der Standlinie ermitteln, dazu von der Krümmung wegwenden und Dose mit Ost- oder Westmarke nach der Magnetnadel ausrichten

Mißweisung ausgleichen
  westliche Mißweisung (−) abziehen
  östliche Mißweisung (+) zuzählen

Auf der Karte
- Kompaß mit Nordmarke nach Kartennord auf die Karte legen und in dieser Lage verschieben
- alle Stellen der Standlinie, die von der Anlegekante in nur einem Punkt berührt werden, mit einem kurzen Strich markieren
- alle die Stellen ausscheiden, die nach Vergleich mit der Umgebung nicht als Standort in Frage kommen

5.2.5 Verlauf einer Standlinie

Ein weiteres Verfahren geht vor allem Bootswanderer auf Flüssen an, läßt sich aber auch auf Wege anwenden. Flußwanderer haben zwar immer eine Standlinie, nämlich den Fluß, auf dem sie fahren, aber eine Standortbestimmung nach entfernten Punkten ist bei bewaldeten und oft auch eingetieften Ufern trotzdem nicht möglich. In unbewohnten Gebieten fallen auch Siedlungen, Freileitungen und Brücken als Orientierungshilfen aus.

Dieser Nachteil wird allerdings dadurch wettgemacht, daß Flüsse im Naturzustand häufig sehr stark gewunden sind. Mit Hilfe einer Karte, die den Fluß mit allen Windungen abbildet, oder mit einem Luftbild läßt sich der Standort mit dem Kompaß in einer Viertelstunde bestimmen.

Wer noch gar keine Übung hat, geht so vor, wie es in Abschnitt 8.1.3.1 für das Aufnehmen eines Weges vorgeschlagen wird. Da aber die Anforderung an die Genauigkeit sehr gering ist und man die Entfernungen ohnehin nur schätzen kann, genügt es, den Kompaß in Fahrtrichtung auf die Spritzdecke oder den Schoß zu legen und mit kurzen Strichen, jeweils in der Fahrtrichtung, das Bild der Flußschleifen zusammenzusetzen.

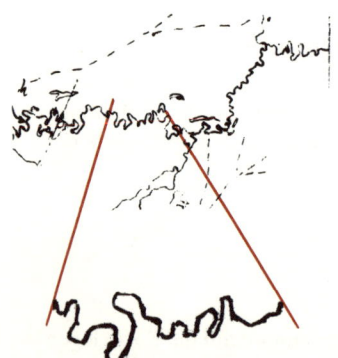

*Abb. 102   Standortbestimmung:
Verlauf einer Standlinie
(hier nach der Pausskizze
vom Luftbild eines Flusses,
beides verkleinert)*

Wenige Schlingen genügen schon, um anschließend auf der Karte/ Luftaufnahme oder der danach gefertigten Kartenskizze den Abschnitt zu finden, den man gerade durchfahren hat. Wer länger unterwegs ist, lernt bald abzuschätzen, welche Strecken er an einem Tag zurücklegt, so daß es dann genügt, jeden Abend einmal den Standort zu bestimmen.

Wie das Ergebnis aussehen kann, zeigt Abb. 102. Der obere Teil ist
die von einem Luftbild durchgepauste Skizze eines Flusses im Amazo-
nasbecken, die als »Karte« dienen mußte. Die Schleifen darunter sind
während der Fahrt bei einer solchen Standortbestimmung entstanden.

5.2.6 Übersicht über die Verfahren

Die hier getrennt dargestellten Möglichkeiten der Standortbestimmung
ergänzen sich auf einer Wanderung oft. Statt wie in Abb. 92 mit Hilfe
eines entfernten Punktes nach Abschnitt 5.2.1 zu ermitteln, auf welcher
Lichtung man steht, kann man die Entscheidung auch nach der Rich-

Verfahren	Voraussetzung	Standort	Genauigkeit
Standlinie und Richtung (5.2.1)	Standlinie und erkannter Punkt in Gelände und Karte	im Schnittpunkt	abh. von Entfernung des Punktes und Winkel zur Standlinie
Geneigte Standlinie (5.2.2)	geneigte Standlinie, zuverlässige Höhenmessung	im Schnittpunkt	fast punktgenau; *unabhängig von Mißweisung und Fernsicht*
Mehrere Richtungen (5.2.3)	mehrere erkannte Punkte in Gelände und Karte	im Schnittpunkt	abh. von Entfernung der Punkte und Winkel zwischen den Richtungen
Horizontalwinkel (5.2.3)	zwei erkannte Punkte in Gelände und Karte	auf dem Standkreis	abh. von der Möglichkeit, ähnliche Punkte auszuschließen; *unabhängig von der Mißweisung*
	drei Punkte	im Schnittpunkt der Standkreise	punktgenau *unabhängig von der Mißweisung*
Richtung einer gekrümmten Standlinie (5.2.4)	gekrümmte Standlinie, die auf der Karte zuverlässig abgebildet ist	auf einem von mehreren Punkten	abh. vom Maß der Krümmung und der Möglichkeit, ähnliche Punkte auszuschließen, *ohne Fernsicht* brauchbar
Verlauf einer Standlinie (5.2.5)	unverwechselbare Form der Standlinie	auf einem Punkt der Standlinie	beinahe punktgenau; *unabhängig von Mißweisung und Fernsicht*

Tab. 10 *Standortbestimmung: Übersicht über die Verfahren*

tung des unteren Randes oder gemäß Abschnitt 5.2.4 nach der Gelände-neigung treffen. Wenn man im Fall der Abb. 101 a eine oder zwei Schleifen am Fluß entlang geht, um sich über den Standort zu vergewis-sern, wendet man das in Abschnitt 5.2.5 beschriebene Verfahren »Ver-lauf einer Standlinie« an. Sobald man einen mit »Standlinie und Rich-tung« nach Abschnitt 5.2.1 gefundenen Standort noch mit Hilfe eines weiteren Geländepunktes überprüft, ist man bei »Mehrere Richtun-gen« gemäß Abschnitt 5.2.3. Und wer sich, wie in Abschnitt 5.2.4 beschrieben, an den Weg zum Standort erinnert oder von dort aus den weiteren Weg beobachtet, um einen der nach Abschnitt 5.2.4 gewonne-nen Punkte zu überprüfen, verfährt nach Abschnitt 5.2.5.

Die Einteilung ist also nicht als starre Vorschrift zu verstehen, zwischen deren Möglichkeiten man sich zu entscheiden hat. Man wird im Gegenteil ein nach dem einen Verfahren gewonnenes Ergebnis nach einem anderen Verfahren überprüfen, um größere Gewißheit zu erlan-gen. Wer frei mit den Möglichkeiten der Standortbestimmung umgehen kann und sie geschickt verbindet, wird weniger leicht in eine Lage geraten, in der er völlig verloren ist.

In 7.3 und 7.4 ist gezeigt, was zu tun bleibt, wenn keines der beschriebenen Verfahren zum Erfolg führt, in 10.2.26, wie man in ganz verzweifelten Lagen (Notlandung, Schiffbruch) wenigstens näherungs-weise die geographische Breite und Länge des Standorts ermitteln kann.

5.3 Entfernte Geländepunkte bestimmen

Beim »Rückwärtseinschneiden« nach Abschnitt 5.2.3 haben wir mit Hilfe von zwei bekannten Geländepunkten den eigenen Standort ermit-telt. Das Verfahren läßt sich so umkehren, daß man mit Hilfe von zwei Standorten einen Punkt im Gelände bestimmen kann, und heißt dann im Vermessungswesen »Vorwärtseinschneiden«, in der Navigation »Doppelpeilung«. »Zwei Standorte« bedeutet, daß wir das Ergebnis nicht in einem Zug gewinnen können, sondern nach der ersten Messung ein Stück Weg zurücklegen müssen.

Folgender Fall ist gar nicht selten: auf einer Wanderung erblicken wir in einiger Entfernung einen See, Berg oder Kirchturm, ohne ihn genau bestimmen zu können, da andere Punkte der gleichen Art in unmittel-barer Nähe liege und die erkennbaren Merkmale zur Unterscheidung nicht ausreichen. Mit den in 5.1 beschriebenen Handgriffen stellen wir zunächst fest, in welcher Richtung der fragliche Punkt vom Standort aus liegt. Den so gewonnenen Winkel tragen wir in die Karte ein. Dann setzen wir die Wanderung fort, um nach einiger Zeit – ausschlaggebend ist die Größe des Winkels – auf die gleiche Weise eine zweite Richtung zum gleichen Punkt zu gewinnen, die wir vom zweiten Standort aus in die Karte eintragen. Der Punkt, den wir im Gelände gesehen haben, liegt auf der Karte im Schnittpunkt der beiden Linien oder jedenfalls dicht dabei. Voraussetzung für ein brauchbares Ergebnis ist, daß die Mißweisung berücksichtigt wird. Eine dritte Richtung, von einem weiteren Standort aus gewonnen, kann auch hier zusätzliche Sicherheit bringen oder vor zu großem Vertrauen in das Ergebnis warnen (Abb. 103).

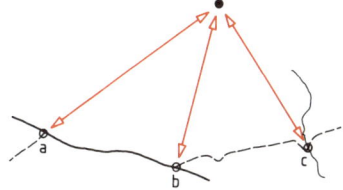

Abb. 103   *Entfernte Gelände-*
punkte bestimmen
a, b, c: Peilstandorte

Nach dem gleichen Verfahren kann man auch die Lage von Punkten seitlich des Weges (neue Hütte, Wanderparkplatz, Skilift) bestimmen und in die Karte eintragen (8.1.3.2).

Entfernte Geländepunkte – meist wird es sich um Berge handeln –, die man während der Wanderung nicht bestimmen kann, aber doch gern identifizieren möchte, zeichnet man und hält Kompaßzahl und Standort (Planzeiger, 6.2) schriftlich fest. Ergibt sich später die Gelegenheit, sie noch einmal aus einem anderen Winkel anzupeilen, so schreibt man die neuen Werte dazu und kann dann zu Hause, vielleicht auf einer Karte mit kleinerem Maßstab, nach Ausgleich der Mißweisung in aller Ruhe feststellen, welche Berge man gesehen hat. Wenn es außerdem noch gelingt, von einem der beiden Standorte aus die Richtung zu wenigstens einem sicher bestimmten anderen Punkt zu gewinnen, kennt man auch gleich MaN für das betreffende Kartenblatt (4.4.2). Die Skizzen brauchen nur so gut zu sein, daß Verwechslungen ausgeschlossen sind, so kann sich jeder an diese Aufgabe heranwagen (Abb. 104).

Man kann Aufgaben dieser Art übrigens auch rechnerisch lösen oder das mit dem Kompaß gewonnene Ergebnis mit dem Taschenrechner

Abb. 104 Skizzen von Gipfelformen als Gedächtnisstütze

überprüfen. Sogar wenn der Standort und der zu bestimmende Punkt auf verschiedenen Kartenblättern liegen, lassen sich Entfernung und Richtung zwischen den beiden Punkten berechnen (10.2.21, 10.2.27, 10.2.28).

5.4 Namen auf der Karte als Orientierungshilfe

Auch die in der Karte angegebenen Namen können Orientierungshilfen darstellen. Freilich spiegeln sie oft einen älteren Zustand des Geländes wider: Wälder können gerodet, Moore kultiviert sein, Seen verlandet, freie Flächen aufgeforstet. Manche Bezeichnungen stammen auch aus Dialekten und kommen in der Hochsprache nicht vor. Beispiele aus deutschen Karten sind im *Norden* Balje, Fehn, Groden oder Groen, Kamp, Koog, Plate, Polder, Warft oder Wurt, im *Süden* Allmend, Alm oder Alp, Au, Boden, Bruch, Bühl, Eck oder Egg, Fluh oder Flühe, Matte, Moor oder Moos, Rain, Reute, Schanze, Schlag, Schrofen, Schwend.

Die Karten einiger lohnender Wandergebiete in West- und Nordeuropa tragen Namen in Sprachen, die den meisten von uns und manchmal sogar der Mehrzahl der heutigen Bewohner nicht vertraut sind: Isländisch, Gälisch, Walisisch, Norwegisch, Schwedisch, Finnisch und Lappisch. Es lohnt sich, die Bestandteile der Namen in den Wörterlisten aufzusuchen, die im Rand von Wanderkarten oder in guten Wanderführern zusammengestellt sind. In den üblichen Wörterbüchern wird man oft vergeblich suchen.

Isländisch »hraun« für Lava, Lavafeld verrät etwas über den Boden, und aus den Wörtern für warme Quellen kann man sogar die Wassertemperatur entnehmen: »hver« ist heiß, »laug« ist warm. Da Island heute fast baumlos ist, haben jedoch Namen auf »-holt«, »-mark« und

»skógur« (Wald) in den meisten Fällen nur noch historischen Aussagewert. Auch mancher »jökull« (Gletscher) ist seit der Landnahmezeit abgeschmolzen. Die vielen Ortsnamen mit »Llan« in Wales weisen auf Kirchen hin, »coed« bedeutet Wald, »bryn« ist ein Hügel oder kleiner Berg. In Schottland ist ein »glen« immer ein Tal, ein »loch« ein See, ein »ben« oder »beinn« ein Berg. Norwegisch »tind« heißt Zinne, »seter« Alm oder Alp und »bre« Gletscher. Finnisch »kallio« weist auf nackten Fels hin, ein Berg mit der Bezeichnung »tunturi« ragt über die Baumgrenze hinaus, wenn der Name auf »-vaara« endet, ist der Berg bewaldet. »Koski« oder »köngäs« bezeichnet in Finnland eine Stromschnelle. In Lappland bezeichnet »vagge« ein breites Trogtal, »kårsa« ist eine cañonartige Schlucht mit steilen Wänden. »Pakte« ist eine steile, unbegehbare Felswand und »tjåkka« ein hoher Berg, »jåkka« hingegen ein Fluß, den man unter Umständen noch durchwaten kann. Heißt der Fluß »ätno«, braucht man an das Waten erst gar nicht zu denken.

Wer solche Namen recht zu deuten weiß, ist vor groben Irrtümern besser geschützt als ein Unkundiger, erkennt manchen Ort auch ohne Kompaßpeilung und kann sich obendrein die Namen leichter einprägen.

Andererseits gehört die *Namengebung* zu den vordringlichsten Aufgaben, wenn man sich mit einer Gruppe länger als nur vorübergehend an einer Stelle aufhält. Ortsnamen nach auffälligen Merkmalen prägen sich am besten ein, aber auch zufällige Ereignisse sind brauchbar, wenn man sich darüber verständigt hat. Auch mancher Name im Atlas spiegelt nur den Zeitpunkt der Entdeckung oder den ersten Eindruck, den die weißen Entdecker erhielten: Osterinsel, Natal (Weihnachten), Rio de Janeiro (Januarfluß); Pazifik (»Stiller« Ozean), Sierra Leone (»Löwengebrüll« der Brandung).

5.5 Übungen

5.5.1 Standortbestimmung im Übungsgitter (zu 5.2)

Keine Mißweisung. Welcher Punkt im Übungsgitter (10.6) ist Ihr Standort?
Sie sehen
a) Punkt 6 in 25°, Punkt 13 in 78°
b) Punkt 6 in 342°, Punkt 8 in 303°, Punkt 11 in 59°
c) Punkt 1 in 282°, Punkt 14 in 203°
d) Punkt 13 in 45°, Punkt 1 in 335°.

5.5.2 Standortbestimmung im Übungsgitter (zu 5.2)

Mißweisung −4° (westlich). Wo ist Ihr Standort? Ihre Standlinie ist etwa die
Linie von Punkt 6 zu Punkt 20 und Sie sehen
a) Punkt 15 in 236°
b) Punkt 27 in 195°
c) Punkt 27 in 179°
d) Punkt 22 in 238°.

5.5.3 Standortbestimmung im Übungsgitter (zu 5.2)

Mißweisung +3° (östlich). Wo ist Ihr Standpunkt? Sie sehen
a) Punkt 20 in 138°, Punkt 15 in 235°
b) Punkt 2 in 329°, Punkt 5 in 320°, Punkt 22 in 242°
c) Punkt 11 in 121° und haben als Standlinie etwa die Linie von Punkt 2 zu
   Punkt 17
d) Punkt 8 in 248°, Standlinie wie bei c).

5.5.4 Standortbestimmung im Gelände (zu 5.2)

Peilen Sie von einem Berg oder Turm Punkte ein, die Sie auf der Karte finden,
und tragen Sie die so gewonnenen Linien in Ihrer Karte ein. Versuchen Sie
jeweils drei Linien für Ihren Standort zu gewinnen, und prüfen Sie, ob das
entstandene Dreieck eine vertretbare Größe hat. Bei sorgfältigem Arbeiten und
nicht zu weit entfernten Punkten sollten sich die Linien fast in einem Punkt
schneiden.
Führen Sie das Ganze einmal ohne, einmal mit Berücksichtigung der Mißweisung aus.

5.5.5 Entfernte Geländepunkte im Übungsgitter bestimmen
(zu 5.3)

Sie sehen im Übungsgitter (10.7) denselben Punkt von verschiedenen Standorten aus in verschiedenen Richtungen. Um welchen Punkt handelt es sich? Sie sehen den gefragten Punkt

a) von Punkt 16 aus in 49°, von Punkt 21 aus in 352°

b) von Punkt 4 aus in 274°, von Punkt 10 aus in 309°

c) bei einer Mißweisung von $-6°$ (westlich) von Punkt 12 aus in 257°, von Punkt 4 aus in 237°

d) bei einer Mißweisung von $+5°$ (östlich) von Punkt 19 aus in 38°, von Punkt 16 aus in 70°.

6. Lage eines Punktes beschreiben

6.1 Koordinatensysteme

Es gibt verschiedene Möglichkeiten, die Lage eines Punktes mit Ziffern statt mit Worten zu beschreiben. Die Zahlenwerte, die man dabei verwendet, heißen allgemein »Koordinaten«. Koordinaten sind also »lageangebende Zahlen«.

6.1.1 Geographische Koordinaten

In Abschnitt 4.1 haben wir bereits die geographischen Koordinaten *Breite* und *Länge* kennengelernt. Sie umspannen die Erdoberfläche wie ein Netz, dessen Maschen sich vom Äquator nach Norden und Süden in der Breite verkleinern. Man verwendet sie für die großräumigen Navigationsaufgaben der See- und Luftfahrt. Für Ortsangaben mit Hilfe des Planzeigers (6.2) in Kilometern und Metern sind sie unbrauchbar, denn das Netz ist in der Ebene, also auf dem Kartenblatt, nicht rechtwinklig, und die Länge, der Abstand der Meridiane, ist keine feste Maßeinheit, sondern hängt von der geographischen Breite ab. Man erkennt das leicht daran, daß bereits in unseren Breiten die Minuten-Abschnitte im oberen und unteren Rahmen der Karte (geographische Länge) viel kürzer sind als im rechten und linken Rahmen (geographische Breite).

6.1.2 Polarkoordinaten

Bei allen bisher behandelten Orientierungsaufgaben haben wir, ohne daß der Name gefallen wäre, mit Polarkoordinaten gearbeitet, nämlich mit *Richtung* und *Entfernung:* ausgehend von einem Punkt, in der Regel dem Standort, haben wir Richtungswinkel und Abstand zum nächsten Punkt bestimmt (Abb. 105a). Dieses Verfahren war der Aufgabe aus mehreren Gründen völlig angemessen:
- der jeweilige Ausgangspunkt war bekannt,
- der Kompaß ist ein Winkelmeßgerät,
- MaN bietet eine eindeutige Bezugsrichtung,
- die erhaltenen Werte brauchten wir niemandem mitzuteilen, da wir sie selbst unmittelbar weiter verwendeten.

Wenn man sich jedoch mit jemandem verständigen muß, der einem nicht über die Schulter schauen kann, haben Polarkoordinaten einen großen Nachteil. Denn neben der Angabe von Richtung und Entfernung muß auch noch der Punkt beschrieben werden, von dem aus die Werte gewonnen sind. Das geht aber nicht mehr mit Zahlen; und selbst bei der wortreichsten Beschreibung des Bezugspunktes bleibt zweifelhaft, ob der Partner an einem anderen Ort uns eindeutig versteht.

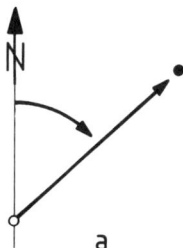
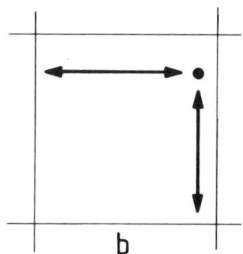

a
b

Abb. 105 Koordinatensystem in der Ebene
a) Polarkoordinaten: *b) Rechtwinklige Koordinaten:*
    Richtung und Entfernung   *Abstand von zwei Linien*
                                      eines rechtwinkligen Gitters

6.1.3 Rechtwinklige Koordinaten

Den Polarkoordinaten entspräche es, wenn man jemanden in eine Richtung drehte und ihn dann aufforderte, in dieser Richtung 20 Schritte zu laufen. Man kann ihn aber auch an die gleiche Stelle führen, wenn man ihm sagt: »Gehe 12 Schritte geradeaus und dann 16 Schritte nach links«. Dieses zweite Verfahren entspricht den sogenannten rechtwinkligen Koordinaten (Abb. 105b). Die meisten von uns kennen es vom »Schiffchen versenken« oder vom Schachspiel her. Auch bei der Wegbeschreibung für Ortsfremde wenden wir es an: »Bei der 3. Ampel nach rechts, dann bei der 2. nach links.«

Selbstverständlich muß man auch hier angeben, von wo aus gezählt wird, und das sogar für zwei Richtungen. Aber statt der Winkel mißt man nur Strecken, und den Ausgangspunkt braucht man nicht umständlich zu beschreiben. Denn die Linien, von denen wir ausgehen, sind bereits beziffert: es sind die senkrechten und waagerechten Linien des geodätischen Gitters. Bisher haben wir nur mit den senkrechten Linien gearbeitet. Für die genaue Lageangabe eines Punktes werden nun auch die waagerechten Gitterlinien wichtig.

6.2 Ortsangabe mit rechtwinkligen Koordinaten

6.2.1 Grundregeln

Unabhängig von der Art des Gitters, dem Maßstab und der Schreibweise gilt für jede Lageangabe in einem geodätischen Gitter:

- Geodätische Gitterlinien werden ausnahmslos von links nach rechts und von unten nach oben gezählt, auch auf der Südhalbkugel.
- »Rechtswert« ist der Abstand eines Punktes von einer senkrechten Gitterlinie nach rechts, »Hochwert« der Abstand von einer waagerechten Gitterlinie nach oben.
- Die Nummer der senkrechten Gitterlinie (für den Rechtswert) entnimmt man der oberen oder unteren Rahmenleiste der Karte, die der waagerechten Gitterlinie (für den Hochwert) der linken oder rechten Seite des Rahmens.
- Die Lage innerhalb des Gitterquadrats wird in Zehnteln des Gitterabstands angegeben; die Zehntel können weiter unterteilt werden.
- Rechts- und Hochwert werden in dieser Reihenfolge genannt (Merkwort »recht hoch«).

Auf den topographischen Karten 1:25 000 bis 1:100 000 entspricht der Abstand der Gitterlinien meist einem Kilometer im Gelände. Die Zehntel sind dann je 100 m. Mit rechtwinkligen Koordinaten beschreiben wir also die Lage eines Punktes in Kilometern und Metern. Auf der Karte ist 1/10 Gitterabstand 2 mm beim Maßstab 1:50 000 und 4 mm beim Maßstab 1:25 000.

6.2.2 Planzeiger

Den Abstand eines Punktes von einer Gitterlinie kann man mit der Millimeter-Skala des Kompasses messen und teilt dann die abgelesenen Millimeter durch 2 oder durch 4. Bequemer arbeitet man jedoch mit einem Planzeiger. Er besteht aus zwei rechtwinklig angeordneten Maßstäben, die den Abstand zwischen zwei Gitterlinien in Zehntel teilen (Abb. 106). Jeder Maßstab verlangt also einen eigenen Planzeiger. Damit ermittelt man den Rechts- und Hochwert in einem Arbeitsgang und erspart sich das Umrechnen.

Den Planzeiger legt man dazu mit der senkrechten Teilung an den Geländepunkt und mit der waagerechten Teilung an die waagerechte Gitterlinie unterhalb des Punktes. Der Rechtswert wird an der senkrechten Gitterlinie abgelesen, der Hochwert am Punkt selbst.

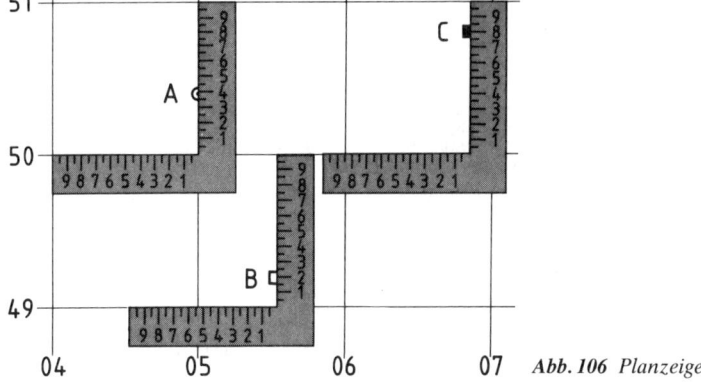

Abb. 106 Planzeiger

Es gibt Kompasse mit Planzeigern für die Maßstäbe 1:25 000 und 1:50 000 auf dem Lineal. Wer absieht, daß er viel mit Koordinaten arbeiten wird, sollte beim Kauf entsprechend wählen. Man kann auch einen aus der Karte ausgeschnittenen Planzeiger mit durchsichtiger Folie von unten gegen das Lineal kleben; die Dose muß dabei aber drehbar bleiben. Wo keine Verwechslungen möglich sind, genügt es, die Zehntel nur zu schätzen.

6.2.3 UTM-Melde-System

Die Rettungsdienste verwenden wie die NATO das UTM-Melde-system. Bevor man einem Rettungshubschrauber einen Unfallort in Koordinaten beschreiben muß, sollte man daher diese Art der Ortsangabe in Ruhe durchdacht und geübt haben. Damit die Meldung nicht mißverstanden wird, ist zu beachten:

- Die Nummern der Gitterlinien werden zweistellig angegeben; mit dem Zehntelwert des Gitterabstands erhält man so für Rechts- und Hochwert je drei Ziffern.
- Rechts- und Hochwert werden in dieser Reihenfolge zu einer sechsstelligen Zahl vereinigt.
- Das übergeordnete Quadrat nennt man nur dann mit, wenn die Meldung über größere Entfernungen geht oder wenn die Karte zwei Gitter enthält.

Die sechsstellige Zahl beschreibt dann die Lage des Punktes auf 100 m genau (Abb. 107). Nach der Anweisung ist immer das nächstgelegene Zehntel zu nennen. Der beschriebene Punkt liegt also im ungünstigsten

149

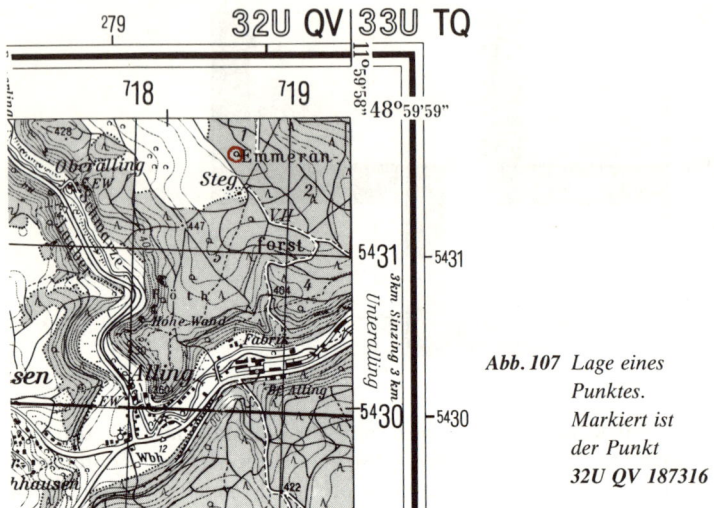

Abb. 107 *Lage eines
Punktes.
Markiert ist
der Punkt
32U QV 187316*

Fall etwa 70 m von der angegebenen Stelle entfernt. Das ist für die
Mehrzahl der denkbaren Fälle, auch für einen Rettungshubschrauber,
genau genug. Eine achtstellige Ortsangabe wäre auf 10 m genau, und
der größte Fehler betrüge 7 m. Eine Stellenzahl über sechs hinaus ist
aber allenfalls dann angebracht, wenn mehrere gleichartige Punkte sehr
dicht beieinander liegen. Bei Maßstäben ab 1:50 000 spiegelt sie eine
Genauigkeit vor, die ohne Meßlupe kaum erreichbar ist; darum sollte
sie besser unterbleiben.

Als Empfänger teilt man die Ziffernreihe in zwei gleiche Teile, um
Rechts- und Hochwert zu trennen. Deshalb müssen Rechts- und Hochwert unbedingt mit der gleichen Stellenzahl angegeben werden. Gegebenenfalls ist die Ziffer 0 an die letzte Stelle eines der beiden Werte zu setzen.

Beipiel 1:   Die Angabe *32U QV 187316* in Abb. 107 bedeutet:

        – 32 U   Zonenfeld (nur bei Bedarf anzugeben)

        – QV   100-km-Quadrat (nur bei Bedarf anzugeben)

        – 18   senkrechte Gitterlinie 18

        – 7   7/10 des Gitterabstandes (= 700 m) von der Gitterlinie
                    18 nach rechts

        – 31   waagerechte Gitterlinie 31

        – 6   6/10 des Gitterabstands (= 600 m) von Gitterlinie 31
                    nach oben

Beispiel 2: Die UTM-Koordinaten der in Abb. 106 bezeichneten Punkte lauten
für
A: 050504, B: 055492, C: 068508 (achtstellig 06855080).

Wenn die Koordinaten nach einem anderen als dem UTM-Gitter
ermittelt sind (Gauß-Krüger-Gitter, Suchgitter der AV-Karten), sollte
man das dem Empfänger der Meldung angeben.

Der Rechtswert kann auch mit E (englisch East = Ost) oder mit y,
der Hochwert mit N (englisch North = Nord) oder mit x bezeichnet sein
(im Vermessungswesen werden x und y anders als in der Geometrie
verwendet, weil man die Winkel beim Vermessen von der senkrechten,
in der Geometrie aber von der waagerechten Achse aus mißt).

6.3 Übungen

6.3.1 Geographische Koordinaten (zu 6.1.1)

Welcher Ort hat die Koordinaten 48° 00′ nördlicher Breite und 7° 51′ östlicher Länge?

6.3.2 UTM-Koordinaten (zu 6.2.3)

Wie lauten die UTM-Koordinaten folgender Punkte im Übungsgitter 10.7:

a) 15   b) 25   c) 2   d) 8   e) 18
f) 22   g) 19   h) 21?

6.3.3 UTM-Koordinaten (zu 6.2.3)

Welcher Punkt im Übungsgitter (10.7) hat die folgenden UTM-Koordinaten:

a) 256521   b) 274506   c) 230524   d) 28955485
e) 270510?

6.3.4 Koordinaten

Bestimmen Sie für Ihren Wohnort/Urlaubsort die Koordinaten
a) im Gradnetz (6.1.1)
b) im UTM Gitter (6.2.3)

7. Orientierung ohne Kompaß

Für den Wanderer ist der moderne Handkompaß ein vollendetes Gerät. Dennoch ist man auch ohne Kompaß nicht verloren. Selbst wer seinen Kompaß verloren hat, irgendwo an Land gespült wird oder mit einem Flugzeug in unbekannter Gegend notlanden muß, sollte in der folgenden Auswahl noch einen Weg finden, sich wenigstens grob zu orientieren, – allerdings nicht zu jedem beliebigen Zeitpunkt, denn schon bei bedecktem Himmel fallen mehrere Möglichkeiten aus. Wenn man beim Lesen warm, trocken, satt und zu Hause ist, mag manches in diesem Teil lächerlich klingen. Doch es ist wie mit dem Fallschirm: Zwar braucht man ihn fast nie, aber wenn, dann dringend.

Vielfach wird es genügen, die Karte nach dem Gelände einzunorden und auf dem weiteren Weg Gelände und Karte noch gründlicher als sonst zu vergleichen. Sonst sind drei Aufgaben mit Behelfen zu lösen: zuerst eine Himmelsrichtung bestimmen, dann daraus den Kurswinkel ableiten, und schließlich die gefundene Richtung einhalten. Hilfreich sind dabei die Karte, eine Nadel, eine genaugehende Zeigeruhr, Taschenrechner, Höhenmesser, Fernglas, Schrittzähler. Und es ist vorteilhaft, wenn man die geographische Länge und Breite, den Kurswinkel und die örtliche Mißweisung kennt, etwas über das Wandergebiet weiß und bisher die Augen (und Ohren) offengehalten hat.

7.1 Himmelsrichtung bestimmen

7.1.1 Nadelkompaß

Eher findet man ein Nähzeug in einer Wandergruppe als brauchbare »Moose und Flechten auf der Wetterseite von Bäumen«. Eine Stahlnadel ist fast immer etwas magnetisch (darum hängen Stecknadeln oft aneinander). Sie wird vorübergehend magnetisch, wenn man sie in einer Richtung an Stoff reibt. Wenn sie in einem Teller oder in einer windgeschützten Pfütze frei schwimmen kann, wird sie zum Behelfskompaß. Damit sie nicht versinkt, fettet man sie ein oder sticht sie durch ein Holz- oder Rindenstück oder ein Stückchen Papier. Es darf aber die

Drehung nicht behindern. Ablenkende Gegenstände (2.3.3) müssen noch weiter als vom Kompaß entfernt gehalten werden.

In weniger als einer Minute richtet sich die Nadel nach MaN aus. Zufallsergebnisse schließt man aus, indem man den Versuch wiederholt, ggf. auch noch mit einer anderen Nadel. Um die Richtung ins Gelände zu übertragen, schaut man schräg von oben auf die Nadel, richtet in der Luft einen Halm oder Stift nach der Nadel aus und peilt daran entlang.

Es gibt keinen besseren Kompaßersatz: Die Messung ist unabhängig von Wetter, geographischer Breite, Jahres- und Tageszeit; sie kann beliebig wiederholt werden; der Zeitaufwand ist geringfügig; die Richtung ist zuverlässig MaN.

7.1.2 Sonne (vgl. 4.4.3)

Die älteste Orientierungshilfe des Menschen ist die Sonne. Darauf weist auch das Wort orientieren, denn »Orient« bedeutet »Richtung der aufgehenden Sonne«. Unsere eigenen Erfahrungen mit der Sonne stammen aus mittleren Breiten, doch unsere Reisen führen uns in alle Weltgegenden. Dabei zeigt sich: Jede *allgemeine* Aussage über den Sonnenstand ist falsch. Erst eingeschränkt durch die Angabe von geographischer Breite, Tag und Zeit wird sie für die Orientierung brauchbar. »Die Sonne steht mittags im Süden«, gilt in dieser allgemeinen Form nur für ein knappes Drittel der Erdoberfläche. »Sie steht um 6.00 Uhr im Osten und um 18.00 Uhr im Westen«, trifft zwar für die ganze Erde zu, aber nur an zwei Tagen im Jahr, nämlich zur Tag- und Nachtgleiche; dazwischen kann sie, je nach Breite und Jahreszeit, über 20° davon abweichen (Tab. 16/4).

Jährliche Sonnenbahn. *Zwischen den Wendekreisen* steht die Mittagssonne dann im Süden, wenn ihre Deklination (4.4.3) für den Kalendertag kleiner ist als die geographische Breite des Standorts. Wenn D größer ist (oder wenn die Rechnung nach 10.2.25.4 eine Sonnenhöhe über 90° ergibt), steht sie im Norden. Senkrecht steht die Mittagssonne an einem bestimmten Ort jährlich zweimal, jeweils an den Tagen, an denen D gleich dem Breitengrad ist, z.B. über 15° S um den 3. November und 8. Februar. Tab. 17 nennt die Werte für jeden Tag des Jahres.

Jenseits des Polarkreises scheint in den Breiten und Zeiten, wo (B + D) größer ist als 90°, die Mitternachtssonne. Für 68° N trifft das in der

Zeit zwischen 1. Juni und 12. Juli zu, denn in diesen Wochen liegt die Deklination bei $+22°$ und darüber. Wenn in den Wintermonaten die Deklination kleiner ist als (B $-90°$), bleibt die Sonne auch tagsüber unter dem Horizont. Für $68°\,N$ herrscht also Polarnacht in der Zeit mit einer Deklination unter $-22°$, etwa vom 3. Dezember bis 10. Januar. Das Wort »Polarnacht« weckt allerdings falsche Vorstellungen. Denn wegen der flachen Sonnenbahn dauert in hohen Breiten die Dämmerung wesentlich länger; außerdem mildern Schnee, Sterne, Mond und Nordlicht die Dunkelheit.

Tägliche Sonnenbahn. Der Weg der Sonne am Himmel verläuft in Pol- oder Äquatornähe ganz anders als in mittleren Breiten. An den Polen wandert sie waagerecht um den Horizont, also in unveränderter Höhe, mit der gleichmäßigen Winkelgeschwindigkeit von $15°$ in der Stunde. Am Äquator steigt sie senkrecht auf und nieder (Abb. 137). Je steiler die Sonnenbahn verläuft, um so weniger ändert sich in den Morgen- und Vormittagsstunden (und wieder am Nachmittag und Abend) der Richtungswinkel. Andererseits schwenkt die Sonne dann in der Mittagszeit um so schneller von der Ost- in die Westrichtung. Es ist, abgesehen von der Krümmung der Sonnenbahn, als wenn man einen fahrenden Zug beobachtet. Liegt die Bahnstrecke (Sonnenbahn) weit entfernt, dreht man den Kopf dabei ziemlich gleichmäßig. Steht man aber an der Bahnsteigkante (Äquator), taucht der Zug z. B. im Osten auf und behält seine Richtung beim Näherkommen bei; während er an uns vorbeifährt (Mittag), ändert sich die Richtung sehr schnell um $180°$; danach fährt er bis zum Verschwinden in Westrichtung weiter.

Dämmerung: Wenn die Sonne unter dem Horizont steht, gilt für klaren Himmel folgende Stufung der Helligkeit:
bürgerliche Dämmerung ($H = -6,5°$), man kann noch lesen;
nautische Dämmerung ($H = -12°$), Wasserlinie am Horizont noch erkennbar;
astronomische Dämmerung ($H = -18°$), die Sterne leuchten auf.

Die Länge der Dämmerung hängt hauptsächlich von der Breite und in zweiter Linie von der Jahreszeit ab. Am Äquator dauert die kürzeste bürgerliche Dämmerung 17 Minuten, am Polarkreis die längste über drei Stunden. Für $50°\,N$ liegt sie je nach Jahreszeit zwischen 41 und 56 Minuten.

Eckwerte. Tab. 16 nennt Eckwerte für die Sonnenbahn auf der Nordhalbkugel. Für die Südhalbkugel bzw. den Nachmittag gelten die Angaben spiegelbildlich. Mit dem Zifferblatt der Uhr als behelfsmäßigem Winkelmesser und der Ziffer 12 als Nordmarke wird die Spiegelung anschaulicher: Symmetrieachse für die Tageshälften ist die Nord-Süd-Richtung (die Linie zwischen der 12 und der 6), für die Erdhälften die Ost-West-Richtung (die Linie zwischen der 3 und der 9). Zwischenwerte erhält man nach 10.2.25.

1. Berechneter Sonnenstand. Nach 4.4.3.4 läßt sich rechnerisch ermitteln, in welcher Richtung die Sonne zu einer bestimmten Ortszeit stehen wird. Im Gelände ist dann die Stelle senkrecht unter der Sonne der Bezugspunkt, von dem aus der gesuchte Kurswinkel gefunden werden kann (7.2.1).

2. Mittag/Mitternacht (vgl. 4.4.3.1). Auf allen Breiten und zu jeder Jahreszeit steht die Sonne um 12.00/24.00 Uhr *Ortszeit* genau auf der Nord-Süd-Achse der Erde. Allerdings steht sie zwischen den Wendekreisen zeitweise (mit Sicherheit für B = D ± 10°) zu steil zum Orientieren; nördlich des Polarkreises fällt sie in den Zeiten der Polarnacht aus.

3. Sonne und Zeigeruhr. Dieses wohl bekannteste Verfahren ist an den Polen zuverlässig, in hohen Breiten brauchbar, taugt in mittleren Breiten lediglich zur Groborientierung und versagt in niedrigen Breiten. Denn der *mögliche* Unterschied zwischen Stundenwinkel und wahrem Sonnenstand wächst äquatorwärts sehr schnell, abhängig von der Jahres- und Tageszeit: bis fast 10° auf 70° Breite, bis 16° auf 60° und auf 50° Breite schon bis fast 25°.

Eine Zeigeruhr wird mit dem Stundenzeiger nach der Sonne ausgerichtet, noch besser mit der Stelle des Zifferblatts, wo der kleine Zeiger zur Ortszeit stehen würde. In der Mitte zwischen der für die Ortszeit zutreffenden Stelle des Zifferblatts und der Ziffer 12 liegt dann die allgemeine (!) Südrichtung (auf der Südhalbkugel: Nordrichtung), vor-

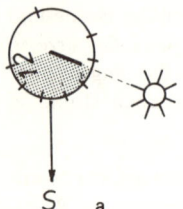

Abb. 108 Sonne und Uhr
a) vormittags
b) nachmittags

mittags im Bereich der Vormittagsstunden, nachmittags auf der anderen Hälfte des Zifferblatts (Abb. 108). Bei leicht bedecktem Himmel stellt man die Sonnenrichtung fest, indem man ein breites Messer mit der Spitze auf den Daumennagel setzt und langsam dreht; dem schmalsten Schatten gegenüber steht die Sonne.

4. Mond und Zeigeruhr. Wenn man auszählt, um welche Zeit die Sonne in der Richtung des Mondes stehen würde, kann man sich auch auf dem Umweg über den Mond nach der Sonne orientieren. Dazu muß man die Mondphasen schätzen oder nach dem Taschenkalender feststellen; das Verfahren ist also noch weniger genau als »Sonne und Zeigeruhr«. Der Vollmond zählt 12/12, der Halbmond 6/12 (Abb. 109). Bei zunehmendem Mond zieht man die Zwölftel von der Ortszeit (0–24) ab, bei

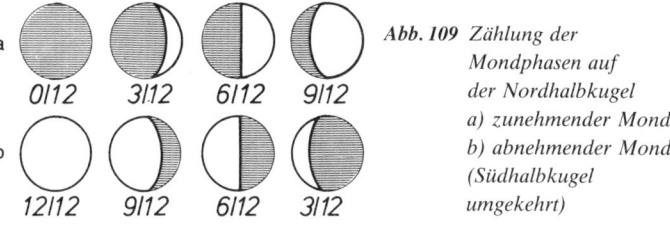

Abb. 109 Zählung der
Mondphasen auf
der Nordhalbkugel
a) zunehmender Mond
b) abnehmender Mond
(Südhalbkugel
umgekehrt)

abnehmendem Mond zählt man sie dazu. Etwa in der Richtung, wo im Beobachtungszeitpunkt der Mond steht, befindet sich zur berechneten Zeit (Ortszeit) die Sonne. Die entsprechende Stelle des Zifferblatts ist also auf den Mond zu richten. Dann liegt die allgemeine Südrichtung ungefähr in der Mitte zwischen dieser Stelle und der Ziffer 12. Der Stundenzeiger spielt hier keine Rolle.

Beispiel: Beobachtungszeit = 19.00 Uhr Ortszeit
Mond 3/12, zunehmend
3 abziehen
19 − 3 = 16, entspricht dem Sonnenstand von 16.00 Uhr
Das Zifferblatt wird mit der 4 auf den Mond gerichtet,
Süden ist ungefähr in Richtung der 2.

Auf der Südhalbkugel liegen die Mondphasen spiegelbildlich zur Nordhalbkugel, und man erhält die allgemeine Nordrichtung.

157

5. Schattenlänge. Wenn man die Ortszeit nicht kennt oder wenn mittags der Schatten zu kurz ist (10.2.25.11), muß man mehr Zeit aufwenden. Aber das Verfahren ist zuverlässig und auch dann brauchbar, wenn man buchstäblich mit leeren Händen dasteht.

Man steckt vormittags auf einer waagerechten Fläche einen Stock so in die Erde, daß das obere Ende senkrecht über dem Fußpunkt steht (das Taschenmesser an einer Schnur kann als Lot dienen). Dann kennzeichnet man das Schattenende und schlägt mit dem Halbmesser dieser Schattenlänge einen Kreis um den Fußpunkt. Wenn das Schattenende am Nachmittag erneut die Kreislinie berührt, halbiert man den Winkel zwischen den beiden Schattenrichtungen und erhält so auf der Nordhalbkugel GeN (Abb. 110). Die Linie, die das Schattenende beschreibt, verläuft im Winter spiegelbildlich zur Sommerkurve und ist zur Tag- und Nachtgleiche eine Gerade.

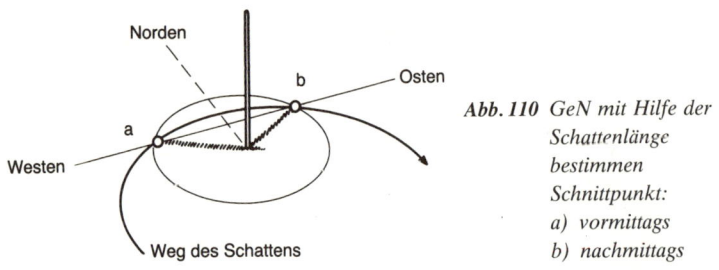

Abb. 110 GeN mit Hilfe der Schattenlänge bestimmen Schnittpunkt:
a) vormittags
b) nachmittags

6. Schattenspitzen. Dieses Verfahren wird eher deshalb genannt, um davor zu warnen. Denn die möglichen Richtungsfehler (bis über 30°) würden eine lange Liste mit Fallunterscheidungen erfordern. Man steckt wie oben einen Stock in die Erde und kennzeichnet das Schattenende. Nach etwa 10 Minuten ist der Schatten etwas gewandert, und man markiert das neue Schattenende. Eine Linie vom ersten zum zweiten Punkt weist zur Tag- und Nachtgleiche recht genau nach Osten, sonst – je nach Breite, Jahres- und Tageszeit – mit unterschiedlicher Abweichung. Auf der Südhalbkugel weist die Verbindungslinie in westlicher Richtung.

7.1.3 Polarstern (vgl. 4.4.4).

Auf der Nordhalbkugel ab etwa 10° N kann man sich nachts nach dem Polarstern richten (Abb. 111). Er ist leicht zu finden und zeigt – außer in Polnähe – hinreichend genau GeN an.

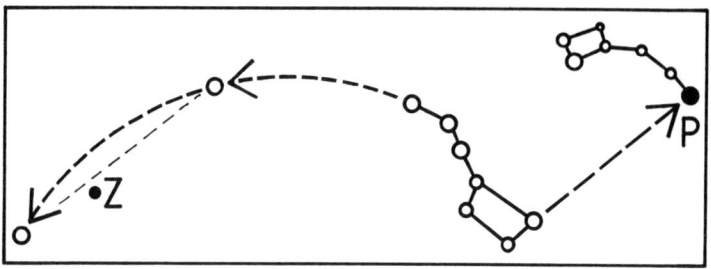

Abb. 111   P Polarstern mit Großem und Kleinem Wagen: Nordrichtung;
Z Stern Zeta Virginis im Sternbild Jungfrau: Aufgang im Osten,
Untergang im Westen (zu 7.1.5)

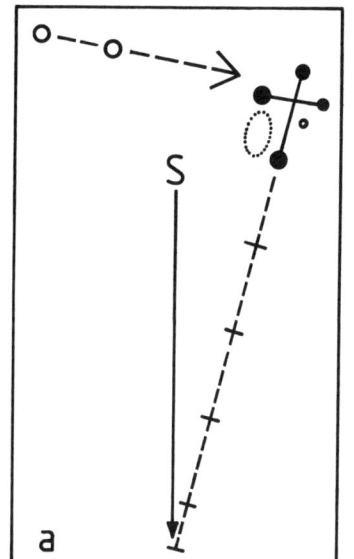
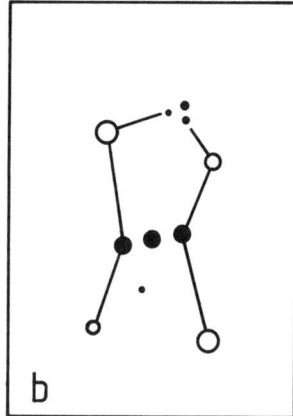

Abb. 112   a) Kreuz des Südens mit den beiden Zeigersternen und dem »Kohlensack« (punktiert): der senkrechte Pfeil weist zum südlichen Himmelspol,

b) Sternbild Orion: die Gürtelsterne gehen im Osten auf und im Westen unter (7.1.5); nur im Winter sichtbar

159

7.1.4 Kreuz des Südens.

Auf der Südhalbkugel orientiert man sich nachts nach dem »Kreuz des Südens« (Abb. 112a). Im April und Mai sieht man es schon vom nördlichen Wendekreis ab, am südlichen Wendekreis dreiviertel der Zeit und ab 37° S die ganze Nacht hindurch und an allen Tagen des Jahres. Es ist viel kleiner als Großer und Kleiner Wagen; Kopf- und Fußpunkt liegen etwa 3° auseinander, bei ausgestrecktem Arm etwa zwei Finger breit. Damit man das Kreuz des Südens nicht mit einem ähnlichen Sternbild am Südhimmel verwechselt, achtet man auf die beiden Zeigersterne und auf den »Kohlensack«, eine dunkle Stelle in der Milchstraße.

Wenn man die Längsachse 4½mal über den Fußpunkt hinaus verlängert und von dort senkrecht zum Horizont geht, erhält man die Südrichtung. Wie hoch der südliche Himmelspol über dem Horizont steht, hängt wie beim Polarstern von der geographischen Breite ab. Das Sternbild dreht sich um den südlichen Himmelspol.

7.1.5 Orion und Zeta Virginis.

Beim Sternbild Orion liegen die Gürtelsterne auf dem Himmelsäquator, stehen also beim Aufgang im Osten und beim Untergang im Westen (Abb. 112b). Die Abweichung beträgt für den mittleren Gürtelstern nur etwa 1°. Das Sternbild ist zwar leicht zu erkennen, doch der Zeitpunkt des Auf- und Untergangs fällt in den Sommermonaten in die hellen Tagesstunden.

Dann gibt uns Zeta Virginis im Sternbild Jungfrau beim Auf- und Untergang zuverlässig die Ost- und Westrichtung an (Abb. 111, Z). Wenn man den Bogen der Deichsel des Großen Wagens über den vorderen Deichselstern fortsetzt, stößt man auf zwei helle Sterne: nach 3 Handbreit auf Arcturus, nach weiteren 3 Handbreit auf Spica. Zeta Virginis steht eine Handbreit von Spica in Richtung auf Arcturus, dicht an der Verbindungsgeraden.

Verfahren	Voraussetzungen	Zeitaufwand	Richtung	Brauchbarkeit
Nadelkompaß (7.1.1)	Nadel, Wasser	wenige Minuten	MaN	genau
Sonne (7.1.2)				
1. Beliebige Zeit	B, L, D, Uhr	Rechenzeit	Sonnenrichtung	genau
2. Mittag/Mitternacht	(L), Uhr	unerheblich	GeS (N)/GeN (S)	genau für WOZ; in niedrigen Breiten zeitweise unbrauchbar
3. Sonne und Zeigeruhr	(WOZ)	unerheblich	S (N)/N (S)	in hohen Breiten brauchbar, in mittleren Breiten nur Groborientierung, für niedrige Breiten untauglich
4. Mond und Zeigeruhr	Mondphasen, (WOZ)	unerheblich	S (N)/N (S)	Groborientierung
5. Schattenlänge	Stock oder Pendel	mehrere Stunden	GeN (N)/GeS (S)	auf waagerechter Fläche genau
6. Schattenspitzen	Stock oder Pendel	10–15 Minuten	Ost (N)/West (S)	Groborientierung
Polarstern (7.1.3)	Nordhalbkugel	–	GeN	genau; ab 10° N, in Polnähe unbrauchbar
Kreuz des Südens (7.1.4)	südlich des nördlichen Wendekreises	–	GeS	brauchbar; erst ab 37° S jederzeit sichtbar
Orion, Zeta Virginis (7.1.5)	–	–	Ost (Aufgang) West (Untergang)	genau; Orion nur im Winter sichtbar

Tab. 11 Orientierung ohne Kompaß: Überblick über die Verfahren
B, L = geographische Breite, Länge; D = Deklination der Sonne;
(N), (S) = Nord-/Südhalbkugel

161

7.2 Kurs bestimmen und einhalten

7.2.1 Kurswinkel ins Gelände übertragen

Ohne Karte. Die Himmelsrichtung, die wir nach einem der beschriebenen Verfahren finden, ist noch nicht der Kurswinkel – und ohne Kompaß sind wir auch ohne Winkelmesser. Aber das Zifferblatt der Uhr ist ein brauchbarer Ersatz, wenn wir die Minuten in Grad umwandeln. Der Vollkreis ist in 360°, das Zifferblatt in 60 Minuten eingeteilt, also entspricht eine Minute auf dem Zifferblatt einem Winkel von 6°. Der Winkel zwischen zwei Ziffern beträgt 30°. Mit der 12 als Nordmarke steht die 3 für Osten (= 90°), die 6 für Süden (= 180°), die 9 für Westen (= 270°). Von der gefundenen Himmelsrichtung her läßt sich so jeder gesuchte Kurswinkel recht genau bestimmen. Ins Gelände übertragen wird er wie beim Nadelkompaß mit einem Halm oder Stift. Man hält ihn – beliebig hoch über der Uhr – parallel zu der Linie, die man sich von der zutreffenden Minute über die Mitte des Zifferblatts verlaufend denken muß, und peilt daran entlang.

Beispiel: gesuchter Kurs = 114°

bekannte Richtung = Nord

114 : 6 = 19 (Minuten auf dem Zifferblatt)

Ziffer 12 nach Norden richten, in Richtung »19 Minuten nach« gehen.

Ohne Zeigeruhr zeichnet man am besten einen Kreis auf den Boden. Vom Mittelpunkt aus zieht man eine Linie zur gefundenen Himmelsrichtung, leitet von da die Nordrichtung ab und arbeitet sich mit Halbieren und Dritteln an die Gradzahl des Kurswinkels heran.

Mit Karte. Man nordet die Karte ein, hält sie waagerecht und legt einen Halm, Stift oder längsgefalteten Papierstreifen so auf, daß er Standort und Ziel verbindet. Dann sucht man sich – wie beim Gehen nach dem Kompaß – ein möglichst weit entferntes Hilfsziel.

7.2.2 Richtung einhalten

Ohne Kompaß kann man die Messung nicht beliebig oft wiederholen, also nicht jederzeit den Kurswinkel neu ermitteln oder berichtigen. Falsch wäre es aber, sich auf seinen vermeintlichen Richtungssinn zu verlassen. Den gibt es nämlich nicht. Auch Naturvölker richten sich nach Merkmalen der in der Regel vertrauten Landschaft oder nach Gestirnen; sie beobachten nur genauer. Wo solche Hilfen fehlen, etwa bei Nebel auf dem Eis, gehen auch Eskimos im Kreis.

1. Sonne. Auf kurzen Strecken hält man die Richtung halbwegs ein, wenn man so geht, daß man die Sonne oder den eigenen Schatten im gleichen Winkel vor oder neben sich hat. Eine grobe Vorstellung von der täglichen Sonnenbahn in verschiedenen Breiten ist dabei hilfreich (7.1.2, Tab. 16).

Zwischen den Wendekreisen ändert sich die Sonnenrichtung bis etwa 10.00 Uhr und wieder ab 14.00 Uhr Ortszeit so wenig, daß man den Kurswinkel über mehrere Stunden kaum nachzubessern braucht. Um die Mittagszeit würde man allerdings (wenn die Sonne nicht zu steil steht) auf diese Weise nach kurzer Zeit in der Gegenrichtung gehen. In den Tropen ändert sich auch die Richtung des Sonnenaufgangs, die man an einem Tag gemessen hat, an den folgenden Tagen so langsam, daß die Abweichung noch zwei Wochen später oder viele hundert Kilometer nördlich oder südlich vom Meßort nicht mehr als 2° beträgt. Wieweit das für das eigene Reiseziel oder Wandergebiet zutrifft, kann man nach 10.2.25.5 schon zu Hause feststellen.

In hohen Breiten stimmen Sonnenrichtung und Stundenwinkel am ehesten überein. Wenn man, besonders bei Sommerzeit, von der Ortszeit ausgeht, kann man das Weiterwandern der Sonne weitgehend berücksichtigen: die Ortszeit als Dezimalbruch (z. B. 14,750 für 14.45 Uhr WOZ) mal 15 ergibt (annähernd) die Sonnenrichtung.
Beispiel: Ortszeit = 8.23 Uhr
8.23 Uhr als Dezimalbruch = 8,383
ungefähre Sonnenrichtung = $(8,383 \cdot 15)° = \mathbf{126°}$

2. Wind. Bei stetigem Wind in offenem Gelände geht man so, daß man den Wind ständig aus der gleichen Richtung spürt. Von Genauigkeit kann dabei freilich nicht mehr die Rede sein. Aber wenn man einmal darauf angewiesen ist, wird man von selbst bescheidener, und wo es lediglich darauf ankommt, die allgemeine Richtung zu einer Auffanglinie einzuhalten, reicht sie meist aus. Bei Seitenwind neigt man übrigens dazu, den Kurs so zu ändern, daß man den Wind von vorn bekommt. Ebenso neigt man beim Gehen an einem Hang dazu, nach oben abzuweichen.

3. Ortsfeste Orientierungshilfen
- Die Richtung des Gletscherschliffs in Skandinavien und Kanada bleibt über große Entfernungen unverändert und stellt einen »einge-

- bauten Kompaß« dar, nach dem man den Kurs immer wieder über- prüfen kann.

- Alleinstehende Bäume an der Küste und auf Bergen neigen sich aus der Hauptwindrichtung weg; in dieselbe Richtung wachsen die läng- sten Zweige.

- Süden (auf der Nordhalbkugel) ist die Seite, wo der Schnee am frühesten wegschmilzt, Baum- und Schneegrenze höher liegen, wo bei trigonometrischen Punkten die Buchstaben »TP« stehen und wo die rote Waldameise bevorzugt ihre Bauten anlegt.

- Wo sich Schneereste an Stufen und in Mulden am längsten halten, ist Nordosten.

Weitere Orientierungshilfen sind die natürlichen Leit- und Auffang- linien der Landschaft (Bergkämme und Täler, Flüsse und Seensysteme, Geländeneigung, Schichtung des Gesteins, aber auch »sprechende« Ortsnamen (5.4). Als »vorübergehend ortsfeste« Hilfen kann man im Winter die Schneefahnen hinter schmalen Hindernissen betrachten sowie die Richtung, in der sich – oft fast brettartig – Reif an Gräser, Zweige und Bäume angesetzt hat und in der Eisregen angefroren ist.

Es lohnt auch, gelegentlich stehenzubleiben und zu lauschen, ob Geräusche auf fließendes Wasser, Verkehrsverbindungen, Siedlungen oder Menschen hindeuten. Selbst Kuhglocken sind vielleicht hilfreich, denn von jeder Bergweide führt ein Weg ins Tal.

4. Mitwanderer. Wo es für kurze Strecken auf große Genauigkeit ankommt, könnte man zwei Mitwanderer so einweisen, daß sie mit Abstand in der Kursrichtung stehen, dann aufschließen lassen und das Spiel wiederholen. Aber die Wartezeiten und die beschwerliche Ver- ständigung machen diesen Ausweg kaum empfehlenswert.

✻

Wer sich beim Lesen gedacht hat, daß es eigentlich einfacher wäre, einen kleinen Zweitkompaß einzustecken, hat vollkommen recht. Sobald man unterwegs ist, gilt jedoch nur noch: »Man nehme, was man hat.«

7.3 Verirrt

Da Orientierung kein Selbstzweck ist, kann und soll sie nicht die volle Aufmerksamkeit beanspruchen. Man wird also unterwegs nicht jederzeit seinen Standort in der Karte angeben können.

Freilich kann man dann auch keinen neuen Kurswinkel bestimmen. »Verirrt« ist man aber erst, wenn einen dieser Zustand seelisch belastet. Zum besseren Überblick unterscheiden wir drei Stufen der Verlorenheit. Auf bereits dargestellte Verfahren wird nur verwiesen.

1. »Ich bin auf dem richtigen Weg, weiß aber nicht, wo ich stehe.«

Ich kenne also meine Standlinie (hier: den Weg) und suche darauf meinen Standort.

Denkbare Fehler: Kartenmaßstab nicht beachtet; Gehzeit nicht beachtet oder falsch geschätzt; falsche Schrittlänge angesetzt.

Mögliches Vorgehen:
- Weitergehen bis zur nächsten Auffanglinie oder bis zu einem eindeutigen Geländemerkmal.
- An Einzelheiten auf dem letzten Wegstück erinnern und auf der Karte suchen, wo sie in der gleichen Richtung und Reihenfolge eingetragen sind.
- Standortbestimmung nach Geländemerkmalen seitlich des Weges (»Standlinie und Richtung«, 5.2.1).
- Standortbestimmung nach »Geneigte Standlinie und Höhe« (5.2.2)

2. »Ich habe meinen Weg verloren«.

Hier muß ich also meinen Standort möglichst nach einem Verfahren ohne Standlinie finden.

Denkbare Fehler: Markierung oder Abzweigung übersehen; Mißweisung nicht oder falsch berücksichtigt; Kurswinkel ungenau ermittelt; Gegenrichtung eingestellt; Hilfsziele nicht sauber bestimmt; beim Umgehen die Schrittzahl nicht ausgeglichen; Höhenmesser falsch eingestellt und abgelesen.

Mögliches Vorgehen:
- Zurückgehen bis zu dem Punkt, wo der Kurs noch stimmte; den Fehler suchen und vermeiden.
- Standortbestimmung nach »Mehrere Richtungen« (5.2.3).

- Standortbestimmung nach »Richtung einer gekrümmten Standlinie« (auch Höhenlinie, 5.2.4).
- Zu einer Auffanglinie (ggf. auch seitlich vom Kurs) gehen und dort den Standort nach »Standlinie und Richtung« (5.2.1) bestimmen.

3. »Die Karte stimmt überhaupt nicht mehr.«

Wenn veränderliche Geländemerkmale nicht auf der Karte zu finden sind, zeigt die Karte vielleicht nur nicht den neuesten Stand. Ernst wird es erst, wenn z. B. auch die Bodenformen in der Umgebung nicht mehr zum Kartenbild passen (Äquidistanz beachten!).

Mögliches Vorgehen:
Nicht in Panik geraten und schneller gehen oder planlos und wiederholt die Richtung wechseln oder Schuldige suchen, *sondern*

- *Umschauen,* möglichst von einem hochgelegenen Punkt; überlegen, wie die Umgebung auf der Karte aussehen müßte, und das entsprechende Kartenbild suchen (Teil 5. Einleitung).
- *Zurückdenken* und festhalten, nach welchem Kompaßkurs man gegangen ist und was man in welcher Reihenfolge gesehen hat (»Verlauf einer Standlinie«, 5.2.5).
- Wenn man einen entfernten Punkt (Berg, See, Flußschleife) sicher erkennt, bestimmt man die Richtung dorthin nach dem Kompaß. Mit dem Eintrag des Richtungspfeils in die Karte schafft man sich eine »künstliche Standlinie« und geht auf den Punkt zu (Feinorientierung). Sobald man unterwegs auf eine Auffanglinie stößt, kennt man wieder seinen Standort (»Standlinie und Richtung«, 5.2.1). Sonst geht man weiter zu dem erkannten Punkt und verwendet ihn als Standort für die nächste Kursbestimmung.
- Wanderung abbrechen und einen Kurs wählen (Groborientierung), der sicher zu einer Auffanglinie führt (Straße, Fluß, Freileitung).

Allgemeine Regeln für diese Lage sind:
- In einem Gelände, in dem Absturzgefahr besteht, wartet man bei Nebel oder Dunkelheit, bis man wieder genügend sieht.
- Ob man auf einen Pfad oder nur auf einen Wildwechsel gestoßen ist, erkennt man an Stellen mit tiefhängenden Zweigen: sobald man sich wiederholt bücken oder gar kriechen muß, ist es mit Sicherheit nur ein Wildwechsel.
- Den Wegen und Wasserläufen folgt man abwärts; so stößt man mit größerer Wahrscheinlichkeit auf Menschen. Bei Gebirgsbächen ist allerdings mit Wasserfällen zu rechnen.

- Nebenflüsse versucht man dort zu durchqueren, wo sie breit sind und viele Arme haben; dort sind sie vermutlich am flachsten.
- Gletscherflüsse haben in der Regel am Morgen den niedrigsten Wasserstand.

Wenn wir im Zielgebiet einen **Punkt** suchen, gehen wir nach dem Kompaß in rechten Winkeln und verlängern jede Seite des (wachsenden) Vierecks um die gleiche Schrittzahl, und zwar um knapp doppelt so viel, wie wir nach einer Seite sicher überblicken können (Abb. 113a). So lassen wir, wenn wir nach beiden Seiten schauen, keine Stelle aus und vermeiden doppelte Wege. Zurück finden wir von jedem Eckpunkt aus auf einem Diagonalkurs (letzer Kurswinkel ± 135°). Wenn wir sauber gearbeitet haben, stehen wir nach 7/10 der Schrittzahl der letzten Teilstrecke wieder in Sichtweite des Ausgangspunkts.

Brauchen wir nur in *einer Richtung* zu suchen (etwa weil wir nach dem Wasserholen unser Zelt nicht mehr finden), verspricht ein Suchkurs in Form eines breiten Fächers (Kursänderung jeweils ± 45/135°, Abb. 113b) den sichersten Erfolg.

Eine *Wegmarkierung* oder einen schlecht erkennbaren Pfad findet man eher im spitzen Winkel zur Spurrichtung. Eine Gruppe geht dabei in Sichtweite *neben*einander (Abb. 113c).

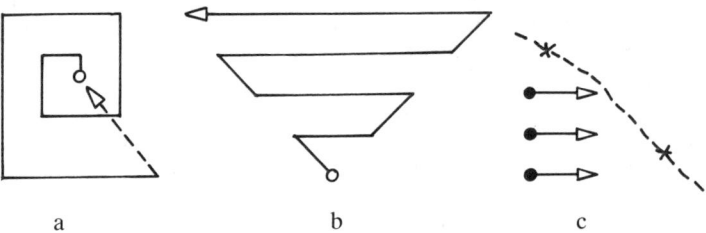

a   b   c

Abb. 113   *Planmäßige Suche mit Kompaßhilfe*
     a) Suche nach einem Punkt im Zielgebiet: Spirale
     b) Suche in einer Richtung: Fächer
     c) Suche nach einer Wegmarkierung: spitzer Winkel zur Spur; in der
        Gruppe in Sichtweite nebeneinander gehen

7.4 Rettung

Alpines Notsignal. Das alpine Notsignal besteht aus

- 6 Zeichen innerhalb einer Minute – anschließend
- 1 Minute Pause, dann wieder
- 6 Zeichen in der Minute und 1 Minute Pause, bis Antwort kommt.

Die Antwort besteht aus 3 Zeichen in der Minute, gefolgt von 1 Minute Pause, bis die Verbindung hergestellt ist; als Orientierungshilfe für die Retter sollte sie aufrechterhalten werden.

Die Einhaltung des Zeitschemas ist wichtig, denn nur Regelmäßigkeit beweist, daß es sich um Signale handelt und nicht um zufällige Erscheinungen.

Hörbare Zeichen können Rufen, Pfeifen, Schießen usw. sein; als sichtbare Zeichen dienen Heben und/oder Schwenken eines gut sichtbaren Gegenstands (Stoff von auffälliger Farbe), Spiegelung, Taschenlampe oder Laterne, Rauch oder Feuer (in den Pausen abgedeckt), auch Rauch- oder Leuchtpatronen.

Dauerzeichen. Daneben stellt man, solange die Kraft reicht, Dauerzeichen her. Suchtrupps und -flugzeuge halten Ausschau nach jedem ungewöhnlichen Merkmal im Gelände. Schon die offenstehende Tür einer unbewohnten Hütte erregt Aufmerksamkeit. Am weitesten sichtbar ist bei Tage Rauch, bei Nacht Feuerschein. Dazu muß genügend geeigneter Brennstoff bereitliegen, für das Feuer trockenes Holz, für den Rauch außerdem frisches oder nasses Holz, feuchtes Moos, Gras oder Laub. Auch Schriftzeichen (SOS oder MAYDAY) oder ein Kreuz aus Steinen, Zweigen, Kleidungs- oder Ausrüstungsstücken oder in den Schnee getreten, fallen auf. Eine so gekennzeichnete Stelle darf man dann aber nicht mehr verlassen.

Verständigung. International dienen zur Verständigung mit Rettern außer Rufweite:

Zeichen	Bedeutung	
Farbe **Grün** oder **Y-Stellung** (Yes: beide Arme schräg hoch)	auf Fragen	JA
	an Hubschrauber allgemein	HIER LANDEN WIR BRAUCHEN HILFE

Farbe Rot oder **N-Stellung** (No: ein Arm schräg hoch, ein Arm schräg abwärts)	auf Fragen	NEIN
	an Hubschrauber	NICHT LANDEN
	allgemein	WIR BRAUCHEN NICHTS

Hubschrauber-Landeplatz. Ein Hubschrauber-Landeplatz soll folgende Bedingungen erfüllen:
- freier Platz von mindestens 25 m Durchmesser, für Nachtlandungen etwa 35 m × 50 m oder 50 m Durchmesser,
- ebenes Gelände: keine Querneigung, keine Mulde,
- Untergrund so fest, daß man mit den Schuhen nicht einsinkt; Pulverschnee festgetreten,
- An- und Abflugrichtung frei von Hindernissen über 15 m Höhe (Freileitungen sind aus der Luft kaum zu erkennen!),
- am Landeplatz und in der Nähe keine Gegenstände, die aufgewirbelt werden könnten (also keine Wolldecken, Zeltplanen, Kleidungsstücke, Handtücher, Papierfähnchen),
- keine Stangen, Skier, Skistöcke senkrecht im Schnee.

Einweisen zur Landung. Rauch oder eine Fahne außerhalb des Landeplatzes zeigen die Windrichtung an. Der Einweiser trägt nach Möglichkeit rote Kleidung. Er stellt sich mit dem Rücken gegen den Wind etwa 10 m vom Rand des Landeplatzes so auf, daß er über den Platz hinweg den anfliegenden Hubschrauber sieht. Durch Y-Haltung gibt er sich als Einweiser zu erkennen und sucht Blickverbindung zum Piloten; dieser sitzt im Hubschrauber auf dem rechten Platz, vom Einweiser aus gesehen also links.

Mit beiden ausgestreckten Armen gibt er Armzeichen zur Landung:

nach unten	TIEFER	zum Körper	VOR
nach oben	HÖHER	vom Körper weg	ZURÜCK

Bei Dunkelheit verwendet er dazu Leuchten, ohne jedoch die Besatzung zu blenden.

Dem gelandeten Hubschrauber nähert man sich erst auf ein Zeichen eines Besatzungsmitgliedes oder wenn der Rotor steht, immer gebückt, von der Talseite und im Blickwinkel des Piloten, wegen des Heckrotors niemals von hinten.

Windenbergung. Wenn der Hubschrauber nicht landen kann, wird an einem Windenseil eine orangefarbige Schlinge herabgelassen. Man darf die *Schlinge erst berühren, wenn sie Bodenkontakt gehabt hat;* sonst droht ein starker Schlag durch elektrostatische Aufladung, besonders bei Regen oder Schneefall. Die Schlinge ist so um den Oberkörper zu legen, daß der *Verschluß auf der Brust* liegt. Dann muß man die *Arme nach unten* halten, bis die Schlinge abgenommen wird: Das Einbringen in den Hubschrauber besorgt allein der Windenführer.

7.5 Übungen

7.5.1 Sonne und Uhr

In welcher Richtung steht die Sonne am 29. Januar auf 47,6° N 9,9° O um 11.25 Uhr MEZ?

7.5.2 Mond und Uhr

Welche Stelle des Zifferblattes der Uhr ist jeweils auf den Mond zu richten, um die Südrichtung zu bestimmen? Es sei

a) zunehmender Mond 9/12, 22 Uhr   d) Vollmond, 24 Uhr

b) abnehmender Mond 6/12,   4 Uhr   e) Neumond, 2 Uhr

c) zunehmender Mond 2/12,   3 Uhr

7.5.3 Polarstern

Unter welchem Höhenwinkel hat man den Polarstern zu suchen

in a) Oslo   b) Kiruna   c) Kairo   d) Ankara?

8. Gelände aufnehmen und Karten zeichnen

Karten im Maßstab der Wanderkarten entsprechen in der Regel schon am Ausgabetag nicht mehr dem neuesten Stand. Denn nicht nur auffallende Eingriffe wie Flurbereinigung, Straßenbau und Rekultivierung verändern die Landschaft, sondern auch die tägliche wirtschaftliche Nutzung. Wer solche Veränderungen in seine Karte eintragen möchte, braucht sie nur in Form von Richtungswinkeln und Schrittzahlen festzuhalten und kann von einem unbeschwerten Tag im Freien ein nützliches Ergebnis mitbringen.

Auf den ersten Blick verwirrt die scheinbare Vielfalt der Einzelaufgaben. Sie lassen sich aber fast ausnahmslos auf eine der folgenden fünf Grundaufgaben zurückführen:

- Streckenzug (Weg, Bach, Waldrand, Freileitung; 8.1.3.1),
- Punkte neben der Strecke (Hütte, Skilift; 8.1.3.2),
- Umriß einer Fläche (Kahlschlag, Baggersee; 8.1.3.3),
- Punkte in einer Fläche (Erdfälle, Gräberfeld; 8.1.3.4),
- indirekte Entfernungsmessung (Breite eines Flusses; 8.1.3.6).

Wie bei der Standortbestimmung ist wichtig, daß einem auch im Gelände alle Verfahren gegenwärtig sind. Denn nur dann kann man das angemessenste Verfahren wählen oder mehrere geeignete Verfahren verbinden und schließlich das auf die eine Art gewonnene Ergebnis auf eine andere Weise überprüfen.

Wenn man sich außerdem auf eine zuverlässige Kartengrundlage stützt und sorgfältig mißt, rechnet und zeichnet, ist eine Genauigkeit von $\pm$ 5 m erreichbar. Ein Fachmann wird bei dieser Zahl mitleidig lächeln, aber wir wollen ja kein Grundstück millimetergenau vermessen, keinen Tunnel bauen und vor allem nicht auf einer Wanderung schwere Geräte und Stative durch die Landschaft schleppen. Fünf Meter im Gelände entsprechen beim Maßstab 1:5000 einem Millimeter, beim Maßstab 1:50000 der feinsten in diesem Buch verwendeten Strichstärke von 0,1 mm. Für die Forsteinrichtung, die Trassierung von Wirtschaftswegen und für die Herstellung von Wirtschafts-, Revier-, OL- und geologischen Karten reicht diese Genauigkeit aus.

Abschnitt 8.1 zeigt, wie man eine einfache Geländeaufnahme vorbereitet, sie dann im Gelände mit dem Kompaß als einzigem Hilfsmittel durchführt und schließlich bis zur maßstabtreuen Zeichnung auswertet. Mit Orientierung im eigentlichen Wortsinn hat diese Aufgabe nur am Rande zu tun. Wer keine Karten berichtigen oder selbst herstellen will, kann darum Teil 8 ohne Nachteil überschlagen; das gilt besonders für Abschnitt 8.2 mit seinen Meß-, Rechen- und Zeichenhilfen zum genaueren und/oder schnelleren Arbeiten.

8.1 Nur mit dem Kompaß

8.1.1 Kartengrundlage

Wenn es nicht nur um einzelne Nachträge, sondern um eine umfangreiche Geländeaufnahme geht, dient als Kartengrundlage eine Grundkarte mit Höhenlinien, aber ohne Flurstücknummern, oder eine Forstkarte 1:10 000 und/oder ein auf den Kartenmaßstab vergrößertes Luftbild. Der Vergleich von Karte und Luftbild zeigt, daß Nutzungs- und Bestandsgrenzen häufig mit Flurgrenzen zusammenfallen. Sie brauchen dann nur noch überprüft, aber nicht neu aufgenommen zu werden. Im Luftbild erkennt man auch manche Besonderheit, die man vom Boden aus gar nicht bemerkt hätte. Für den bloßen Vergleich von Karte und Luftbild genügt eine einfache Senkrechtaufnahme; als alleinige Grundlage ist nur ein Orthophoto (1.4) brauchbar, möglichst in einem geraden Maßstab und ebenfalls nicht kleiner als 1:10 000.

Die Karte überziehen wir mit durchsichtiger Folie; so bleibt das Kartenbild beim Zeichnen und Radieren unversehrt. Das Luftbild schützen wir durch eine Klarsichthülle, damit wir es für die Arbeit mit der Lupe herausnehmen können. Denn beim Fadenzähler (Lupe), mit dem man am bequemsten arbeitet, wird die Schärfe bereits beeinträchtigt, wenn sich der Lupenabstand um die Folienstärke vergrößert.

Für das in Frage kommende Gebiet ermitteln wir MaN (4.4.1 bis 4.4.4) und benutzen diese Nordrichtung für ein senkrechtes und waagerechtes Gitter, das wir mit Tusche oder mit feinem Folienschreiber auf die Folie bzw. die Hülle zeichnen. Beim Gitterabstand von 2 cm kann man dann für Lageangaben, beispielsweis für den Anfang eines Streckenzuges, mit dem Planzeiger 1:50 000 arbeiten, der bei vielen Linealkompassen auf dem Lineal eingeprägt ist. Wenn man die Kartengrundlage auf durchsichtige Folie kopiert bekommen kann, braucht man sich beim Übertragen der Zeichnung nicht mit einer Nadelkopie zu begnügen, sondern kann »hochzeichnen« (pausen). Dabei gehen weniger Feinheiten verloren, und die Karte wird nicht beschädigt.

8.1.2 Wegprotokoll

Ins Gelände nimmt man auf einer festen Unterlage ein vorbereitetes Blatt Kästchenpapier mit, in das man alle Einzelheiten einträgt, die wichtig werden können. Je vollständiger und eindeutiger die Eintragungen sind, desto besser lassen sie sich nachher auswerten; alles, was beim erstenmal übersehen oder vergessen wird, erfordert einen neuen Gang ins Gelände.

Kopf. Im Kopfteil des Blattes halten wir fest:
- *Gebiet* (Name oder Beschreibung)
- *Anfangspunkt* (am besten in Koordinaten)
- *Aufnahmetag*
- *Schrittmaß*.

Spalten. Darunter richten wir links senkrechte Spalten ein für
- *Nr* die laufende Nummer des Meßpunktes (Anfangspunkt = 0; in jede Zeile kommen die Werte, die *auf dem Weg zu* diesem Punkt gewonnen werden).
- *R* Richtungswinkel (zur Unterscheidung von den Doppelschritten stets dreistellig: 004, 087, 325),
- *E* Entfernung (in Doppelschritten vom letzten Meßpunkt)
- *mm* Länge der Teilstrecke im Zeichenmaßstab (wird beim Auswerten umgerechnet).

Bemerkungen. Rechts in jeder Zeile werden in knappster Form Bemerkungen notiert. Dabei spart man Platz und schließt Verwechslungen aus durch
- Kartenzeichen,
- Farbstifte,
- die feste Reihenfolge Richtung/Entfernung,
- einheitlich verwendete Abkürzungen (z.B. re, li, A, Li, Ka, für rechts, links, Anfang, Ende, Lichtung, Kahlschlag).

Wege, Bewuchs und Bestandsgrenzen stuft man zweckmäßig gleich bei der Aufnahme nach der IOF-Norm (Tab. 12) ein, das sind die für alle Wettkampfkarten verbindlichen »Darstellungsvorschriften für internationale OL-Karten«; sie bieten auch sonst nützliche Hinweise.

Es empfiehlt sich, zuerst die durchgehenden Wege aufzunehmen. Eine Abweichung kennzeichnet man dabei durch einen Kreis um die laufende Nummer. Wenn man später die Abzweigung aufnimmt, kreuzt man im Wegprotokoll die auf den letzten Meßpunkt folgende Nummer aus und schreibt davor die eingekreiste Nummer des Hauptwegs

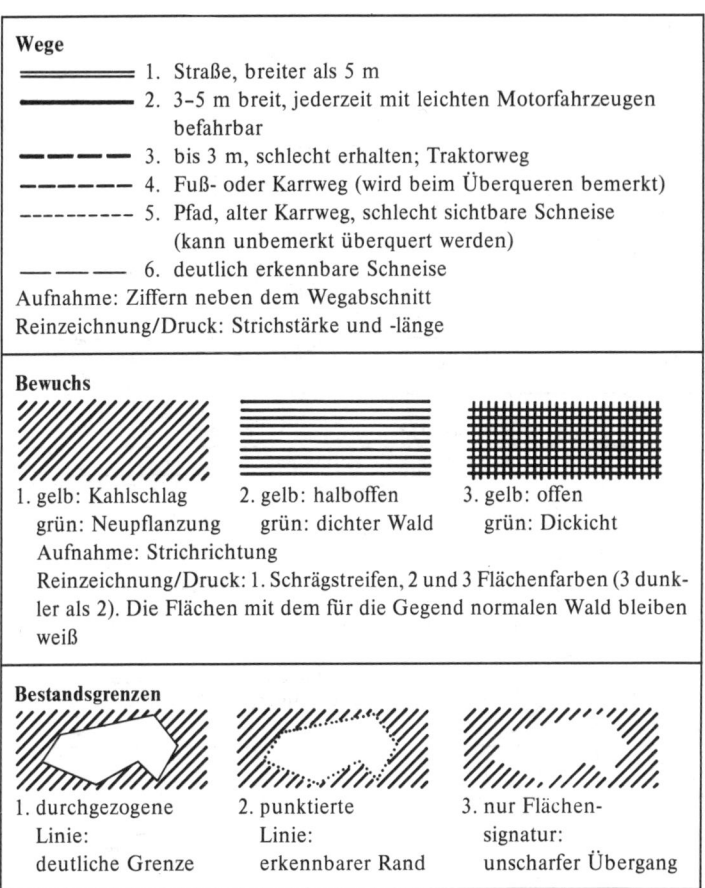

Wege

1. Straße, breiter als 5 m
2. 3–5 m breit, jederzeit mit leichten Motorfahrzeugen befahrbar
3. bis 3 m, schlecht erhalten; Traktorweg
4. Fuß- oder Karrweg (wird beim Überqueren bemerkt)
5. Pfad, alter Karrweg, schlecht sichtbare Schneise (kann unbemerkt überquert werden)
6. deutlich erkennbare Schneise

Aufnahme: Ziffern neben dem Wegabschnitt
Reinzeichnung/Druck: Strichstärke und -länge

Bewuchs

1. gelb: Kahlschlag   2. gelb: halboffen   3. gelb: offen
   grün: Neupflanzung   grün: dichter Wald   grün: Dickicht

Aufnahme: Strichrichtung
Reinzeichnung/Druck: 1. Schrägstreifen, 2 und 3 Flächenfarben (3 dunkler als 2). Die Flächen mit dem für die Gegend normalen Wald bleiben weiß

Bestandsgrenzen

1. durchgezogene   2. punktierte   3. nur Flächen-
   Linie: Linie: signatur:
   deutliche Grenze   erkennbarer Rand   unscharfer Übergang

Tab. 12 Abstufungen nach der IOF-Norm (Auswahl)

Tab. 13). So erhält kein Meßpunkt mehrere Nummern, und die Übersicht bleibt erhalten.

Ein fertiges Wegprotokoll könnte vor der Umrechnung der Doppelschritte in den Zeichenmaßstab (8.1.4) aussehen wie Tab. 14.

Feldskizze. Die nachfolgende Auswertung wird erleichtert, wenn man im Gelände unter dem Wegprotokoll ein weiteres Blatt führt, ebenfalls

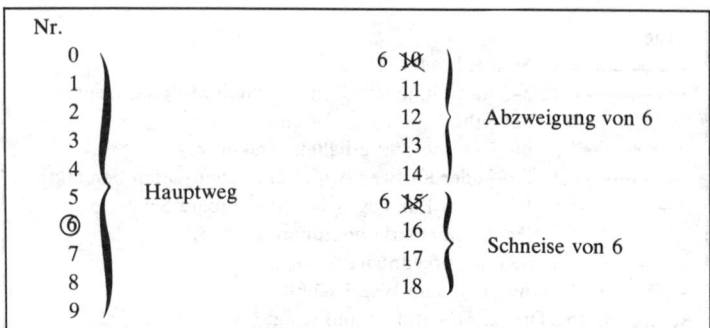

Tab. 13 Wegaufnahme mit Abzweigung

Gebiet:				Aufnahmetag:
Anfangspunkt: Brücke 144037				Schrittmaß:

Nr.	R	E	mm	Bemerkungen
0				Brücke
1	087	68		Bach von li, re Tobelanfang
2	154	35		17 li ☉; 220/25 ☉
3	178	46		32 li ⊓⊓⊓
4	144	16		⊓⊓⊓ Ende, Beginn Lichtung re 227
5	134	32,5		Ende Lichtung re 237
⑥	145	24		Pfad 270, Schneise 042
7	087	48,5		
8	075	51		Beginn Lichtung li 010; Hütte 044 ⎫ 113
9	116	38		Ende Lichtung li 025; Hütte 002 ⎭
6 ⑩				

Tab. 14 Ergebnis einer Wegaufnahme
(die Millimeter werden erst zum Zeichnen berechnet).

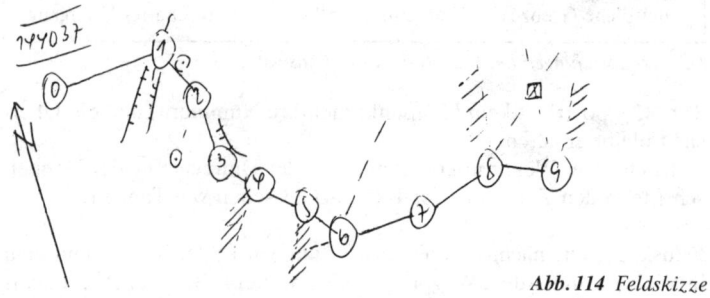

Abb. 114 Feldskizze

mit Kästchen. Darauf zeichnet man winkeltreu, also mit der gleichen Kompaßeinstellung, und ungefähr längentreu (z. B. 1 mm für jeden Doppelschritt oder für je drei Doppelschritte) die aufgenommenen Teilstrecken ein, ebenso die wichtigeren Angaben aus der Spalte Bemerkungen. Jeder Meßpunkt wird dabei durch einen Kreis dargestellt, in dem seine Nummer steht (Abb. 114). Mit einer solchen Feldskizze fallen bei der Auswertung Fehler leichter auf; sie unterstützt auch das Gedächtnis. Für die Aufnahme eines stark verzweigten Wegnetzes ist sie unentbehrlich.

Wenn voraussichtlich mehrere Seiten Wegprotokoll anfallen, bewährt sich statt der Einzelblätter ein Heft, in das man rechts schreibt und links zeichnet.

8.1.3 Grundaufgaben beim Aufnehmen

Schon vor dem ersten Schritt ins Gelände sollte feststehen, in welchem Maßstab man zeichnen wird und auf welchen Maßstab die Karte schließlich verkleinert werden soll. Es liegt nahe, die erste Zeichnung im Maßstab der Kartengrundlage anzufertigen. Beim Maßstab 1:5000 entsprechen 5 m im Gelände 1 mm in der Zeichnung. Es ist zwecklos, bei der Aufnahme Einzelheiten festzuhalten, die sich im Zeichenmaßstab nicht wiedergeben lassen; so lohnt es nicht, Strecken unter fünf Metern – außer in Kurven! – als eigene Teilstrecken zu behandeln. Wem es schwerfällt, hier Feinheiten zu opfern, der möge bedenken, daß das Ergebnis nachher in eine Karte 1:15 000 bis 1:50 000 eingetragen werden soll und daß bei der Verkleinerung auf 1/3 bis 1/10 des Ausgangsmaßstabs von den Feinheiten wenig übrigbleibt.

Krümmungen zerlegt man, um Richtungswinkel messen zu können, in gerade Teilstrecken (Abb. 115), die dann etwa bei Serpentinenwegen zwangsläufig sehr kurz ausfallen. Vereinfacht wird der Weg erst bei der

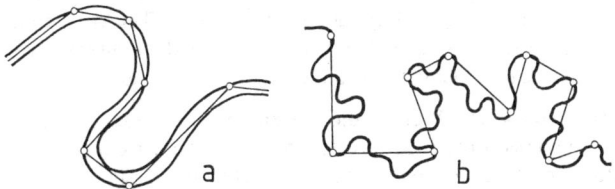

Abb. 115 Krümmungen zerlegt man, um Richtungswinkel messen zu können, in gerade Teilstrecken a) Weg b) Bach

177

Verkleinerung auf den Endmaßstab. Bei stark gewundenen Bächen dagegen beschränkt man sich gleich beim Aufnehmen auf die jeweiligen Hauptrichtungen. Denn falls man nicht im Bach läuft, kann man die Schrittzahlen für die einzelnen Meßstrecken nur in einigem Abstand parallel zum allgemeinen Verlauf des Baches ermitteln. Will man aber eine Karte etwa im Maßstab 1:1000 herstellen, geht man am besten mit der Zeichnung noch einmal ins Gelände und trägt die Bachschlingen zwischen den Meßpunkten mit der freien Hand nach.

8.1.3.1 Streckenzug

Den Richtungswinkel ermitteln wir genau wie bei der Standortbestimmung (5.1): Wir peilen den nächsten Punkt an und richten dabei die Nordmarke der Dose nach der Magnetnadel aus; die abgelesene Zahl kommt in die Spalte R der Tabelle. Den angepeilten Punkt behalten wir im Auge, während wir auf dem geraden Weg dorthin die Doppelschritte zählen; die Schrittzahl kommt in die Spalte E.

Bei längeren geraden Strecken kann es notwendig werden, unterwegs Besonderheiten festzuhalten. Dann vermerkt man entweder die Schrittzahl bis dorthin (Eintrag in die Spalte »Bemerkungen«: »14: Bach aus 085«, ggf. mit Abkürzung oder Kartenzeichen), oder man zählt diesen Punkt als eigenen Meßpunkt.

Steigungen bleiben auf diese Weise unberücksichtigt. Man sollte sich aber bemühen, wenigstens das Schrittmaß gleich zu halten. Am ehesten gelingt das, wenn man möglichst flott geht. Denn jeder hat seine eigene Schrittlänge, die sich dann von selbst einstellt. Dennoch birgt das Schrittmaß erhebliche Fehlerquellen. Man braucht darum erst gar nicht zu versuchen, kilometerlange Strecken aufzunehmen, die man nicht zwischendurch an Festpunkte anbinden kann. Kreuzende Wege oder Bäche, Grenzpunkte oder Waldränder können helfen, Teilstrecken zu bilden und das Schrittmaß auszugleichen (8.1.6), ehe die Fehler so groß werden, daß am Ende nichts mehr paßt.

Offener Streckenzug. Bei Wegen, die mitten im Wald enden, oder bei Bächen, die man bis zur Quelle verfolgt hat, ist wegen der Unsicherheit des Schrittmaßes die Lage des Endpunktes nicht zuverlässig bestimmt: der Streckenzug ist »offen«. Auf drei Arten können wir auch hier zu einem genaueren Ergebnis kommen; zwei davon sind uns schon von der Standortbestimmung bekannt.

1. Wir peilen vom Endpunkt aus einen möglichst nahen, in die Karte eingetragenen Punkt an. Die Verbindungsgerade vom Anfangs- zum Endpunkt der aufgenommenen Strecke, also von A nach B in Abb. 116a (ggf. ihre Verlängerung über B hinaus), betrachten wir als Standlinie. Nach dem Verfahren *Standlinie und Richtung* (5.2.1) erhalten wir so den Schnittpunkt P. Die Länge der Strecke AP ist das Sollmaß für die Entfernung AB.

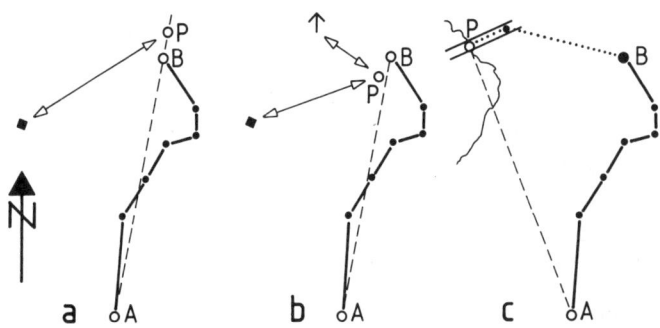

Abb. 116 Offenen Streckenzug schließen

a) Verfahren »Standlinie und Richtung«

b) Verfahren »Mehrere Richtungen«

c) Streckenzug verlängert bis zu einem vermessenen Punkt

2. Nach dem Verfahren *Mehrere Richtungen* (5.2.3) können wir nicht nur die Länge der Strecke AB, sondern gleichzeitig auch die Lage des Endpunktes überprüfen (Abb. 116b). Dazu bestimmen wir die Richtungswinkel zu mindestens zwei in die Karte eingetragenen nahen Geländepunkten. Der wahre Endpunkt P liegt dann im Schnittpunkt der Richtungsstrahlen; auch hier ist AP das Sollmaß für die Länge der aufgenommenen Strecke.

3. Wenn die notwendige Sicht nicht gegeben ist – das dürfte im Wald die Regel sein –, verlängern wir den Streckenzug vom Endpunkt B aus bis zum nächsten zuverlässig vermessenen Punkt. In Abb. 116c ist das die Stelle, wo die Straße den Bach quert. Wie bei der Wegaufnahme halten wir die Richtungswinkel und Schrittzahlen fest für die Strecken

a) von B zur Straßenmitte,

b) auf der Straße bis zum Bach.

Damit ist der *Streckenzug geschlossen;* das Sollmaß für AP entnehmen wir unmittelbar aus der Karte.

In allen drei Fällen können wir nach 8.1.6 mit dem Verhältnis Sollmaß : Istmaß zeichnerisch oder rechnerisch den Maßstab verändern.

8.1.3.2 Punkte neben der Strecke

Punkte seitlich der Strecke, die für die Karte wichtig sind oder werden könnten, trägt man zweckmäßig gleich beim Aufnehmen des Streckenzuges in das Wegprotokoll ein. Denn nachträglich müßte man auch viele der Meßpunkte erneut bestimmen. Um die Lage solcher seitlichen Punkte zu ermitteln, gibt es für unsere Zwecke und unsere Ausrüstung drei Verfahren.

Rechtwinklig zur Meßstrecke. Bei Punkten unmittelbar an der Meßstrecke genügt die Angabe der Seite und der Schrittzahl seit dem letzten Meßpunkt: »10,5: li ●«. Auch einige Meter seitwärts kann man noch abschätzen, wann ein ●Punkt im rechten Winkel zum jeweiligen Streckenabschnitt liegt: »20: re 6 ⊙«.

Richtung und Entfernung. Bei abknickender oder gewundener Meßstrecke oder bei größerem seitlichen Abstand ist die Angabe re/li nicht mehr eindeutig. Dann mißt man von einem Meßpunkt des Streckenzuges aus den Richtungswinkel und schreitet die Entfernung ab, hält also die Polarkoordinaten fest. Der Eintrag ins Wegprotokoll kann lauten: »112/19: großer Stein«.

Zwei Richtungen. Wenn man die Entfernung zu dem seitlich liegenden Punkt nicht abschreiten kann oder mag, mißt man allein den Richtungswinkel und peilt von einem der folgenden Meßpunkte des Streckenzuges denselben Punkt noch einmal an. Die beiden Meßrichtungen sollten sich möglichst rechtwinklig schneiden. Der Schnittpunkt der beiden Richtungen ergibt in der Zeichnung die Lage des gesuchten Punktes. Das Verfahren kostet weniger Zeit als »Richtung und Entfernung« und ist mindestens ebenso genau; man muß nur sicher sein, daß man den gesuchten Punkt von einem späteren Meßpunkt aus noch einmal sieht – und darf die zweite Messung nicht vergessen! Als Beispiel für den Eintrag ins Wegprotokoll können die Meßpunkte 8 und 9 in Tab. 13 dienen: (Nr. 8) Hütte 044 ⎫
                                  (Nr. 9) Hütte 002 ⎬ 113

Die Klammer zeigt, daß es sich um denselben Punkt handelt; dahinter ist die Giebelrichtung der Hütte festgehalten, damit wir später das Kartenzeichen ausrichten können.

8.1.3.3 Umriß einer Fläche

Drei Verfahren stehen uns zur Verfügung, um den Umriß einer Fläche (Dickicht, Lichtung, Einzäunung, Sumpf) aufzunehmen.

Rand als Streckenzug. Bei unbegehbaren oder nicht überschaubaren Flächen (Wasser, Sumpf; Wald) ermitteln wir den Verlauf des Flächenrandes wie bei der Wegaufnahme, halten also abschnittsweise die Richtungswinkel und die Schrittzahlen fest. Wenn die Messung stimmt, müssen auch in der Zeichnung Anfangs- und Endpunkte (annähernd) zusammenfallen.

Bei unserer Arbeitsweise sind die gemessenen Richtungswinkel zuverlässiger als die nach dem Schrittmaß bestimmten Entfernungen. Wenn die Fläche begehbar oder überschaubar ist, bieten sich deshalb zwei weitere Verfahren an, die je nach den Umständen größere Genauigkeit oder Zeitersparnis versprechen.

Abstände von der Längsachse (Abb. 117). Wir stellen den Richtungswinkel der Längsachse fest, schreiten sie ab und messen im rechten Winkel dazu die Abstände von solchen Punkten am Rand der Fläche, die den Umriß bestimmen.

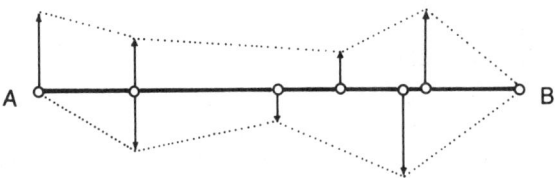

Abb. 117 Umriß einer Fläche: Abstände von der Längsachse

Grundlinie und Winkel (Abb. 118). Am Rand oder innerhalb der Fläche legen wir eine gerade Grundlinie fest und messen ihre Richtung und Länge. Von den beiden Endpunkten aus ermitteln wir dann die Richtungswinkel für dieselben Punkte am Rand der Fläche. In der Zeichnung ergeben die Schnittpunkte der Richtungsstrahlen die Lage der eingemessenen Punkte. Die schon für das Umgehen von Hindernissen

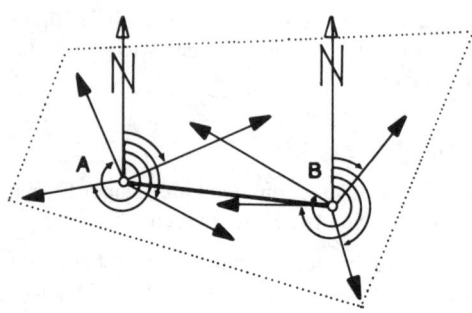

*Abb. 118 Umriß einer Fläche: Winkelmessung von den Endpunkten einer Grund-
linie*

ausgesprochene Warnung gilt auch hier: Bäume und Baumgruppen
können aus verschiedenen Richtungen sehr verschieden aussehen und
sind von einem anderen Standort aus schwer oder gar nicht wiederzuer-
kennen. Man hilft sich dadurch, daß man die Zielpunkte durch Papier,
Bänder, Stangen oder aufgestellte Helfer bezeichnet.

Wenn die Fläche einen sehr unregelmäßigen Umriß hat, kann es
notwendig werden, die Verfahren zu verbinden. Mindestens einen der
Randpunkte müssen wir an einen Festpunkt auf der Karte anschließen
(Abb. 116). Gelingt das für zwei gegenüberliegende Punkte, so haben
wir auch die Gewähr, daß der Maßstab stimmt.

8.1.3.4 Punkte in einer Fläche

Wenn die aufzunehmenden Punkte nicht auf einer Linie, sondern über
eine Fläche verteilt liegen, sind die beiden Verfahren »Abstände von
einer Längsachse« und »Grundlinie und zwei Winkel« (8.1.3.3) nur
bedingt brauchbar. Je nach den Umständen (Begeh- oder Überschau-
barkeit des Geländes, Zahl der Meßpunkte, Helfer, Ansprüche an die
Genauigkeit) können wir diese Aufgabe anders besser lösen.

Polar vom Mittelpunkt aus. Von einem Festpunkt ungefähr in der Mitte
der Fläche aus erfassen wir die einzelnen Meßpunkte polar, also nach
Richtung und Entfernung.

Rechtwinklig von Meßlinien aus. Bei größerer Punktdichte empfiehlt
sich eine Abwandlung des Verfahrens »Abstände von einer Längs-

achse« (8.1.3.3). Dazu legt man rechtwinklig zu einer Grundlinie beispielsweise alle fünf Meter das Bandmaß aus. Vom Bandmaß aus mißt man nach den Seiten wiederum rechtwinklig mit Zollstock oder Meßlatte. Jeder eingemessene Punkt kann sofort in ein entsprechend vorbereitetes Blatt Millimeterpapier eingezeichnet werden. Mit einem Bandmaß von 50 m Länge und mit zwei Helfern, die seitlich messen und einem die Werte zurufen, vermißt man auf diese Weise eine Fläche von mehreren hundert Metern Seitenlänge in wenigen Stunden auf ± 20 cm genau.

Quadratisches Netz. Das genaueste Verfahren besteht darin, die gesamte Fläche in gleich große Meßquadrate einzuteilen. Das ist stets dann die angemessene Lösung, wenn

• das Gitter erhalten bleiben oder wiederherstellbar sein soll,
• nicht feststeht, was man wo finden wird (Ausgrabungen),
• Häufigkeiten auszuzählen sind (Biotopkartierung).

Wir legen dazu nach den örtlichen Gegebenheiten, also ohne Rücksicht auf die Nordrichtung, eine Grundlinie fest und teilen sie in Abschnitte von der Seitenlänge der Meßquadrate. Mit dem Kompaß bestimmen wir die rechten Winkel für die seitlichen Begrenzungen; die Seitenlinien werden ebenso unterteilt. Auf allen vier Begrenzungslinien des so entstandenen Rechtecks bilden Stangen oder Pflöcke die Endpunkte des Gitters. Als Gitterlinien dienen straff gespannte Schnüre oder Bänder. Beziffert werden diese Gitterlinien wie das geodätische Netz von links nach rechts und von unten nach oben (6.2.1).

Von den Gitterlinien aus messen wir die rechtwinkligen Koordinaten jedes Punktes mit Zollstock oder Meßlatte. Nachdem das Gitter einmal festgelegt ist, spielen also MaN, GeN und der Kompaß überhaupt keine Rolle mehr. Im Gegenteil: Wir erleichtern uns die Zeichnung, wenn wir die Gitterlinien mit den senkrechten und waagerechten Linien des Millimeterpapiers zusammenfallen lassen. Nur der Nordpfeil gibt auf dem Blatt die Nordrichtung an (4.5.2.1).

Dreiecksnetz. Großflächig arbeitet man im Vermessungswesen hauptsächlich mit Dreiecksnetzen. Dabei geht man aus von einem oder mehreren astronomisch oder nach Satelliten in ihrer Lage bestimmten Punkten sowie von einer oder mehreren in der Länge sehr genau vermessenen Grundlinien. Alle weiteren Punkte des Netzes bestimmt man durch Winkel- und elektronische Streckenmessung. Für kleine Flächen entspricht das Verfahren etwa dem in 8.1.3.3 beschriebenen Verfahren »Grundlinie und zwei Winkel«. Fachmännische Vermessungen erfordern aber sehr viel genauere Winkelmessungen als sie mit unseren Kompassen möglich sind. Da für diese Winkelmessungen von jedem Meßpunkt aus die benachbarten Punkte sichtbar sein müssen, wären außerdem stellenweise Gerüste (trigonometrische Punkte) erforderlich.

8.1.3.5 Dreieckswinkel aus Richtungswinkeln

Für einige der folgenden Verfahren ist es notwendig, Richtungswinkel in Dreieckswinkel zu verwandeln. Um den Winkelunterschied zwischen zwei Richtungswinkeln zu ermitteln, zieht man den kleineren vom größeren ab. Dreieckswinkel müssen kleiner als der halbe Vollkreis sein, denn die Winkel*summe* im Dreieck beträgt stets 180°. Liegt also das Ergebnis über 180°, so zieht man es noch von 360° ab (Abb. 119).

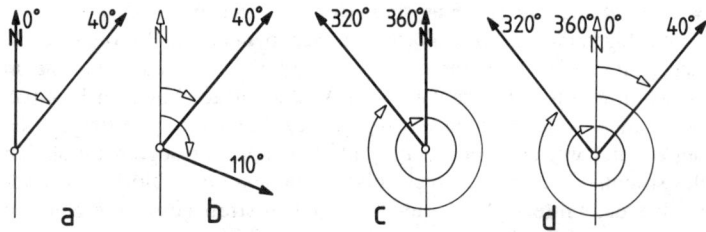

Abb. 119 *Dreieckswinkel aus Richtungswinkeln*
a) 40°; b) (110-40)°; c) (360-320)°; d) 360° - (320-40)°

Die drei Winkel im Dreieck sind dabei verschieden zu behandeln: für α gilt das obige Verfahren; für β bildet man zuvor die Gegenrichtung zu AB, also AB ± 180°; der dritte Winkel γ ergibt sich, wenn wir von 180°, der Winkelsumme im Dreieck, α und β abziehen.

Ob in einem Dreieck der Punkt B rechts oder links vom Punkt A liegt, spielt weder in der Skizze oder Zeichnung noch in der Rechnung eine Rolle. Aber damit die Formeln aus den folgenden Abschnitten richtig angewandt werden, müssen die Eckpunkte, Winkel und Seiten in der üblichen Weise bezeichnet sein:

Eckpunkt im Dreieck	A	B	C
Dreieckswinkel in diesem Punkt	α (Alpha)	β (Beta)	γ (Gamma)
gegenüberliegende Dreiecksseite	a	b	c

184

Dreieckswinkel aus Richtungswinkel
- Den kleineren Richtungswinkel vom größeren abziehen
- Ergebnisse über 180° von 360° abziehen
- **Im Dreieck** α: wie oben
  β: BA = AB ± 180°, weiter wie oben
  γ: 180° − α − β

8.1.3.6 Indirekte Entfernungsmessung

Nicht immer lassen sich Entfernungen einfach abschreiten, etwa die Breite eines Flusses oder der Abstand zweier Tobelränder. Die Länge solcher Strecken kann man auf drei Arten mittelbar bestimmen. Dabei ist in jedem Fall zu beachten:

Die Größe eines Richtungswinkels muß im Bereich des Vollkreises liegen, also zwischen 0° und 360° oder 0 gon und 400 gon. Wird bei den Rechnungen ein Richtungswinkel größer als der Vollkreis, vermindert man ihn um den Vollkreis; wird er kleiner als 0 (Grad, Gon oder Strich), vermehrt man den Betrag um den Vollkreis.

Beispiele: 440° − 360° = 80°; − 20° + 360° = 340°

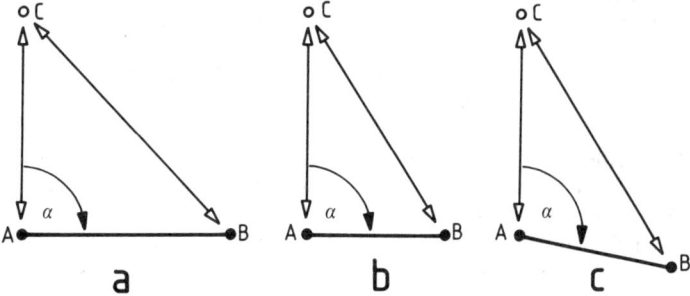

Abb. 120 Indirekte Entfernungsmessung
  a) rechtwinklig-gleichseitiges Dreieck: $\alpha = 90°$, $\beta = 45°$
  b) rechtwinkliges Dreieck: $\alpha = 90°$, AB beliebig lang
  c) beliebiges Dreieck

Rechtwinklig-gleichseitiges Dreieck (Abb. 120a). Wir messen den Richtungswinkel zum Zielpunkt (Richtung AC) und zählen die Doppelschritte, die wir im rechten Winkel dazu (Richtung AC ± 90°) gehen müssen, bis in Punkt B in Richtung BA und die Richtung BC einen Winkel von 45° bilden. Richtung BA ist dabei die Gegenrichtung zu AB, also Richtung AB ± 180°. Die gesuchte Entfernung AC ist dann so groß wie die Schrittzahl von A nach B.

Rechtwinkliges Dreieck (Abb. 120b). Wo wir von Punkt A zwar rechtwinklig zu Richtung AC, aber nicht weit genug gehen können, lösen wir die Aufgabe mit dem Taschenrechner nach der Formel

$$\text{Entfernung AC} = \text{Entfernung AB} \cdot \tan \beta$$

Beispiel: Entfernung AB = 22 Doppelschritte
$\beta = 58°$; $\tan \beta = 1,6$
Entfernung AC = 22 · 1,6 = 35,2 Doppelschritte

Diese Rechnung lohnt bereits dann, wenn wir dadurch die Schritte bequem auf dem Weg zählen können: das Ergebnis wird genauer, und wir ersparen uns vielleicht 60 Meter durch Brombeergestrüpp hin und zurück.

Beliebiges Dreieck (Abb. 120c). Weder einen bestimmten Winkel noch eine bestimmte Schrittzahl brauchen wir einzuhalten, wenn wir die gesuchte Entfernung nach dem Sinussatz berechnen. Er lautet

$$\frac{b}{c} = \frac{\sin \beta}{\sin \gamma} \text{ , umgeformt } b = c \cdot \frac{\sin \beta}{\sin \gamma}$$

Mit Hilfe der Winkelsumme im Dreieck (= 180°) müssen wir dazu aus zwei bekannten Dreieckswinkeln den dritten ermitteln. Bei den drei Winkeln gehen wir dabei so vor:
- Den Winkel α am ersten Standort A erhält man, indem man nach 8.1.3.5 aus den beiden von A aus gemessenen Richtungswinkeln den Dreieckswinkel bildet.
- Den Winkel β am zweiten Standort B bildet man aus dem Richtungswinkel BC und der Gegenrichtung zur Richtung AB, also AB ± 180°.
- Der Winkel γ am Punkt C, jenseits des Hindernisses, ergibt sich nach der Rechnung 180° $- \alpha - \beta$.

Beispiel (Abb. 121) Richtung AC = 20°

Richtung AB = 100°

Entfernung AB = 25 Doppelschritte

Richtung BD = 350°

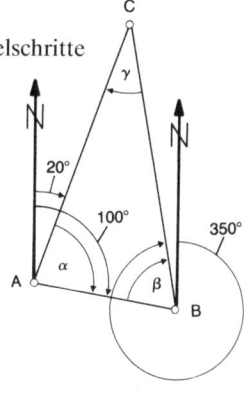

$\alpha = (100-20)° = 80°$

Richtung BA = Gegenrichtung zu AB

$= (100 + 180)° = 280°$

$\beta = (350-280)° = 70°$

$\gamma = (180 - 80 - 70)° = 30°$

b = Strecke AC; c = Strecke AB

Entfernung AC $= 25 \dfrac{\sin 70°}{\sin 30°}$

$= 25 \dfrac{0{,}9397}{0{,}5}$

= 47 Doppelschritte

Abb. 121 *Indirekte Entfernungsmessung*

8.1.4 Doppelschritte umrechnen

Das Schrittmaß, also die Länge eines Doppelschritts, ergibt sich aus der Zahl der Doppelschritte auf 100 Meter und ist darum ein Bruch mit dem Zähler 100:

$$\text{Schrittmaß} = \frac{100}{\text{Doppelschritte auf 100 m}}$$

Die Entfernung in Metern – die wir hier aber nicht auszurechnen brauchen – erhalten wir nach der Formel

$$\text{Entfernung in m} = \text{gezählte Doppelschritte} \cdot \text{Schrittmaß}$$

Zur Verkleinerung auf den Zeichenmaßstab wird die Entfernung mit $\dfrac{1000}{\text{Maßstabszahl}}$ malgenommen und ergibt dann für die Zeichnung die Länge in Millimetern:

$$\text{Doppelschritte} \cdot \text{Schrittmaß} \cdot \frac{1000}{\text{Maßstabszahl}} = \begin{array}{l}\text{Länge in der Zeichnung}\\ \text{in mm}\end{array}$$

187

Beispiel Maßstab = 1:50 000
  Entfernung = 80 Doppelschritte
  Schrittmaß = $\dfrac{100}{56}$

Länge in der Zeichnung = $80 \cdot \dfrac{100}{56} \cdot \dfrac{1000}{5000}$ mm = **28,5 mm** [gerundet]

Hierbei ist der Teil $\dfrac{100}{56} \cdot \dfrac{1000}{5000}$ für alle Teilstrecken gleich. Er lautet gekürzt $\dfrac{20}{56}$ und als Dezimalbruch 0,357..; der Kehrwert ist $\dfrac{56}{20}$ = 2,8.

Um beim angenommenen Verkleinerungsmaßstab und Schrittmaß die Doppelschritte für die Zeichnung umzurechnen, wären also alle Zahlen in der Spalte E des Wegprotokolls mit $\dfrac{20}{56}$ malzunehmen oder durch 2,8 zu teilen. Beim Taschenrechner kann man dazu den Bruch als Konstante (Festwert) eingeben. Dann braucht man nur noch die Doppelschritte einzutippen und kann für jede Teilstrecke sofort die Millimeter ablesen.

Beim Maßstab 1:50 000 entsprechen 5 Meter oder etwa 3 Doppelschritte einem Millimeter in der Zeichnung. Aus der Zahl der Doppelschritte ergibt sich die ungefähre Meterzahl, wenn man durch 3 teilt. Wenn in *Metern* gemessene Strecken für die Zeichnung in Millimeter umgerechnet werden sollen, teilt man die Meterzahl für den Maßstab 1:50 000 durch 5, für Maßstab 1:15 000 durch 15, für 1:25 000 durch 25.

8.1.5 Zeichnen

Eine Zeichnung auf durchsichtigem Millimeterpapier ist am vorteilhaftesten. Denn dann kann man beim Zeichnen die Kompaßdose an jede der senkrechten Linien anlegen, und beim Überprüfen sieht man die Kartengrundlage durch das Zeichenblatt hindurch.

Aus der Feldskizze ergibt sich, wohin wir den Anfang legen müssen, um beim Zeichnen nicht über den Blattrand zu geraten. Nachdem der Anfangspunkt (= Punkt 0) und die Nordrichtung auf dem Blatt festgelegt sind, stellen wir die erste Kompaßzahl ein. Dann legen wir – wie bei der Standortbestimmung (5.1) und bei der Feldskizze (8.1.2) – die Anlegekante an Punkt 0 an und schwenken den ganzen Kompaß um diesen Punkt, bis die Nordmarke nach Kartennord weist und die

Nordlinien der Dose parallel zu den senkrechten Linien des Millimeter-papiers ausgerichtet sind.

Entlang der Anlegekante ziehen wir in Richtung zum Kurspfeil (bei Spiegelkompassen: zum Spiegel) einen Strich von reichlich der Länge, die der Teilstrecke bis zum ersten Meßpunkt entspricht (1 mm für 5 m Meßstrecke beim Maßstab 1:5000). Dann tragen wir von Punkt 0 aus die genaue Länge der ersten Meßstrecke ab und erhalten so Punkt 1. Um jeden Meßpunkt kommt ein kleiner Kreis, damit wir ihn leichter wiederfinden, wenn wir später Abzweigungen und Punkte neben der Strecke nachtragen oder den Maßstab verändern wollen. Neben den Kreis schreiben wir die Nummer des Meßpunktes, hier also die 1. Das zweite Teilstück wird auf die gleiche Weise an Punkt 1 angesetzt, das dritte an Punkt 2 und so fort.

Im Idealfall brauchen wir dann die Zeichnung nur mit dem Anfangs- und Endpunkt auf die entsprechenden Stellen der Karte zu legen, und alle Anschlüsse sitzen an der richtigen Stelle.

8.1.6 Maßstab verändern

Das Schrittmaß ist aber nur bedingt zuverlässig. So wird der gezeichnete Streckenzug oft etwas länger oder kürzer ausfallen, als er nach der Karte sein sollte. Dann darf man beim Übertragen auf die Karte nicht etwa nur ein Teilstück strecken oder stauchen. Doch der bloße Rat, die Längenfehler»gleichmäßig auf alle Teilstrecken« zu verteilen, ohne die Winkel zu verändern, ist noch wenig hilfreich.

Es gibt dafür neben der fotomechanischen Maßstabveränderung zwei Wege, die jedem Kartenzeichner offenstehen. Beide setzen aller-dings voraus, daß der Streckenzug geschlossen ist, daß also beide Endpunkte des Streckenzuges auf der Karte eindeutig festliegen (8.1.3.1).

Die ersten Schritte sind für beide Verfahren gleich:

1. Um die Endpunkte A und B des gezeichneten Streckenzuges schlägt man Kreise mit dem gleichen Halbmesser; sie schneiden sich in Z.
2. Die Meßpunkte, mindestens aber alle Eckpunkte des Streckenzuges, werden durch Gerade mit Z verbunden.
3. Für die Entfernung AB mißt man auf der Karte den *Sollwert,* in der Zeichnung den *Istwert.*

Jetzt kann man zeichnerisch oder rechnerisch weiterarbeiten.

Zeichnerisch: Parallelverschiebung

4. Mit einem durchsichtigen Millimeterpapier (Abb. 122a) oder mit Dreieck und Lineal (Abb. 122b) wird die Strecke AB parallel so weit auf Z zu (Verkleinerung) oder von Z weg (Vergrößerung) verschoben, bis die Länge der Parallelen zwischen den Geraden AZ und BZ dem Sollwert für AB entspricht; die neuen Endpunkte werden markiert.

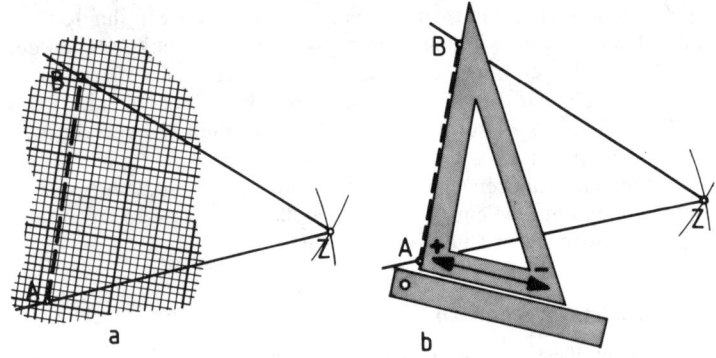

a   b

Abb. 122 Maßstab verändern: zeichnerisch durch Parallelverschiebung
a) Millimeterpapier unter durchsichtiges Zeichenblatt legen (oder)
b) Zeichendreieck längs des Lineals verschieben

5. Von den neuen Endpunkten aus, also von beiden Seiten her nach innen arbeitend, verschiebt man auf die gleiche Weise auch die Teilstrecken parallel und setzt sie an den jeweils vorhergehenden Punkt an (Abb. 123). In der Mitte müssen sich die beiden Hälften des verschobenen Streckenzuges im gleichen Punkt treffen.

Rechnerisch: Sollwert durch Istwert

Bei sehr spitzen Winkeln ist der Schnittpunkt zeichnerisch nicht eindeutig zu ermitteln. Hier ist der rechnerische Weg zuverlässiger. Er kann auch für einzelne Meßpunkte neben das zeichnerische Verfahren treten.

4. Aus dem Sollwert (nach der Karte) und dem Istwert (in der Zeichnung) bildet man einen Bruch; der Sollwert steht über dem Bruchstrich.

Beispiel $\dfrac{\text{Sollwert (nach der Karte)}}{\text{Istwert (in der Zeichnung)}} = \dfrac{7,4}{8,1} = 0,9136\ldots$

(hier also Verkleinerung; bei der Vergrößerung liegt der Wert über 1,0)

190

5. Die Entfernung zwischen Z und jedem Meßpunkt wird mit dem Dezimalbruch malgenommen; den erhaltenen Wert trägt man auf der betreffenden Geraden von Z aus ab.

6. Die Verbindung der so gewonnenen Meßpunkte ergibt den Streckenzug im gewünschten Maßstab.

Beide Verfahren eignen sich nicht nur für Streckenzüge, sondern ebenso für die Umrisse von Flächen (8.1.3.3). Krümmungen zwischen den Meßpunkten müssen freihändig oder mit einem Kurvenlineal gezeichnet werden. Die Punkte neben der Strecke werden erst eingetragen, wenn der Streckenzug im richtigen Maßstab gezeichnet ist.

Auf die gleiche Weise kann man – zeichnerisch oder rechnerisch – einen im Maßstab der Grundkarte (1:5000) oder der Forstkarte (1:10 000) gezeichneten Weg auf den Maßstab 1: oder 1:50 000 verkleinern, um ihn in die topographische Karte zu übernehmen (Abb. 123).

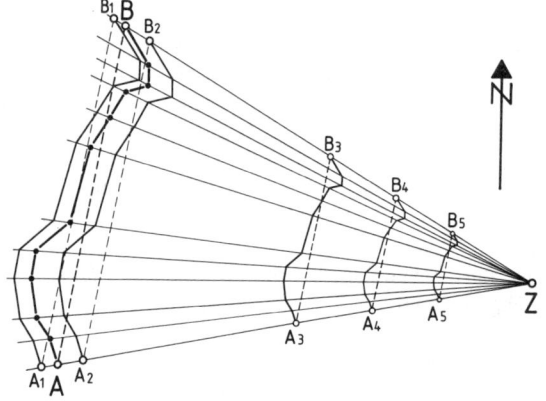

Abb. 123 Maßstab verändern: Ergebnisse

Strecke	Vorgang	Sollwert Istwert	Maßstab	Kartenart
AB	gezeichnet im Maßstab der Grundkarte		1: 5 000	Grundkarte
A₁B₁	vergrößert auf das Sollmaß, z. B.	1,037		
A₂B₂	verkleinert auf das Sollmaß, z. B.	0,949		
A₃B₃	verkleinert auf 1/2 von 1:5000	0,5	1:10 000	Forstkarte
A₄B₄	verkleinert auf 1/3 von 1:5000	0,33	1:15 000	OL-Karte
A₅B₅	verkleinert auf 1/5 von 1:5000	0,2	1:25 000	TK 25

191

Am Rande sei darauf hingewiesen, daß man den Maßstab auch auf solchen Kopiergeräten verändern kann, die eine Vorlage nur um volle DIN-Stufen verkleinern oder vergrößern. Eine DIN-Stufe entspricht dem Verhältnis $1:\sqrt{2}$. Nun ist $\sqrt{2} \cdot \sqrt{2} = 2$; eine zweimalige Verkleinerung um eine DIN-Stufe führt also zur doppelten Maßstabszahl. So kann man vom Maßstab 1:5000 zum Maßstab 1:10000 gelangen. Damit die Karte auch verkleinert noch lesbar bleibt, muß man aber bereits beim Zeichnen die Strichstärken und die Größe der Zeichen und Buchstaben entsprechend wählen.

8.1.7 Zeichnung auf die Karte übertragen

Wenn Zeichnungs- und Kartenmaßstab übereinstimmen, legen wir die auf durchsichtigem Millimeterpapier gefertigte Zeichnung mit dem Anfangspunkt des Streckenzuges auf die entsprechende Stelle der Karte und drehen die Zeichnung um den Mißweisungswinkel. Auch die Endpunkte müssen jetzt in der Zeichnung und auf der Karte zusammenfallen. Dann stechen wir die Meßpunkte mit dem Zirkel oder einer feinen Nadel durch und erhalten so eine Nadelkopie auf der Karte. Anschließend werden die Einstiche auf der Karte mit einem feinen Strich in der richtigen Farbe verbunden (Weg schwarz, Bach blau, Geländekante braun). Punkte seitlich der Strecke tragen wir mit ihrem Kartenzeichen ein; die Zeichen für Gebäude, Quelle, Höhlen werden dabei nach der Lage im Gelände ausgerichtet.

Bei *durchsichtiger* Kartengrundlage kommt die Zeichnung *unter* die Karte und wird hochgezeichnet.

Kartenzeichner seien ausdrücklich auf die »Anleitung zur Herstellung von OL-Karten« (24 Seiten) des Schweizerischen Orientierungslauf-Verbandes hingewiesen. Das Gewicht liegt dort mehr auf der zeichen- und drucktechnischen Seite der Kartenherstellung (Strichstärken und Schriftgrößen, Zeichenfolien, Farbauszüge, Druckfarben), während die hier behandelte »vermessungstechnische« Seite der Geländeaufnahme weitgehend vorausgesetzt wird.

8.2 Hilfsmittel und ihre Verwendung

Die in 8.1 beschriebenen Verfahren mit dem Kompaß als einzigem Hilfsmittel haben Schwachstellen:
- Das Schrittmaß ist keine feste Maßeinheit. Es ist außer vom Untergrund (eben/uneben, hart/weich, offen/bewachsen, griffig/schlüpf-

rig) und vom Schuhwerk (Turnschuhe, Gummistiefel) auch von der körperlichen Verfassung abhängig, am meisten aber von der Geländeneigung; steiles Gelände läßt sich damit überhaupt nicht aufnehmen.

- Daß stärker geneigte Strecken im Kartenbild verkürzt erscheinen, bleibt unberücksichtigt.
- Selbst der Spiegelkompaß erlaubt bei Winkelmessungen nur eine Genauigkeit von etwa 1°.
- Bruchteile von Millimetern bei den Teilstrecken können nicht genau gezeichnet werden.
- Ungenauigkeiten beim Eintrag eines Meßpunktes werden auf alle folgenden Punkte übertragen.

Unter besonders ungünstigen Bedingungen, etwa bei steilen Serpentinenwegen, können die Meß- und Zeichenfehler so anwachsen, daß die Zeichnung auch bescheidenen Ansprüchen nicht mehr genügt.

Für Aufnahme und Auswertung gibt es aber einfache Hilfsmittel, mit denen sich die Genauigkeit steigern und/oder der Zeitaufwand verringern läßt. Die folgende Auswahl führt noch nicht zu einer für unsere Zwecke sinnlosen Genauigkeit und dürfte für viele Gelegenheits-Kartenzeichner erschwinglich oder zugänglich sein.

8.2.1 Aufnehmen

8.2.1.1 Richtung

Peilkompaß. Daß der Spiegelkompaß den Linealkompaß bei der Geländeaufnahme an Genauigkeit übertrifft, wurde schon gesagt. Noch genauer und außerdem schneller arbeitet man mit einem Peilkompaß (Abb. 124). Er hat eine feiner unterteilte Gradskala mit Ableselupe, so daß man Winkel bis auf ⅓° genau schätzen kann. Außerdem wird er nicht eingestellt, sondern nur abgelesen (Abb. 125); man braucht also nur eine Hand. Mit Beleuchtung gestattet er das Arbeiten auch im dichten Wald, in der Dämmerung und sogar bei Nacht (Leuchtfeuer anpeilen, MaN nach dem Polarstern bestimmen). Der gemessene Winkel läßt sich aber nicht festhalten, darum auch nicht unmittelbar auf die Karte übertragen. Zum Wandern und für die Arbeit auf der Karte sind reine Peilkompasse also nicht geschaffen **und nicht geeignet.**

Bei der Geländeaufnahme ergänzen sich Peil- und Spiegel(oder Lineal-)kompaß. Streckenzüge nimmt man am schnellsten mit dem Peilkompaß auf, Punkte neben der Strecke, die man sofort in die Karte übernehmen will, zweckmäßiger mit einem Kompaß mit durchsichtiger

a) Eschenbach »Regatta«

b) Recta DP 10

c) Silva Survey Master

d) Suunto KB 14

Abb. 124 *Richtung: Hilfsmittel Peilkompaß*

Abb. 125 *Ein Peilkompaß wird nur abgelesen; der Winkel bleibt nicht erhalten*

und drehbarer Dose. Auch in kleinen Booten, wo man oft nur eine Hand freimachen kann, ist der Peilkompaß eine willkommene Ergänzung; bei Landsicht ersetzt er einen viel teureren Bootskompaß. Wo man nach einer vorbereiteten Wegtabelle geht, etwa bei Rettungseinsätzen der Bergwacht, ist der Peilkompaß dem Spiegelkompaß eindeutig überlegen, ganz besonders nachts oder wenn man Handschuhe trägt.

Jetzt werden auch Modelle angeboten, bei denen eine durchsichtige Peilkompaß-Dose mit einem Lineal verbunden ist. Als preiswerte Peilkompasse sind sie vollwertig. Wenn man allerdings die gemessenen Winkel mit dem Kompaß auf die Karte übertragen will, geht die größere Meßgenauigkeit wieder verloren. Denn man muß dazu den abgelesenen Wert – auf einer gröberen Skala – selbst einstellen.

Winkelspiegel. Ein Winkelspiegel erleichtert die Bestimmung von rechten Winkeln, etwa beim Einrichten eines Meßgitters (8.1.3.4), setzt aber voraus, daß Fluchtstäbe verwendet werden. Er geht weit über die Grundausrüstung eines Freizeit-Kartenzeichners hinaus. Man kann ihn vielleicht einmal bei einer Baufirma ausleihen.

8.2.1.2 Entfernung

Schritte im Kopf zu zählen, beansprucht einen zu großen Teil der Aufmerksamkeit, die eigentlich dem Gelände gelten sollte. Für lange Strecken und umfangreichere Aufgaben gibt es bessere Lösungen.

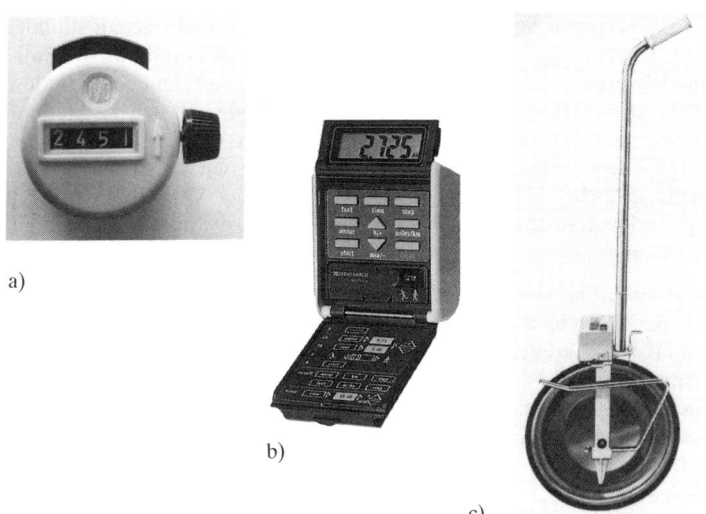

a)

b)

c)

Abb. 126 Entfernung: Hilfsmittel
a) Handzählgerät (Schrittzahl), b) elektronischer Schrittzähler
(Schritte und Meter/Zentimeter), c) Meßrad (Meter/Dezimeter)

Handzählgerät (Abb. 126a). Das Gerät hat knapp 5 cm Durchmesser. Man steckt den Mittelfinger durch einen Ring an der Rückseite und hält es in der Hand. Bei jedem Doppelschritt drückt man die Taste auf der Oberseite. Am nächsten Meßpunkt liest man die Schrittzahl ab, trägt sie in die Spalte E ein und dreht das Zählwerk wieder auf Null.

Elektronischer Schrittzähler (Abb. 126b). Das Gerät wurde schon bei den Orientierungshilfen (2.6.2) vorgestellt. Es wiegt um 50 g, kostet unter DM 70, wird am Gürtel getragen und zählt Einzelschritte. Man behält die Hände frei und kann die Entfernung zentimetergenau in Metern ablesen. Entscheidend ist wie beim Handzählgerät, daß man die Schrittlänge richtig ansetzt und eingibt und möglichst gleichlange Schritte macht.

Meßrad (Streckenmeßgerät, »Rolltacho«, Abb. 126c). Das Meßrad wiegt rund 4 kg; die Griffstange kann zum Transport abgenommen werden. Es befreit von der Unsicherheit des Schrittmaßes. Man kann Meter und Dezimeter ablesen und stellt das Zählwerk mit einem kleinen Hebel wieder auf Null. Wenn der Vergleich mit einer zuverlässig vermessenen Strecke zeigt, daß die Anzeige nicht genau stimmt, berücksichtigt man in der weiteren Rechnung das Verhältnis von Soll- und Istwert wie bei der Maßstabveränderung (8.1.6). Unebener Boden beeinträchtigt die Genauigkeit; abseits von Wegen läßt sich das Meßrad überhaupt nicht mehr sinnvoll einsetzen. Aber wenn man die langen durchgehenden Wege eines Gebiets damit gemessen hat, genügt für den Rest vielleicht das Schrittmaß. Darum lohnt der Versuch, das Gerät tage- oder stundenweise bei einer Straßenbaufirma oder beim Bauamt auszuleihen, die es auch nur selten brauchen.

Bandmaß. Für unsere Zwecke wäre es übertrieben, längere Strecken mit dem Bandmaß zu messen. In Einzelfällen wird man aber doch darauf zurückgreifen: um Schrittmaß und Meßrad zu »eichen«; um eine Grundlinie einwandfrei zu bestimmen (8.1.3.3); um auch dort noch Entfernungen zu messen, wo das Schrittmaß völlig versagt (Steilhang, Sumpf, Dornengestrüpp); um nach 8.1.3.4 Punkte in einer Fläche aufzunehmen.

8.2.1.3 Neigung

Neigungsmesser. Wer eine weitere Fehlerquelle beseitigen will, kann nachträglich noch die auf geneigten Strecken gemessenen Entfernungen entsprechend dem Neigungswinkel jeder Teilstrecke verkürzen.

a) Silva Survey Master   *b) Suunto PM-5*

Abb. 127 *Neigung: Hilfsmittel Neigungsmesser*

Die preisgünstigsten Neigungsmesser sind die in einige Spiegelkompasse eingebauten Pendel. Genauer sind die Geräte, mit denen man im Forstwesen die Baumhöhen bestimmt (Abb. 127).

Um die Verkürzung zu berechnen, genügt die Winkelgröße. Will man aber außerdem ermitteln, wie hoch jeder Meßpunkt liegt, etwa um das Höhenlinienbild zu überprüfen und zu ergänzen, muß man außer dem Neigungswinkel auch festhalten, ob die Teilstrecke steigt ($+$) oder fällt ($-$).

Wenn man für einen Streckenzug außer Richtung und Entfernung auch die Neigung mißt, zählt nicht nur jede Richtungsänderung, sondern auch jede Änderung des Neigungswinkels als Anfang einer neuen Teilstrecke. So ergeben sich mehr Meßpunkte und dadurch auch mehr Rechnungen, als wenn man sich auf die ersten beiden Werte beschränkt.

Um die wahre Geländeneigung zu messen, braucht man einen Helfer am nächsten (oder vorhergehenden) Meßpunkt. An seinem Körper visiert man die Stelle an, die so hoch über dem Boden liegt, wie der eigenen Augenhöhe entspricht. Wenn man nämlich – ohne Helfer – den Neigungsmesser auf den Boden richtet, ist eine sehr verwickelte Umrechnung erforderlich (8.2.4.4 unten).

Neigungswinkel werden, anders als Richtungswinkel, allgemein in Grad gemessen. So rechnet man unter Umständen mit verschiedenen Kreisteilungen für Richtung und Neigung.

Höhenmesser. Der Höhenmesser läßt sich nicht genau genug ablesen, um bei der Aufnahme eines Streckenzuges brauchbare Ergebnisse zu liefern. Man wird ihn aber heranziehen, um für Anfangs- und Endpunkt eines fallenden oder steigenden Streckenzuges die Höhe ü. M. zu messen und auf diese Weise zu ermitteln, von wieviel Höhenlinien der Streckenzug geschnitten wird.

8.2.2 Auswerten

8.2.2.1 Taschenrechner

Rechner mit Winkelfunktionen. Nur ein Rechner mit Tasten auch für Sinus, Kosinus und Tangens hilft die hier anfallenden Aufgaben lösen. Er erspart das Nachschlagen in Tabellen und liefert auch Zwischenwerte. Für unsere Zwecke gehören die in 2.6.3 beschriebenen wissenschaftlichen Solarrechner mit Hexagesimaltaste und mehreren Speichern zur Spitze dieser Gruppe von Taschenrechnern.

Programmierbarer Taschenrechner. Rechner mit einem sogenannten Ablaufspeicher haben nur wenige Dutzend Programmschritte. Selbst wenn sie nicht nach jedem Ausschalten neu programmiert werden müssen, sind sie nur eine halbe Lösung.

Den großen Sprung nach vorn bedeuten Taschenrechner mit Programmspeicherung und wenigstens 500 Schritten. Diese Zahl reicht aus, um die Programme für Streckenaufnahme und Dreiecksberechnung so unterzubringen, daß jedes auf einen Tastendruck verfügbar ist. Zeichenmaßstab, Schrittmaß und Augenhöhe werden nur einmal eingegeben, können aber jederzeit verändert werden. Im Gelände braucht man dann nur noch Richtungswinkel, Doppelschritte und ggf. Neigungswinkel einzugeben, und die gesamte Berechnung läuft nach dem Programm ab. Damit fallen viele Fehlerquellen weg, und man erhält die Ergebnisse so schnell und mühelos, daß man einen Streckenzug noch im Gelände zeichnen und gleich auf dem Rückweg überprüfen und ergänzen kann.

Zum Mitnehmen ins Gelände eignen sich flache LCD-Modelle am besten. Sie arbeiten mehrere tausend Stunden mit einem Batteriesatz, wiegen um 150 g und kosten unter DM 200. Der höhere Preis wird bei umfangreichen oder wiederholt anfallenden Aufgaben (OL- oder geologische Karten, Forstwesen, Naturschutz, Ausgrabungen) allein durch die Zeitersparnis wettgemacht. Allerdings ist das Programmieren zeitaufwendig und verlangt Vorkenntnisse. Die käuflichen Programme für Navigation und Vermessung sind nicht auf unsere Aufgabenstellungen zugeschnitten.

8.2.2.2 Rechtwinklige Koordinaten

Ein Taschenrechner mit Winkelfunktionen erlaubt es, die Polarkoordinaten Richtung und Entfernung in rechtwinklige Koordinaten (6.1.3) umzurechnen. Sie bieten mehrere Vorteile:

- Die gemessenen Winkel brauchen zum Zeichnen nicht erneut am Kompaß eingestellt zu werden,
- auch bei sehr spitzen oder stumpfen Winkeln ergeben sich eindeutige Schnittpunkte,
- ein ungenau oder falsch eingezeichneter Punkt wirkt sich nicht auf die folgenden Punkte aus,
- ob der Maßstab stimmt, geht nicht erst aus der fertigen Zeichnung hervor, sondern die Entfernung vom Anfangs- zum Endpunkt eines Streckenzuges kann aus den rechtwinkligen Koordinaten dieser beiden Punkte berechnet werden (8.2.26), ebenso übrigens der Richtungswinkel (8.2.2.7).

Achsenkreuz. Beim Umrechnen erhält man – anders als beim geodätischen Gitter – auch negative Werte, also Werte mit einem Minus-Vorzeichen, nämlich immer dann, wenn ein Meßpunkt westlich oder südlich vom Ausgangspunkt (= Nullpunkt) liegt. Die für geodätische Gitter zutreffenden Bezeichnungen Rechtswert und Hochwert sind hier also nicht mehr brauchbar. Darum verwenden wir von nun an das in der Geometrie gebräuchliche Achsenkreuz (Tab. 15 und Abb. 128).

x-Achse	= waagerechte Achse
x-Wert	= Abstand von der *senkrechten* Null-Linie
	(vgl. Rechtswert, 6.2.1)
	Vorzeichen + heißt: nach rechts (Ost)
	Vorzeichen − heißt: nach links (West)
y-Achse	= senkrechte Achse
y-Wert	= Abstand von der *waagerechten* Null-Linie
	(vgl. Hochwert, 6.2.1)
	Vorzeichen + heißt: nach oben (Nord)
	Vorzeichen − heißt: nach unten (Süd)
Nullpunkt	= Schnittpunkt der x-Achse und der y-Achse
Quadrant	= Viertelkreis der Windrose
	(Nord bis Ost = 1. Quadrant)

Tab. 15 Achsenkreuz

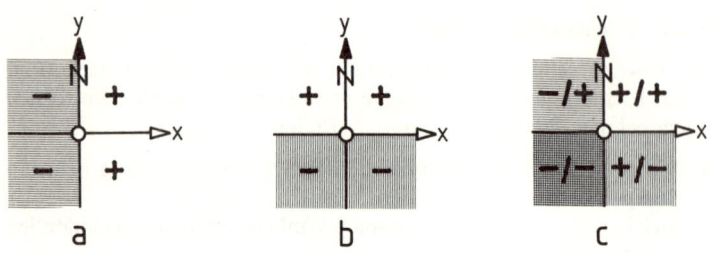

Abb. 128 *Achsenkreuz: Bedeutung der Vorzeichen*
a) x-Werte; b) y-Werte; c) x/y

Aus den Vorzeichen für den x-Wert und den y-Wert eines Punktes ergibt sich, in welchem Quadranten er liegt (Abb. 128).

Grundformel. Mit dem Taschenrechner müssen wir den x-Wert und den y-Wert für jeden Meßpunkt in zwei getrennten Rechnungen ermitteln. Die Grundformel dafür lautet

> $x = \textbf{sin}$ Richtungswinkel $\cdot$ Entfernung; [kurz: $x = \sin R \cdot E$]
> $y = \textbf{cos}$ Richtungswinkel $\cdot$ Entfernung; [kurz: $y = \cos R \cdot E$]

In dieser Form gilt sie aber nur für solche Punkte, bei denen Richtung und Entfernung vom Nullpunkt aus gemessen sind, beim Streckenzug also allein für Punkt 1. Bei allen folgenden Meßpunkten eines Streckenzuges müssen die Werte des vorhergehenden Punktes dazugezählt werden; erst dann sind die rechtwinkligen Koordinaten auf den Ausgangspunkt (= Nullpunkt) bezogen.

Streckenzug. Bei der zeichnerischen Auswertung eines Streckenzuges (8.1.5) haben wir jede Teilstrecke an den vorhergehenden Meßpunkt angesetzt. Ebenso zählen wir beim rechnerischen Verfahren für Punkt 2 die rechtwinkligen Koordinaten von Punkt 1 dazu. Für Punkt 2 lautet die Formel dann:

> $x_2 = x_1 + \sin R_2 \cdot E_2; \qquad y_2 = y_1 + \cos R_2 \cdot E_2$

und für Punkt 3 dann: $x_3 = x_2 + \sin R_3 \cdot E_3; y_3 = y_2 + \cos R_3 \cdot E_3$. Man erspart sich Arbeit und schließt Fehlerquellen aus, wenn man für einen Streckenzug erst alle x-Werte berechnet und dann alle y-Werte. So kann der entsprechende Wert des vorhergehenden Punktes mit der vollen Stellenzahl in die weitere Rechnung eingehen; in die Liste trägt man ihn aber nur gerundet ein. Am besten verwendet man dazu nur einen Bleistift. Denn ein Fehler wirkt sich auf alle folgenden Meßpunkte aus; und wenn der Vergleich mit der Feldskizze zeigt, daß ein Wert oder ein Vorzeichen nicht stimmen kann, muß man auch alle auf den Fehler folgenden Punkte neu berechnen.

Beispiel Die Polarkoordinaten Richtung/Entfernung für die ersten drei Meßpunkte eines Streckenzuges lauten (1) 085/25, (2) 090/15, (3) 105/40.
Die rechtwinkligen Koordinaten sind dann

für Punkt 1	$x = \sin 85° \cdot 25 = 24{,}9$ *[gerundet]*
	$y = \cos 85° \cdot 25 = 2{,}2$ *[gerundet]*
für Punkt 2	$x = 24{,}90486745 + \sin 90° \cdot 15 = 39{,}9$ *[gerundet]*
	$y = 2{,}178893569 + \cos 90° \cdot 25 = 2{,}2$ *[gerundet]*
für Punkt 3	$x = 39{,}90486745 + \sin 105° \cdot 40 = 78{,}5$ *[gerundet]*
	$y = 2{,}178893569 + \cos 105° \cdot 40 = -8{,}2$ *[gerundet]*

Aus den Vorzeichen läßt sich ablesen, daß alle drei Punkte rechts der y-Achse liegen; Punkt 1 und 2 liegen über der x-Achse, Punkt 3 (y-Wert negativ) darunter.

8.2.2.3 Umrechnen auf den Zeichenmaßstab

Um die Koordinaten der einzelnen Meßpunkte auf den Zeichen- oder Kartenmaßstab umzurechnen, wird die Grundformel aus 8.2.2.2 für den x-Wert und für den y-Wert genau wie in 8.1.4 erweitert um $\dfrac{1000}{\text{Maßstabszahl}} \cdot$ Dann lautet sie

$$x = \sin R \cdot E \cdot \frac{1000}{M}; \qquad y = \cos R \cdot E \cdot \frac{1000}{M}$$

Im Wegprotokoll brauchen wir für diese Form der Auswertung die Spalten R, E und x, y.

Beispiel Schrittmaß $= \dfrac{100}{56}$ $\Bigg|$ $M = \dfrac{1000 \cdot 100}{5000 \cdot 56} = \dfrac{1}{2{,}8}$

Maßstab = 1:5000
Entfernung = 70 Doppelschritte
Richtungswinkel = 350°

$x = \dfrac{\sin 350° \cdot 70}{2{,}8} = \mathbf{4{,}3412\ mm}$ [auf ½ mm gerundet $= \mathbf{-4{,}5\ mm}$]

$y = \dfrac{\cos 350° \cdot 70}{2{,}8} = \mathbf{24{,}62\ mm}$ [auf ½ mm gerundet $= \mathbf{-24{,}5\ mm}$]

8.2.2.4 Neigung berücksichtigen

Mit Helfer gemessen. Geneigte Strecken erscheinen im Kartenbild nur mit der kürzeren waagerechten Länge. Die allgemeine Formel für die Verkürzung gilt für Steigung und Gefälle und lautet

$$\text{waagerechte Entfernung} = \text{Schrägentfernung} \cdot \cos \text{Neigung}$$

Wenn beim Berechnen der rechtwinkligen Koordinaten die Verkürzung gleich mit berücksichtigt werden soll, müssen wir die Formel aus 8.2.2.3 noch um cos N erweitern. Sie lautet dann

$$x = \sin R \cdot E \cdot \frac{1000}{M} \cdot \cos N; \qquad y = \cos R \cdot E \cdot \frac{1000}{M} \cdot \cos N.$$

Bevor man sich aber die Mühe macht, diese Verkürzung für einen ganzen Streckenauszug zu berechnen, sollte man in der Kosinus-Tabelle (10.2.9) nachschlagen, von welchem Neigungswinkel an der Längenunterschied ins Gewicht fällt. Wenn man bei den dort angegebenen Werten das Komma um zwei Stellen nach rechts rückt, erhält man für die betreffende Gradzahl die waagerechte Entfernung auf 100 m Schrägentfernung. Sie beträgt 99,62 m bei 5° Neigung, 98,48 m bei 10° und 96,60 m bei 15°. Für N = 20° ändern sich die Werte aus dem Beispiel 8.2.2.3 wie folgt: x = − 4,0 (statt − 4,5); y = + 23,0 (statt 24,5).

Für kleine Neigungswinkel ist also der Unterschied zwischen Schräg- und waagerechter Entfernung geringer als die Zeichengenauigkeit. Der Zeitbedarf beim Wandern wird übrigens für Steigungen, die sich merklich auf die Weglänge auswirken (10 % mehr Weg bei 25 % Steigung), weit mehr vom Höhenunterschied als von der Entfernung bestimmt (10.2.3).

Im Wegprotokoll brauchen wir bei dieser Rechnung die Spalten R, E, N und x, y, z.

Ohne Helfer gemessen. Falls man die Neigung vom Auge zum Boden gemessen hat, muß die wahre Geländeneigung nachträglich aus dem gemessenen Neigungswinkel, der Augenhöhe und der Schrägentfernung der Meßpunkte ermittelt werden. Der Rechenaufwand dafür ist aber so groß, daß man ihn für einen ganzen Streckenzug nur mit einem programmierbaren Rechner in vertretbarer Zeit bewältigt. Die Formel lautet

$$N = \frac{\text{gemessene}}{\text{Neigung}} + \arcsin \left(\frac{\text{Augenhöhe}}{\text{Schrägentfernung}} \cdot \cos \frac{\text{gemessene}}{\text{Neigung}} \right)$$

Beispiel Zum Boden gemessene Neigung = 10°

Augenhöhe = 1,70 m

Schrittmaß = $\dfrac{100}{56}$

Schrägentfernung = 15 Doppelschritte = 26,79 m

$N = 10° + \arcsin \quad (\dfrac{1{,}70}{26{,}79} \cdot \cos 10°) = 10° + 3{,}58° = \mathbf{13{,}58°}$

8.2.2.5 Höhe berechnen

Anfangspunkt. Um für den Anfangspunkt einer Meßstrecke die Höhe über dem Meeresspiegel zu ermitteln, gehen wir von den Höhenlinien auf der Karte aus, oder wir stellen mit dem Höhenmesser den Höhenunterschied zum nächsten vermessenen Höhenpunkt fest. Solche Punkte finden sich in der Grundkarte in großer Zahl.

Höhenunterschied zwischen Meßpunkten. Den Höhenunterschied zwischen zwei Meßpunkten berechnen wir nach einer der Formeln

Höhenunterschied = sin Neigung · Schrägentfernung
Höhenunterschied = tan Neigung · waagerechte Entfernung

Nur mit einem programmierbaren Rechner kann man die Höhe im gleichen Arbeitsgang mit den rechtwinkligen Koordinaten ermitteln; sonst erfordert die Höhe eine eigene Rechnung. Bei jedem Punkt einer Meßstrecke zählt man die Höhe des vorhergehenden Punktes dazu. Dabei sind die Vorzeichen zu beachten: das Minus-Vorzeichen bedeutet Gefälle.

Für die Rechnung brauchen wir also die Neigungswinkel mit ihren Vorzeichen. Das Wegprotokoll bekommt dazu für die Aufnahme die Spalten R, E, ± N und für die Auswertung die Spalten x, y, z.

Höhenlinien. Aus den z-Werten für die Meßpunkte eines Streckenzuges liest man ab, an welchen Stellen die Teilstrecken z. B. von einer 5-m-Höhenlinie geschnitten werden. So kann man das Höhenlinienbild einer Karte berichtigen. Es wird nämlich für die topographischen Karten aus Luftbildern gewonnen; darum ist es für die Kleinformen in bewaldetem Gelände nicht zuverlässig.

Zusätzlich gleich bei der Aufnahme festgehaltene »Formlinien«, die – ohne Bindung an die Äquidistanz – allein den optischen Eindruck wiedergeben, erleichtern die Auswertung. Es kann helfen, sich dazu das Gelände bis zum eigenen Standort überschwemmt vorzustellen; die Höhenlinie entspricht dann der gedachten Uferlinie.

Wo man sich nicht auf eine Kartengrundlage mit Höhenlinien stützen kann, geht man am besten wie die Fachleute vor: Jeweils am höchsten Punkt beginnend, ermittelt man für das Gerüst der Rücken- und Muldenlinien die Richtungswinkel, Entfernungen und Neigungswinkel, genau wie bei der Wegaufnahme. Die Ergebnisse trägt man in eine Lageskizze ein (Abb. 129a). Das Höhenlinienbild gewinnt man daraus, indem man die Punkte gleicher Höhe verbindet (Abb. 129b).

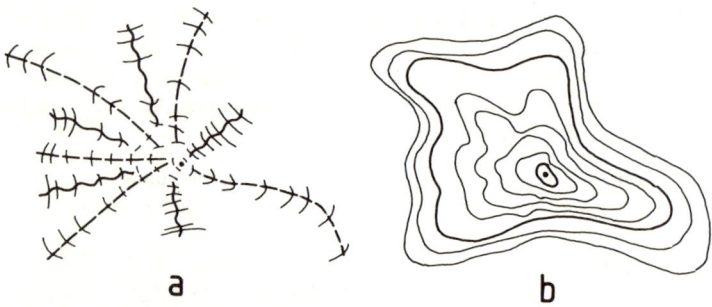

a   b

Abb. 129   *Höhenlinien bestimmen*
a) Vom höchsten Punkt aus für die Rücken- und Muldenlinien die
Höhe von Meßpunkten berechnen und danach die Schnittpunkte mit
den Höhenlinien bestimmen
b) Dann die Schnittpunkte gleicher Höhe verbinden

8.2.2.6 Entfernung aus Koordinaten

Wenn die x- und y-Werte für zwei Punkte bekannt sind, läßt sich daraus rechnerisch die Entfernung ermitteln. Man kann also den Maßstab eines Streckenzuges überprüfen, bevor man ihn zeichnet. Berechnet wird die Entfernung aus dem Unterschied der beiden x-Werte und der beiden y-Werte. Dazu zieht man für beide Werte die kleinere Zahl von der größeren ab. Das eingeführte Zeichen für »Unterschied« ist Δ, der griechische Großbuchstabe »Delta« (= D, für »Differenz«). Die Formel lautet

$$\text{Entfernung} = \sqrt{(\Delta \text{ x-Werte})^2 + (\Delta \text{ y-Werte})^2}$$

Beispiel 1 Anfangspunkt A x = 5,5; y = 16
Endpunkt B   x = − 3; y = 2

Δ x-Werte = 5,5 − (− 3) = 5,5 + 3 = 8,5
Δ y-Werte = 16 − 2 = 14
Entfernung AB = $\sqrt{8,5^2 + 14^2}$ = **16,38**

Beispiel 2 UTM-Koordinaten für Punkt A = 663737
UTM-Koordinaten für Punkt B = 984877

Δ Rechtswerte = 984 − 663 = 321 (also 32,1 km)
Δ Hochwerte = 877 − 737 = 140 (also 14,0 km)
Entfernung AB = $\sqrt{32,1^2 + 14^2}$ km = **35,02 km**

Die in 8.2.2.6 bis 8.2.2.8 gezeigten Verfahren lassen sich auch dann noch anwenden, wenn man die Koordinaten weder einem Gitternetz entnehmen noch selbst berechnen kann, etwa bei einer Karte ohne geodätisches Gitter oder bei einer fertigen Zeichnung. Dann heftet man ein Blatt durchsichtiges Millimeterpapier auf die Karte oder Zeichnung. Negative Koordinaten vermeidet man, indem man den Nullpunkt in die linke untere Ecke legt. Die gesuchten Koordinaten liest man auf dem Millimeterpapier ab. Wo es wie hier nur um Entfernungen geht, ist die Lage des Papiers gleichgültig; sobald aber Richtungswinkel verwendet oder gesucht werden, müssen die senkrechten Linien des Millimeterpapiers mit der verwendeten Nordrichtung übereinstimmen.

8.2.2.7 Richtung aus Koordinaten

Aus dem Unterschied der x-Werte und der y-Werte bzw. der Koordinaten des geodätischen Netzes kann man rechnerisch auch die Richtung von einem Punkt zum anderen ermitteln. Das geschieht in drei Schritten.

Schritt 1. Winkel ε ausrechnen

$$\varepsilon = \text{arc tan } \frac{\Delta \text{ x-Werte}}{\Delta \text{ y-Werte}}$$

Beispiel Δ x = 8,5; Δ y = 14

ϵ = arc tan $\dfrac{8,5}{14}$ = **31,25°** [gerundet]

Wenn Ausgangs- und Zielpunkt denselben x-Wert oder denselben y-Wert haben, brauchen wir gar nicht weiter zu rechnen, sondern können sofort nach Schritt 3 die Mißweisung ausgleichen; denn Δ x = 0 bedeutet die Richtung 0°/360° (= Nord) oder 180° (= Süd), und Δ y = 0 ist die Richtung 90° (= Ost) oder 270° (= West). Bei allen anderen Werten für ϵ ist eine Fallunterscheidung nach Schritt 2 erforderlich.

Schritt 2. Richtungswinkel im Gitternetz bestimmen.
Wie der Winkel ϵ weiter zu behandeln ist, hängt davon ab, in welchem Quadranten Punkt B von A aus gesehen liegt (Abb. 128);

Nord bis Ost (1. Quadrant)	= ϵ
Ost bis Süd (2. Quadrant)	= 180° – ϵ
Süd bis West (3. Quadrant)	= 180° + ϵ
West bis Nord (4. Quadrant)	= 360° – ϵ

Bei allen rechtwinkligen Koordinaten steigt der Zahlenwert genau wie im geodätischen Netz von links nach rechts und von unten nach oben. Der Quadrant ergibt sich also aus dem Vergleich der Koordinaten von A und B.

Beispiel 1   Punkt A: x = + 10; y = + 8
              Punkt B: x = + 1, y = – 3
              ϵ = **39°** [gerundet]

Für B gilt dann:
x-Wert von B niedriger als von A, also B westlich von A,
y-Wert von B niedriger als von A, also B südlich von A.
Allgemeine Richtung von A nach B = SW, B liegt also im 3. Quadranten; der Richtungswinkel von A nach B ist darum 180° + ϵ = **219°**.

Beispiel 2   UTM-Koordinaten für A = 900400
              UTM-Koordinaten für B = 500700
              ϵ = **53°** [gerundet]

Für B gilt dann:
Rechtswert (= 1. Hälfte der Ziffernreihe) niedriger, also westlich von A,
Hochwert (2. Hälfte der Ziffernreihe) höher, also nördlich von A.
Allgemeine Richtung von A nach B = NW, B liegt also im 4. Quadranten; der Richtungswinkel von A nach B ist darum 360° – ϵ = **307°**.

Schritt 3. Mißweisung ausgleichen

Der nach Punkt 2 bestimmte Richtungswinkel ist auf GiN bezogen. Für die Arbeit auf der Karte kann er unverändert verwendet werden. Bevor er aber ins Gelände übertragen wird, also für den Kompaßgebrauch, ist erst die Mißweisung auszugleichen.

> Die beiden Verfahren »Richtung aus Koordinaten« (8.2.27) und
> »Entfernung aus Koordinaten' (8.2.2.6)
> bilden zusammen die Umwandlung
> »Rechtwinklige Koordinaten in Polarkoordinaten«

Beide Verfahren eignen sich außer für Vermessungsaufgaben auch für Sonderfälle beim Orientieren. Beim Übergang von einem Kartenblatt auf ein anderes kann man danach selbst dann noch Richtung und Entfernung bestimmen, wenn

- man wegen der äußeren Umstände (Sturm oder Regen, fehlende Auflagefläche) die beiden Kartenblätter nicht aneinanderlegen kann,
- die Kartenblätter verschiedene Maßstäbe haben,
- zwischen den beiden Punkten ein ganzes Kartenblatt fehlt.

Wenn die Kartenblätter zu verschiedenen Meridianstreifen gehören, kann man Richtung und Entfernung nur nach den geographischen Koordinaten berechnen (10.2.27, 10.2.28).

8.2.2.8 Dreiecke berechnen

Wenn wir die in 8.2 gezeigten Verfahren verbinden, können wir auch Dreiecke berechnen. Einige Aufgaben, die wir bisher nur zeichnerisch lösen konnten, lassen sich dann auch rechnerisch bewältigen:

- Punkte neben der Strecke, die mit »Zwei Richtungen« eingemessen wurden (sie können nicht nach 8.2.2.2 berechnet werden, da die Polarkoordinate Entfernung fehlt),
- Standortbestimmung nach dem Verfahren »Mehrere Richtungen« (5.2.3),
- »Entfernte Geländepunkte bestimmen« (5.3),

also alle Fälle, wo die Richtungswinkel von zwei Punkten zu einem dritten vorliegen oder berechnet werden können.

Um den Überblick zu behalten, fertigen wir jedesmal eine Skizze an. Darin sind A und B die beiden Punkte, von denen aus die Richtungswinkel gemessen wurden, und C der gesuchte dritte Punkt. Für die Standortbestimmung ist jeweils statt der – vom gesuchten Punkt C aus – gemessenen Richtungswinkel die Gegenrichtung einzusetzen.

Die Schritte sind

1. Richtung AB berechnen (8.2.2.7),
2. Entfernung AB messen oder berechnen (8.2.2.6),
3. Dreieckswinkel α und β bestimmen und daraus γ berechnen (8.1.3.5),
4. Entfernung AC (= b) oder BC (= a) berechnen (8.1.3.6)
5. aus Richtung und Entfernung AC oder BC die rechtwinkligen Koordinaten für C berechnen (8.2.2.2; beide Wege führen zum gleichen Ergebnis).

Beispiel Richtung AC = 30°

        Richtung BC = 80°

        Koordinaten von Punkt A = 500200

        Koordinaten von Punkt B = 100700

        Δ Rechtswerte = 400; Δ Hochwerte = 500; Richtung von A nach B = NW [4. Quadrant]

1. $\varepsilon = $ arc tan $\dfrac{400}{500} = 38{,}66°$, Richtung AB = $360° - \varepsilon = 321{,}34°$

2. Entfernung AB = c = $\sqrt{(40{,}0^2 + 50{,}0^2)}$ km = 64,031 km

3. $\alpha = (38{,}66 + 30)° = 68{,}66°$

   $\beta = $ Richtung BA – Richtung BC = $(180–38{,}66)° - 80° = 61{,}34°$

   $\gamma = 180° - \alpha - \beta = 50°$

– von Punkt A aus –

4. b = c $\cdot \dfrac{\sin \beta}{\sin \alpha}$ km = 64,031 $\cdot \dfrac{\sin 61{,}34°}{\sin 50°}$ km = 73,346 km

5. x = $\sin 30° \cdot$ b km = 36,7 km; Rechtswert C = 367 + 500 = 867

   y = $\cos 30° \cdot$ b km = 63,5 km; Hochwert C = 635 + 200 = 835

Punkt C hat die Koordinaten **867835** (vgl. unten)

– von Punkt B aus –

4. a = c $\cdot \dfrac{\sin \alpha}{\sin \gamma}$ km = 64,031 $\cdot \dfrac{\sin 68{,}66°}{\sin 50°}$ km = 77,856 km

5. x = $\sin 80° \cdot$ a km = 76,7 km; Rechtswert C = 767 + 100 = 867

   y = $\cos 80° \cdot$ a km = 13,5 km; Hochwert C = 135 + 700 = 835

Punkt C hat die Koordinaten **867835** (vgl. oben)

Aus den rechtwinkligen Koordinaten von A und B und den beiden Richtungswinkeln läßt sich die Lage von C auch dann berechnen, wenn die Eckpunkte des Dreiecks auf verschiedenen Kartenblättern innerhalb desselben Meridianstreifens liegen.

Wie man sieht, ist der Rechenweg sehr aufwendig. Bei der Geländeaufnahme lohnt er nur dann, wenn ein anders nicht zuverlässig bestimmbarer Punkt als Festpunkt für weitere Messungen dienen muß.

8.3 Übungen

8.3.1 Streckenzug (zu 8.1.3.1, 8.1.3.2)

Zeichnen Sie den Weg und die Punkt neben der Strecke nach Tab. 13.

Maßstab = 1:5000, Schrittmaß = $\frac{100}{54}$ [auf ½ mm runden]

8.3.2 Umriß einer Fläche: Rand als Streckenzug (zu 8.1.3.3)

Zeichnen Sie den Umriß der Fläche:
Richtung/Entfernung = (1) 086/138, (2) 122/39, (3) 046/96, (4) 310/54, (5) 336/60, (6) 250/117, (7) 194/24, (8) 280/30, (9) 198/91,5.

Maßstab = 1:5000, Schrittmaß = $\frac{100}{60}$ [auf ½ mm runden]

8.3.3 Umriß einer Fläche: Abstände von einer Längsachse (zu 8.1.3.3)

Zeichnen Sie den Umriß der Fläche:
Doppelschritte auf der Achse/zum Rand = (1) 22/30 re, (2) 75/18 li, (3) 25/42 re, (4) 50/57 li, (5) 12/45 re, (6) 10/60 li.

Maßstab = 1:5000, Schrittmaß = $\frac{100}{53}$ Längsachse: Richtung = 45°,

Länge = 210 Doppelschritte [auf ½ mm runden]

8.3.4 Umriß einer Fläche: Grundlinie und zwei Winkel (zu 8.1.3.3)

Zeichnen Sie den Umriß der Fläche
Grundlinie: Richtung AB = 90°, Länge AB = 200 Doppelschritte.

Richtung AC = 64°	Richtung BC = 345°	Maßstab 1:5000
AD = 45°	BD = 301°	Schrittmaß = $\frac{100}{57}$
AE = 25°	BE = 286°	

8.3.5 Dreieckswinkel aus Richtungswinkeln (zu 8.1.3.5)

Welchen Winkel bilden die beiden Richtungswinkel miteinander?
a) 30°/105°, b) 250°/170°, c) 360°/55°, d) 0°/325°, e) 275°/345°, f) 25°/310°

8.3.6 Indirekte Entfernungsmessung: Rechtwinkliges Dreieck
(zu 8.1.3.6)

Wie lang ist die Strecke AC?

AB = 35 Doppelschritte, β = 41°, Schrittmaß = $\dfrac{100}{58}$

8.3.7 Indirekte Entfernungsmessung: Beliebiges Dreieck
(zu 8.1.3.6)

Wie lang ist die Strecke AC?
AB = 33 Doppelschritte, Schrittmaß = $\dfrac{100}{58}$ Richtung AB = 286°, AC = 187°,
BC = 161°

8.3.8 Rechtwinklige Koordinaten (zu 8.2.2.2)

Zeichnen Sie die Flächen mit folgenden Eckpunkten:
a) − 3/+ 3; − 4/− 1; + 1/− 2; + 3/− 1; + 3/+ 1; − 1/+ 2.
b) − 2/− 3; − 1/− 1; + 3/− 2; + 4/− 1; + 3/+ 2; − 3/+ 3, − 4/− 1.

8.3.9 Rechtwinklige Koordinaten (zu 8.2.2.2)

a) Berechnen Sie die x- und y-Werte der Meßpunkte nach Tab. 13.
   Maßstab und Schrittmaß wie in Aufgabe 8.3.1.
b) Berechnen Sie die x- und y-Werte der Eckpunkte:
   Werte, Maßstab und Schrittmaß wie in Aufgabe 8.3.2.

8.3.10 Richtung und Entfernung (zu 8.2.2.6, 8.2.2.7)

Berechnen Sie Richtung und Entfernung von A nach B für
a) A: + 15/− 11 b) A: − 1/+ 8 c) A: 318110 d) A: 454775
   B: − 2/− 1   B: + 11/+ 2   B: 471212   B: 853070

8.3.11 Richtung und Entfernung (zu 8.2.26, 8.2.2.7, Abb. 130)

a) In welcher Richtung und Entfernung liegt A von B aus gesehen?

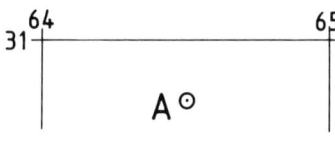 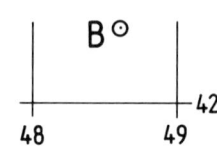

Abb. 130 Richtung und Entfernung

b) Sie haben einen in A (661158) stationierten Rettungshubschrauber nach B (295730) gerufen. Nach welcher Zeit kann er eintreffen, wenn er 1,5 Minuten Aufwärmzeit braucht und etwa 220 km/h fliegt?
Aus welcher Richtung fliegt er an bei Mißweisung = 0°?

8.3.12 Dreiecksberechnung (zu 8.2.28)

a) Sie sehen Punkt A (100600) in Richtung 330° und Punkt B (900400) in Richtung 55°. Die Mißweisung beträgt + 10° (Ost). Welche Koordinaten hat Ihr Standort?

b) Sie sehen einen Gipfel von Punkt A (600400) aus in Richtung 215° und von Punkt B (100500) aus in Richtung 155°. Die Mißweisung beträgt − 5° (West). Welche Koordinaten hat der Gipfel?

9. Orientierungslauf als Wettkampfsport

Die Wettkampfform des Umgangs mit Karte und Kompaß ist der Orientierungslauf, abgekürzt OL. Wie Schwimmen und Skilanglauf gehört er zu den Sportarten, die man als Kind beginnen und bis ins hohe Alter betreiben kann.

Die Wiege dieser Sportart stand in Skandinavien, wo der Kompaßgebrauch, durch die Landschaft bedingt, selbstverständlicher ist als anderswo. Dort ist der OL Volkssport, und Wettkämpfe gibt es schon seit Beginn dieses Jahrhunderts.

Außerhalb Skandinaviens wird OL besonders in der Schweiz in vielen Vereinen betrieben. Mit örtlichen und landschaftlichen Schwerpunkten hat er inzwischen in den meisten europäischen Ländern Fuß gefaßt und ist auch nach Übersee (USA, Kanada, Japan, Australien, Neuseeland) vorgedrungen.

Der Internationale Orientierungsverband (IOF) wurde 1961 in Kopenhagen gegründet; 1962 fanden die ersten Europameisterschaften statt, 1966 in Finnland die ersten Weltmeisterschaften.

9.1 Ausrüstung

Karte. Wie beim Wandern ist auch beim OL die Karte das wichtigste Hilfsmittel. OL-Karten unterscheiden sich von topographischen Karten. Siedlungen und offenes Gelände, in gelber Flächenfarbe dargestellt, werden vernachlässigt. Der Wald, das eigentliche OL-Gelände, bleibt weiß außer den Flächen, wo der Läufer durch Ranken, Unterholz oder Dickicht behindert wird. Dort geben abgestufte Grüntöne die Stufen der Belaufbarkeit an.

Die Maßstäbe liegen zwischen 1:10 000 und 1:20 000; am gebräuchlichsten ist 1:15 000. Der Karteninhalt ist daher viel reichhaltiger als bei topographischen Karten. Die zusätzlichen Zeichen werden in einer Legende erklärt. Sie bieten Entscheidungshilfen für die Streckenwahl, erleichtern die Orientierung und vermehren die möglichen Postenstandorte. Die übliche Äquidistanz beträgt 5 m. Das senkrechte Gitter ist nach MaN ausgerichtet; die Mißweisung spielt also im Wettkampf keine Rolle.

In der Ausschreibung werden auch Maßstab und Größe der Karte bekanntgegeben. So kann sich jeder Teilnehmer eine durchsichtige wasserfeste Hülle mit einer steifen Einlage herrichten und nach 3.2.2 eine Umrechnungstabelle für Entfernungen und Schrittzahlen vorbereiten.

Kompaß. Der in 2.1 beschriebene Kompaß ist für den Orientierungslauf entwickelt worden. Kein anderes Modell übertrifft ihn an Handlichkeit. Es gibt darum auch keine einschränkende Vorschrift, denn wer einen anderen Kompaß benutzt, verschafft sich keinen Vorteil. Die größere Genauigkeit des Spiegelkompasses läßt sich im Wettkampf aus Zeitgründen nicht ausschöpfen; auf den kurzen Strecken zwischen zwei Posten kommt sie auch kaum zum Tragen.

Kleidung. Eine vorgeschriebene Kleidung gibt es beim OL nicht. Orientierungsläufer sind als Einzelkämpfer ohnehin Individualisten, und bei jedem Wettkampf zeigt sich, wie vielfältig sich die Forderung nach leichter, luftdurchlässiger, nicht beengender und möglichst reißfester Kleidung erfüllen läßt. Die größte Einheitlichkeit besteht bei den Schuhen: leichte Laufschuhe mit fester, aber biegsamer Sohle und möglichst grobem Profil für Steilhänge, lehmige Strecken oder feuchtes Laub sind unbedingt erforderlich, wenn man mithalten will. Als Schutz gegen Rißwunden sind lange Ärmel und Hosen aus festerem Stoff zu empfehlen. Manche Läufer verwenden noch einen zusätzlichen Schienbeinschutz, um Verletzungen durch Ranken und auf dem Boden liegende Äste möglichst auszuschließen.

9.2 Wettkampf

Arten und Klassen. Beim OL handelt es sich um einen Geländelauf mit der Aufgabe, die in der Karte markierten Posten möglichst schnell und in der vorgeschriebenen Reihenfolge anzulaufen. Sonderformen sind Nacht-OL, Ski-OL und Score-OL.

Beim Score-OL liegt nicht die Strecke fest, sondern die einzelnen Posten bringen nach Schwierigkeiten und Entfernungen abgestufte Punktzahlen. Hier stellt jeder Läufer seine Strecke so zusammen, daß er in der zur Verfügung stehenden Zeit möglichst viele Punkte sammelt. Bei allen Arten ist das Orientierungskönnen des Wettkämpfers wichtiger als seine läuferische Stärke. Denn gewertet wird nur, wer alle Posten gefunden hat.

Die Klassen berücksichtigen Alter, Können und Geschlecht. Im Gegensatz zu den meisten anderen Sportarten bezieht man Jugend und hohes Alter selbstverständlich ein. Sonderklassen sind »Wanderer« (Posten meist auf Wegen zu erreichen, keine Zeitnahme), »Anfänger« (erster oder erste Wettkämpfe eines Teilnehmers) und »Er und Sie«.

Kinder können an Orientierungswettkämpfen ab etwa 10 Jahren als Einzelläufer teilnehmen; jüngere Kinder läßt man besser zu zweit laufen. Verloren gehen sie nicht, wenn man ihnen nahelegt, sich im Notfall an ältere Läufer zu wenden, und ihnen außerdem eine Trillerpfeife mitgibt. (In England darf kein Wettkämpfer ohne Trillerpfeife starten.)

Für die Bahnlegung gelten folgende Gesichtspunkte: Bei den Anfängern und den jüngeren Altersklassen sind die Abstände zwischen den Posten und die Gesamtstrecke verhältnismäßig kurz, und die Posten sind leicht zu finden. Die leistungsstärksten Jahrgänge haben die längsten Strecken und anspruchsvolle Postenstandorte. Für die älteren Teilnehmer werden die Strecken wieder kürzer, der Schwierigkeitsgrad der Postenstandorte bleibt jedoch hoch.

Posten. Als Postenstandort eignet sich jeder Punkt, der in die Karte eingetragen ist und eindeutig beschrieben werden kann. Im Gelände sind die Posten durch einen rotweißen quadratischen Schirm von etwa 30 cm Seitenlänge bezeichnet (Abb. 131a). Jeder Posten im Wettkampfgebiet trägt eine Nummer am Schirm. Daran sieht der Läufer, ob er am richtigen Posten steht. Am Posten hängt eine Zange, deren Stifte ein bestimmtes Lochmuster erzeugen (Abb. 131b). Der Eindruck der Zange ist der Nachweis, daß der Läufer den Posten gefunden hat.

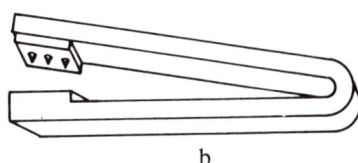

Abb. 131   OL-Posten a) Postenschirm b) Postenzange

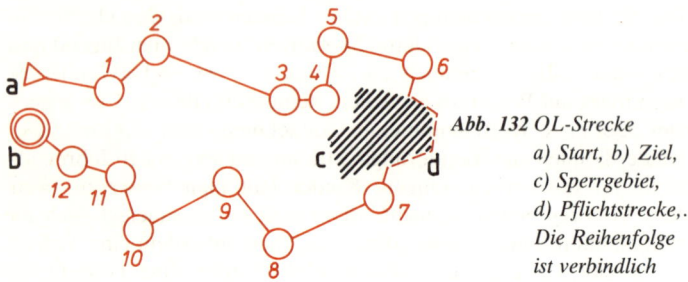

Abb. 132 OL-Strecke
a) Start, b) Ziel,
c) Sperrgebiet,
d) Pflichtstrecke,.
Die Reihenfolge
ist verbindlich

In der OL-Karte sind die Postenstandorte durch Kreise dargestellt; im Mittelpunkt liegt der anzulaufende Posten. Der Start ist durch ein Dreieck, das Ziel durch einen Doppelkreis bezeichnet. Die Verbindungslinien und die Zahlen geben die verbindliche Reihenfolge an. Unterbrochene Linien stellen Pflichtstrecken dar. Sperrgebiete sind schraffiert (Abb. 132). Für jeden Läufer sind nur die Posten seiner Klasse in die Karte eingetragen. Ein zufällig gefundener Posten gibt ihm also keinen Hinweis auf den Standort.

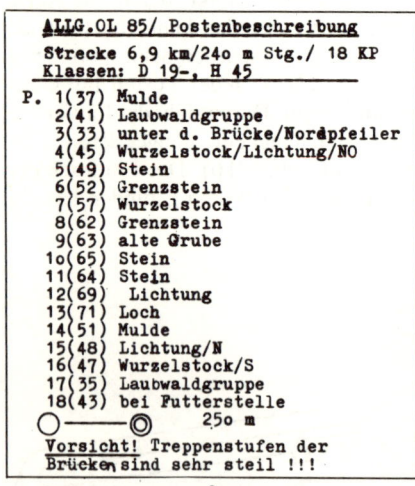

Abb. 133   OL-Postenbeschreibungen
a) für innerdeutsche Wettkämpfe
b) für internationale Wettkämpfe (niemand sprachlich bevorzugt)

Ablauf. Am Vorstart erhält der Läufer seine Karte, die Postenbeschreibung (Abb. 133) und ggf. noch eine Kontrollkarte mit numerierten Feldern.

Rechtzeitig vor der Startzeit werden die Läufer vom Vorstart an den Start geschickt. Falls die Posten nicht schon in die OL-Karte eingetragen sind, müssen sie – bei nachgemeldeten Läufern – dort von einem ausgehängten Muster in die eigene Karte übernommen werden. Hierbei hilft die in 2.5 erwähnte Bohrung im Kompaßlineal. Bei der Arbeit zahlt sich Sorgfalt aus, selbst wenn dabei die Startzeit überschritten wird. Denn wer seine Posten nur um wenige Millimeter falsch einträgt oder wer gar zwei ähnliche Standorte verwechselt, verliert im Wettkampf leicht an Minuten, was er am Start an Sekunden eingespart hat.

Vom Start werden die Läufer zur festgesetzten Zeit auf den Weg geschickt. Läufer mit gleichen Strecken starten im Abstand von drei Minuten.

Wenn man seinen Posten gefunden hat, vergewissert man sich, daß er die richtige Nummer trägt, locht mit der Postenzange das entsprechende Feld und steuert den nächsten Posten an.

Fähnchen markieren die Strecke vom letzten Posten bis zum Ziel. Dort wird die Ankunftszeit eingetragen und meist Tee ausgeschenkt. Während man zum Sammelpunkt zurückgeht und sich duscht und umzieht, werden die Zangenabdrücke überprüft, die Laufzeiten ausgerechnet und die Ergebnisse ausgehängt. Die Siegerehrung liegt meist ein bis zwei Stunden nach Zielschluß.

Das Besondere am OL ist, daß er nicht allein körperliche Anforderungen stellt, sondern daß unter Zeitdruck und im Zustand körperlicher Erschöpfung in jedem Augenblick Entscheidungen zu treffen sind. Nach jedem Posten muß man von neuem blitzschnell die Möglichkeiten der Streckenwahl erkennen, sie im Hinblick auf das eigene Können und die Kraftreserven abwägen und seinen Entschluß fassen. Das erklärt wohl, warum nicht nur Kinder und junge Menschen in der Zeit der höchsten körperlichen Leistungsfähigkeit davon angezogen werden, sondern auch Männer und Frauen aller Altersstufen. Ganze Familien treten zu den Wettkämpfen an, und jedes Mitglied wird in der seinem Alter und Leistungsvermögen entsprechenden Weise gefordert und kann sich mit Gleichwertigen messen.

Tips für Wettkämpfer. Für Orientierungsläufer gelten außer den in 3.2 genannten noch folgende Hinweise:

- den Kompaß am Handgelenk tragen, damit man ihn nach einem Sturz nicht suchen muß; der in Abb. 134 vorgeschlagene Knoten läßt sich entlastet leicht verschieben, aber die Schlinge wird bei Zug nicht enger,

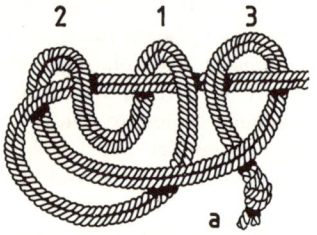 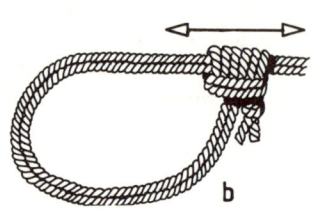

Abb. 134 *Knoten für die Schlaufe der Kompaß-Trageschnur: Er läßt sich ver-*
schieben, aber bei Zug wird die Schlaufe nicht enger.
a) gelegt; b) straffgezogen

- die Karte klein falten und stets eingenordet halten, – ohne Rücksicht auf die Schrift,
- den Daumen auf dem letzten Posten halten (noch genauer: ein rotes Dreieck auf dem Daumennagel weist mit der Spitze auf den letzten Posten),
- das Kartenbild, vor allem die Auffanglinien, für den nächsten Streckenabschnitt mit einem Blick zu erfassen suchen (Leitlinien schließt der Bahnleger nach Möglichkeit aus),
- die Postenbeschreibung sorgfältig lesen: Art des Postens, genaue Lage im Zielraum, Nummer,
- die Karte schon während des Anlaufens für den Abdruck der Postenzange herrichten,
- anhand der Postennummer prüfen, ob der gefundene Posten wirklich der gesuchte ist,
- die Richtung zum nächsten Posten nicht sofort am Postenschirm, sondern ein paar Schritte entfernt einstellen, damit nachfolgende Läufer nicht schon von weitem auf den Posten gewiesen werden,
- Dickichte immer umgehen (Deckung für das Wild, besonders an Wettkampftagen; Umgehen spart Zeit und Kraft),

- Zeit- und Kraftaufwand für 10 m Steigung entsprechen 100 m Umweg in der Ebene,
- nicht an einen anderen Läufer anhängen (Gebot der Fairness, aber auch der Vorsicht: Er kann in einer anderen Klasse mit anderen Posten laufen oder sich selbst verlaufen haben),
- verirrten Läufern, besonders Kindern, bereitwillig auf ihrer Karte den Standort zeigen.

9.3 Übungsmöglichkeiten

Die Vorbereitung auf einen Wettkampf sollte die läuferische Stärke ebenso wie das Orientierungskönnen fördern. Denn die Nur-Orientierer werden zwischen den Posten überholt, und die Nur-Sprinter verlieren ihren Vorsprung beim Suchen.

Lauftraining und Skilanglauf erhöhen die körperliche Leistungsfähigkeit. Die Sicherheit in der Geländebeurteilung und das eigentliche Orientierungskönnen steigert man durch

- Streckenbeschreibungen als Übungen im Kartenlesen,
- Überlegungen zur Streckenwahl nach den drei Gesichtspunkten: sicheres Finden/Schnelligkeit/sinnvoller Einsatz der Kräfte,
- Gehen und Laufen nach dem Kompaß, besonders in unübersichtlichem, unwegsamem Gelände,
- Umsetzen geschätzter Entfernungen in Schrittzahlen und Vergleich mit den tatsächlichen Schrittzahlen.

Auf Karten in großem Maßstab (1:5000 bis 1:25 000) kann man sich dazu selbst Aufgaben stellen.

Man sollte auch einmal selbst eine Karte aufnehmen und zeichnen. Die Überlegungen, die man beim Aufnehmen, Auswählen, Klassifizieren und dann beim Übersetzen in die Sprache der Karte anstellen muß, schärfen den Blick für das Gelände und das Verständnis für fertige Karten. Als Einstieg genügt ein Weg- oder Bachabschnitt für den Streckenzug, ein Waldstück, eine Lichtung oder ein kleiner See für den Umriß einer Fläche. Wer Freude an der Aufgabe bekommt, braucht sie nicht nur als bloße Übung zu betreiben, sondern kann sich vielfach nützlich machen. Besonders die stets kartenhungrigen OL-Vereine sind dankbar für jeden Mitarbeiter.

Gezielt auf OL-Wettkämpfe vorbereiten kann man sich aber erst, wenn man OL-Karten verwendet. Als Wanderkarte eignen sie sich nur bedingt, denn sie geben nur ein sehr begrenztes Gebiet wieder, allerdings mit einer solchen Fülle von Einzelheiten, daß man Kartenlesen und Kompaßgebrauch mit keiner anderen Karte besser üben kann. Da die Strecke von einem Punkt zum nächsten kurz sein darf, tritt ein Erfolgserlebnis früher und häufiger ein als bei topographischen Karten, die zudem gerade im Wald ziemlich stumm sind.

OL-Karten sind in der Regel mehrfarbig und haben nur kleine Auflagen. Darum sind sie im Verhältnis zur dargestellten Fläche teurer als amtliche Karten. Ob für Gegenden in der Nähe des Heimat- oder Orlaubsortes OL-Karten verkauft werden, erfährt man bei den örtlichen Sportvereinen. In Skandinavien kann man die OL-Karten in den Buchläden bekommen. Eine Umfrage nach den zur Zeit erhältlichen OL-Karten nach der IOF-Norm (also ohne Übungskarten für Schulen usw.) ergab für Ende 1991: Norwegen 2500, Schweden 1000, Schweiz 1000, Dänemark 700, Australien 500, Polen 420, USA 350, Österreich 166, Belgien 160, Italien 109.

Zunehmend werden stehende Postennetze eingerichtet. In Norwegen (250 Postennetze) werben die Fremdenverkehrsprospekte sogar damit, daß die Posten immer wieder verändert werden.

Kinder. Kinder gewöhnt man an den gelassenen und umsichtigen Gebrauch von Karte und Kompaß am leichtesten, wenn man sie früh auf anspruchsvolle Wanderungen mitnimmt und dabei an der Orientierung beteiligt. Ihr tätiger Anteil kann darin bestehen, daß sie

- an der Planung teilnehmen,
- selbstverständlich ihr eigenes Gepäck und einen Teil der gemeinsamen Verpflegung tragen, und sei es nur das Knäckebrot,
- nach der Karte und den eigenen Beobachtungen im Wandergelände Rast- und Zeltplätze aussuchen helfen und dabei berücksichtigen, was immer zu bedenken ist; Entfernung/Steigung/Zeit; zu erwartender Untergrund; Windrichtung/Sonnenstand; Trinkwasser/Brennholz,
- zum eigenen Kompaß auch eine eigene Karte bekommen, in die mit abwaschbarem Stift der nächste Wegabschnitt eingetragen wird,
- bis zu vereinbarten Stellen allein vorausgehen dürfen,
- dabei unterwegs wiederholt den Standort und entfernte Punkte bestimmen.

10. Anhang

10.1 Lösungen der Übungsaufgaben

1.6.1 a) 500 m   b) 125 m   c) 50 m   d) 200 m   e) 150 m   f) 2,5 km
1.6.2 a) 2,7 km   b) 1350 m   c) 1,8 km   d) 480 m   e) 570 m   f) 3,8 km
1.6.3 a) 10 cm   b) 20 cm   c) 2,5 cm
1.6.4 a) 20 m
   b) 1. 1205 m   2. 1140 m   3. 1230 m   4. 1250 m   5. 1220 m
   c) 10 m
   d) 1. 680 m   2. 715 m   3. 720 m   4. 735 m   5. 750 m

2.7.1 a) 279°   b) 6°43′   c) 84°43′   d) 282°48′
   e) 233°42′   f) 40,32′   g) 21,6′
   h) 36′   i) 27′21,6″   j) 18,48′
   k) 3612⁻   l) 19⁻   m) 1136⁻   n) 1280⁻   o) 6096⁻
2.7.2 b – c – d – a (NO – SW – W – NW)
2.7.3 a) 10.30 Uhr   b) 14ʰ 32,5′ WESZ

3.3.1 a) 148°   b) 230°   c) 358°   d) 68°   e) 235°   f) 254°
3.3.3 a) 10 %   b) 20 %   c) 3,1 %   d) 21 %
3.3.4 a) 4 mm   b) 3⅓ mm   c) 1⅔ mm°   d) 6⅔
3.3.5 a) 266°; 36°   b) 4454⁻; 1429⁻   c) 3060⁻; 3313⁻ (schwed.)
   d) 180ᵛ; 5630ᵛ

4.6.1 a) 3° Ost   b) 9° Ost   c) 3° West   d) 15° Ost   e) 9° West
4.6.2 a) 8° östl.   b) 0°   c) 0° 16′ westl.   d) 1° 13′ östl.
4.6.3 a) 167°   b) 55°
4.6.4 a) 5,7 cm nach rechts   b) 2,8 cm nach links   c) 28,25 cm   d) 26,75 cm

5.5.1 a) 15   b) 14   c) 3   d) 17
5.5.2 a) 9   b) 20   c) 13   d) 13
5.5.3 a) 10   b) 20   c) 5   d) 9
5.5.5 a) 28   b) 1   c) 15   d) 13

6.3.1 Freiburg im Breisgau
6.3.2 a) 221494   b) 286470   c) 256556   d) 233512
   e) 243483   f) 223469   g) 250480   h) 284482
6.3.3 a) 9   b) 13   c) 7   d) 4   e) 12

7.5.1 Zeitmeridian für MEZ = 15°0; U_L = (15–9,9)° = 5.1°; zgl. = –13,0′;
Standort westlich vom Zeitmeridian.
WOZ = 11.25 Uhr – (5,1 · 4)′ + (–13,0)′ = 10.51 Uhr 36 Sekunden
Z = 10,86; S = 15 · 10,86–180° = – 17,1°
B = 47,6° [Speicher 1], D = –18,09° [Speicher 2], S = –17,1° [Speicher 3]

$$W = \arctan \left(\frac{+\,0{,}294}{-\,0{,}926} \right) = \arctan 0{,}3175 = -17{,}6°$$

Nenner negativ, also R_Z = W + 180° = (–17,6 + 180)° = 162°

7.5.2 a) 1 b) 10 c) 1 d) 12 e) 2

7.5.3 a) 60° b) 68° c) 30° d) 40°

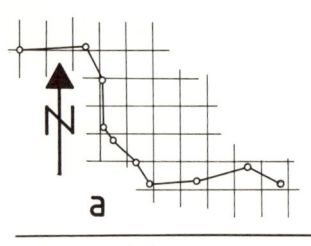

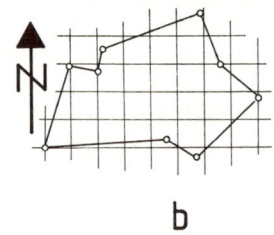

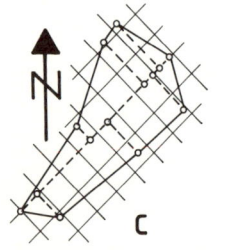

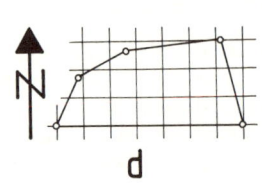

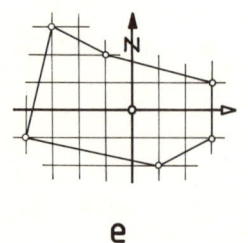

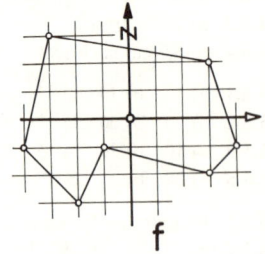

Abb. 135 *Lösungen zu Teil 8*
        a) [8.3.1] b) [8.3.2] c) [8.3.3] d) [8.3.4] e) [8.3.8a] f) [8.3.8b]

8.3.1 [Abb. 135 a]

8.3.2 [Abb. 135 b]

8.3.3 [Abb. 135 c]; $\dfrac{500}{5 \cdot 53}$ = 0,3773585; Kehrwert = 2,65

Werte für die Teilstrecken der Längsachse zusammenzählen, um die Abstände vom Ausgangspunkt zu bestimmen.

(1) 8,5/11,5 (2) 36,5/7,0 (3) 46,0/16,0 (4) 65,0/21,5 (5) 69,5/17,0
(6) 73,0/22,5; Gesamtlänge = 79,0 mm [alle Werte auf ½ mm gerundet]
Die Längsachse zum Zeichnen senkrecht oder waagerecht legen; erst die fertige Zeichnung nach MaN ausrichten.

8.3.4 [Abb. 135 d]; Strecke AB = 200 $\cdot \dfrac{100}{5 \cdot 57}$ mm = 70 mm

Rechnerisch:

Dreieckswinkel für die Dreiecke mit der Grundlinie AB ermitteln (10.2.17)
Seite AC (AD, AE) = b nach dem Siussatz (10.2.18) berechnen
Rechtswert (= b $\cdot$ cos α) und Hochwert (= b $\cdot$ sin α) ermitteln
[Da der Winkel nicht auf die Nordrichtung bezogen ist, werden sin/cos gegenüber der Koordinatenberechnung (10.2.20) vertauscht]
Rechtswert/Hochwert für die gesuchten Punkte [gerundet auf ½ mm]:
(C 62,0/30,5 (D) 26,5/26,5 (E) 8,5/17,5

8.3.5 a) 75° b) 80° c) 55° d) 35° e) 70° f) 75°

8.3.6 30,4 Doppelschritte = 52,46 m

8.3.7 α = (286 – 187)° = 99°
β = 161° – (286 – 180°) = 55°
γ = (180 – 99 – 55)° = 26°
b = c $\cdot \dfrac{\sin \beta}{\sin \gamma}$ = 33 $\cdot \dfrac{\sin 55°}{\sin 26°}$ = 61,66 Doppelschritte = 106,3 m

8.3.8 a) [Abb. 135 e] b) [Abb. 135 f]

8.3.9 a) [Abb. 135 a]; $\dfrac{100}{5 \cdot 54}$ = 0,3703704; Kehrwert = 2,7

Rechtswert = sin R $\cdot$ E $\cdot$ 0,3703704 **oder** $\dfrac{\sin R \cdot E}{2,7}$

Hochwert mit **cos** R statt in R; weiter wie beim Rechtswert
(1) 25,0/1,5 (2) 31,0/–10,5 (3) 31,5/–27,5 (4) 35/–32,5
(5) 43,5/–40,5 (6) 48,5/–47,5 (7) 66,5/–47,0 (8) 85,0/–42,0
(9) 97,5/–48,0 [alle Werte auf ½ mm gerundet

b) [Abb. 135 b]; $\dfrac{100}{5 \cdot 60}$ = 0,3333333; Kehrwert = 3

Rechtswert = $\dfrac{\sin R \cdot E}{3}$ Hochwert = $\dfrac{\cos R \cdot E}{3}$

(1) 46,0/3,0   (2) 57,0/–3,5   (3) 80,0/18,5   (4) 66,0/30,0
(5) 58,0/48,5   (6) 21,5/35,0   (7) 19,5/27,5   (8) 9,5/29,0   (9) 0/0
[alle Werte auf 1/2 mm gerundet]

8.3.10 a) NW; Δ = 17/10; R = $(360 – 59,5)° = 300,5°$; E = 19,72

b) SO; Δ = 12/6; R = $(180 – 63,4(° = 116,6°$; E = 13,4

c) NO; Δ = 153/102; R = 56,3°; E = 18,388 km

d) SO; Δ = 399/705; R = $(180 – 29,5)° = 150,5°$; E = 81,007 km

8.3.11 a) UTM-Koordinaten für A = 645308, für B = 486425
NW; Δ = 159/117; R = $(360 – 53,65)° = 306,35°$; E = 19,741 km

b) SO (!); Δ = 366/572; R = $(180 – 32,61)° = 147,39°$; E = 67,907 km
Der Hubschrauber kann nach 20 Minuten eintreffen.
Er fliegt an aus Richtung 147° (Richtung BA!)

8.3.12 a) Vom Gelände auf die Karte: östliche Mißweisung zuzählen, also
rechnen mit Richtung
CA = 340° und Richtung CB = 65°.
Richtung AC = $(340 – 180)° = 160°$
Richtung BC = $(65 + 180)° = 245°$
Richtung AB [SW] = $(180 – ε)°$; arc tan ε = $\dfrac{800}{200} = 76°$

$\qquad\qquad\qquad = (180 – 76)° = 104°$

α = Richtung AC – Richtung AB = $(160 – 104)° = 56°$
β = Richtung BA – Richtung BC = $(104 + 180)° – 245° = 39°$
$\gamma = 180 – \alpha – \beta = 85°$
Entfernung AB = c = $\sqrt{80,0^2 + 20,0^2}$ km = 82,462 km

b = c · $\dfrac{\sin \beta}{\sin \gamma}$ km = 52,093 km

x = (b · sin 160°) km = 17,8 km; Rechtswert C = 100 + 178 = 278
y = (b · cos 160°) km –48,95 km; Hochwert C = 600 – 489,5 = 110,5
Die Koordinaten für den Standort (C) lauten achtstellig: 27801105

b) Vom Gelände auf die Karte: westliche Mißweisung abziehen, also
rechnen mit Richtung AC = 210° und Richtung BC = 150°.

Richtung AB [NW] = $(360 – ε)°$; tan ε = $\dfrac{500}{100}$, ε = 78,7°

$\qquad\qquad\qquad = (360 – 78,7)° = 281,3°$

Entfernung AB = c = $\sqrt{50,0^2 + 10,0^2}$ km = 50,99 km
α = Richtung AB – Richtung AC = $(281,3 – 210)° = 71,3°$
β = Richtung BC – Richtung BA = $150 – (180 – 78,7)° = 48,7°$
$\gamma = 180 – \alpha – \beta = 60°$

b = c · $\dfrac{\sin \beta}{\sin \gamma}$ km = 44,233 km

x = (b · sin 210°) km = –22,1 km; Rechtswert C = 600 – 221 = 379
y = (b · cos 210°) km = –38,3 km; Hochwert C = 400 – 383 = 017
Der Gipfel (C) hat die Koordinaten 379017.

10.2 Rechenhilfen

10.2.1 Doppelschritte in Meter

$$\text{Entfernung} = \frac{\text{gezählte Doppelschritte} \cdot 100}{\text{Schrittmaß}} \text{ m}$$

Beispiel Schrittmaß = 54 Doppelschritte auf 100 m
Schrittzahl = 38

Entfernung = $\frac{38 \cdot 100}{54}$ m = 70,4 m

10.2.2 Meter in Doppelschritte

$$\text{Doppelschritte} = \frac{\text{Schrittmaß} \cdot \text{Entfernung in m}}{100}$$

Beispiel Schrittmaß = 54 Doppelschritte auf 100 m
Entfernung = 150 m

Schrittzahl = $\frac{54 \cdot 150}{100}$ = 81 Doppelschritte

10.2.3 Gehzeit aus Entfernung und Höhenunterschied

1. Für jede Teilstrecke ermitteln
a) Gehzeit in Minuten für die Entfernung $= \frac{\text{Entfernung in m}}{67} =$ Entfernung in m · 0,015
b) Gehzeit in Min. für Höhenunterschied $= \frac{\text{Höhenunterschied}}{5} =$ Höhenunterschied in m · 0,2

2. Den kleineren Wert halbieren und zum größeren hinzuzählen

Beispiel Maßstab = 1:50 000
Äquidistanz = 20 m
Entfernung auf der Karte = 16 mm
geschnittene Höhenlinien = 9
waagerechte Entfernung = 16 mm · 50 000 = 800 m
Höhenunterschied = 9 · 20 m = 180 m

Zeit für die Entfernung = 800 · 0,015 Minuten = 12 Minuten

Zeit für den Höhenunterschied = 180 · 0,2 Minuten = 36 Minuten

voraussichtliche Gehzeit = $\frac{12}{2}$ + 36 Minuten, also rund 42 Minuten

10.2.4 Steigung aus Höhenunterschied

$$\text{Steigung} = \frac{\text{Äquidistanz} \cdot \text{geschnittene Höhenlinien} \cdot 100\,000}{\text{Entfernung auf der Karte} \cdot \text{Maßstabszahl}} \%$$

Beispiel Äquidistanz = 20 m

geschnittene Höhenlinien = 12

Entfernung auf der Karte = 35 mm

Maßstab = 1:50 000

$$\text{Steigung} = \frac{20 \cdot 12 \cdot 100\,000}{35 \cdot 50\,000} \% = 13,7\%$$

10.2.5 Abstand der Höhenlinien aus Steigung

$$\text{Abstand der Höhenlinien} = \frac{\text{Äquidistanz} \cdot 100\,000}{\text{Prozentzahl} \cdot \text{Maßstabszahl}} \text{ mm}$$

Beispiel Äquidistanz = 20 m

geplante Steigung = 15 %

Maßstab = 1:25 000

$$\text{Abstand der Höhenlinien} = \frac{20 \cdot 100\,000}{15 \cdot 25\,000} \text{ mm} = 5,3 \text{ mm}$$

10.2.6 Neigungswinkel in Steigung (10.2.10 oder Taschenrechner)

$$\text{Steigung} = (\text{Tangens des Neigungswinkels} \cdot 100)\%$$

Beispiel Neigungswinkel = 10°

tan 10° = 0,1763

Steigung = (0,1763 · 100) % = 17,63 %, also etwa 17½ %

10.2.7 Steigung in Neigungswinkel (10.2.10 oder Taschenrechner)

$$\text{Tangens des Neigungswinkels} = \frac{\text{Steigung in \%}}{100}$$

Beispiel Steigung = 14 %

Tangens des Neigungswinkels = $\dfrac{14}{100}$ = 0,14

Neigungswinkel = arc tan 0,14 = 8°

10.2.8 Schrägentfernung (10.2.9 oder Taschenrechner)

Ein geneigter Weg erscheint auf der Karte kürzer als er im Gelände gemessen wird, da die Karte nur die waagerechte Entfernung (Draufsicht) angibt.

Waagerechter Abstand = $\dfrac{\text{gemessene}}{\text{Entfernung}}$ · Kosinus des Neigungswinkels

Beispiel im Gelände gemessene Entfernung = 100 m
          Neigungswinkel = 5°

cos 5° = 0,9962

waagerechter Abstand = 100 · 0,9962 m = 99,62 m

10.2.9 Kosinus-Werte bis 50°

1°	0,9998	11°	0,982	21°	0,934	31°	0,857	41°	0,755
2°	0,9994	12°	0,978	22°	0,927	32°	0,848	42°	0,743
3°	0,9986	13°	0,974	23°	0,921	33°	0,839	43°	0,731
4°	0,9976	14°	0,970	24°	0,914	34°	0,829	44°	0,719
5°	0,9962	15°	0,966	25°	0,906	35°	0,819	45°	0,707
6°	0,9945	16°	0,961	26°	0,899	36°	0,809	46°	0,695
7°	0,9925	17°	0,956	27°	0,891	37°	0,799	47°	0,682
8°	0,9903	18°	0,951	28°	0,883	38°	0,788	48°	0,669
9°	0,9877	19°	0,946	29°	0,875	39°	0,777	49°	0,656
10°	0,9848	20°	0,940	30°	0,866	40°	0,766	50°	0,643

10.2.10 Tangens-Werte bis 50°

1°	0,0175	11°	0,194	21°	0,384	31°	0,601	41°	0,869
2°	0,0349	12°	0,213	22°	0,404	32°	0,625	42°	0,900
3°	0,0524	13°	0,231	23°	0,424	33°	0,649	43°	0,933
4°	0,0699	14°	0,249	24°	0,445	34°	0,675	44°	0,966
5°	0,0875	15°	0,268	25°	0,466	35°	0,700	45°	1,000
6°	0,1051	16°	0,287	26°	0,488	36°	0,727	46°	1,036
7°	0,1228	17°	0,306	27°	0,510	37°	0,754	47°	1,072
8°	0,1405	18°	0,325	28°	0,532	38°	0,781	48°	1,111
9°	0,1584	19°	0,344	29°	0,544	39°	0,810	49°	1,150
10°	0,1763	20°	0,364	30°	0,577	40°	0,839	50°	1,192

10.2.11 Kreisteilungen umrechnen

$$\text{Gefragter Winkel} = \text{gegebener Winkel} \cdot \frac{\text{gefragte Kreisteilung}}{\text{gegebene Kreisteilung}}$$

Beispiel Wieviel Grad sind 180 gon? $180 \,\text{gon} \cdot \dfrac{360}{400} = 162°$

In Abb. 136 steht der Bruch $\frac{\text{gefragte Kreisteilung}}{\text{gegebene Kreisteilung}}$ jeweils am »gefragten«
Ende des Doppelpfeils, z. B. 0,9 bei 360° zwischen »360°« und »400 gon«.
Bei periodischen Brüchen (z. B. 1,1$\overline{1}$ für »Grad in gon«) erhält man ein genaue-
res Ergebnis, wenn man mit möglichst vielen Stellen rechnet oder durch den
Kehrwert teilt. Der Kehrwert (hier 0,9) steht am anderen Ende des Doppel-
pfeils.

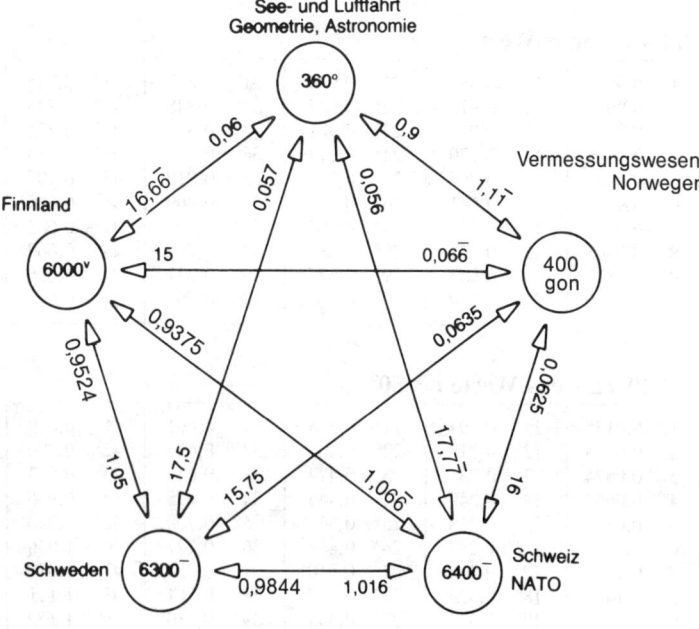

Abb. 136 Kreisteilungen umrechnen

10.2.12 Gitter nach MaN ausrichten (10.2.10 oder Taschenrechner)

seitliche Verschiebung = Tangens des Mißweisungswinkels · Kartenhöhe

Beispiel Mißweisung = −5° (westlich)
tan 5° = 0,0875
Kartenhöhe = 44,47 cm (Sollmaß oder gemessen)
seitliche Verschiebung = 0,0875 · 44,47 cm = 3,9 cm [gerundet]

10.2.13 Bogenminuten in Dezimalgrad, Bogensekunden in Dezimalminuten

$$\frac{\text{Bogenminuten oder -sekunden}}{60} = \text{Dezimalgrad oder -minuten}$$

Beispiel $15' = \left(\frac{15}{60}\right)^{\circ} = 0,25°$

10.2.14 Dezimalgrad in Bogenminuten, Dezimalminuten in Bogensekunden

Dezimalgrad oder -minuten · 60 = Bogenminuten oder -sekunden

Beispiel $0,5° = (0,5 · 60)' = 30'$

10.2.15 Meridiankonvergenz (10.2.14 und Taschenrechner)

Meridiankonvergenz = Δ L · sin B

Δ L
= Unterschied zwischen der geographischen Länge des Ortes und der geographischen Länge des Hauptmeridians
B = geographische Breite des Ortes

Beispiel Lage des Ortes = 50° 30′ Nord 10° 15′ Ost = 50,5° N 10,25° O
Hauptmeridian für diesen Meridianstreifen = 9° Ost (siehe 4.2)
Längenunterschied zwischen Ort und Mittelmeridian = (10,25 − 9)° = 1,25°
Meridiankonvergenz = (1,25 · sin 50,5)° = 0,9645° = 57′ 52″

10.2.16 Maßstab ermitteln

$$\text{Maßstabszahl} = \frac{\text{Strecke im Gelände}}{\text{Strecke auf der Karte}}$$

- Über und unter dem Bruchstrich muß die gleiche Maßeinheit verwendet werden, also beide Male m, cm, ° oder ′,
- 1° geographische Breite (B) = 111,1 km (oder $\frac{40\,000}{360}$ km),
- 1° geographische Länge = cos B · 111,1 km,
- wegen der Meß- und Rundungsfehler darf man, wenn ein glatter Maßstab zu erwarten ist, auch beim Ergebnis behutsam runden.

Beispiel 1 **Maßstabsleiste**

Länge einer Maßstabsleiste = 8,05 cm

entsprechende Strecke im Gelände = 10 km

10 km = 10 000 m = 1 000 000 cm

$$\text{Maßstabszahl} = \frac{1\,000\,000}{8,05} = 124\,224$$

Maßstab vermutlich = 1 : 125 000

Beispiel 2 **Luftbild/Satellitenfoto**

Strecke im Luftbild = 19,4 cm

Strecke auf der Karte 1 : 50 000 = 4,7 cm

$$\text{Maßstabszahl} = \frac{4,7 \cdot 50\,000}{19,4} = 12\,113$$

Maßstab vermutlich = 1 : 12 000

Beispiel 3 **Geographisches Netz**

6 Längenminuten entsprechen 25 cm auf der Karte

geographische Breite = 47° 30′

1° Länge im Gelände = cos 47,5° · 111,1 km = 75,058 km = 75 058 m

6′ = 0,1°; 25 cm = 0,25 m

$$\text{Maßstabszahl} = \frac{0,1 \cdot 75\,058}{0,25} = 30\,023,2$$

Maßstab vermutlich = 1 : 30 000

10.2.17 Dreieckswinkel aus Richtungswinkeln (vgl. Abb. 119)

- Den kleineren Richtungswinkel vom größeren abziehen
- Ergebnisse über dem halben Vollkreis vom Vollkreis abziehen

Beispiele   120°/40°: (120 − 40)° = 80°

40/330°: (330 − 40)° = 290°; (360 − 290)° = **70°**

Im Dreieck α = (wie oben)

β = BA = AB ± 180°, weiter wie oben

γ = 180° − α − β.

10.2.18 Sinussatz (Taschenrechner)

Wenn in einem Dreieck zwei beliebige Seiten und ein Winkel oder eine Seite und zwei beliebige Winkel bekannt sind, ermittelt man die fehlenden Seiten oder Winkel nach den Formeln

$$\frac{a}{\sin \alpha} = \frac{b}{\sin \beta} = \frac{c}{\sin \gamma}, \text{ zum Beispiel für}$$

$$\underline{\text{Seite a:}} \; a = c \cdot \frac{\sin \alpha}{\sin \beta} \; ; \; \underline{\text{Winkel } \alpha:} \; \sin \alpha = \frac{a}{c} \cdot \sin \gamma$$

10.2.19 Kosinussatz (Taschenrechner)

Wenn in einem Dreieck zwei Seiten und der eingeschlossene Winkel bekannt sind, ermittelt man die fehlenden Stücke nach den Formeln

$$b^2 = a^2 + c^2 - 2 \cdot a \cdot c \cdot \cos \beta \text{ oder}$$

$$\cos \beta = \frac{a^2 - b^2 + c^2}{2 \cdot a \cdot c}$$

10.2.20 Polarkoordinaten in rechtwinklige Koordinaten
(Taschenrechner, Abb. 128)

x = sin Richtungswinkel · Entfernung; [kurz: x = sin R · E]

y = cos Richtungswinkel · Entfernung; [kurz: y = cos R · E]

Beispiel Richtung = 65°

Entfernung = 235 m (= 4,7 cm bei Maßstab 1 : 50000)

x = sin 65° · 4,7 cm = 0,9063 · 4,7 cm = 4,25 cm (nach rechts; gerundet)

y = cos 65° · 4,7 cm = 0,4226 · 4,7 cm = 2,0 cm (nach oben; gerundet)

10.2.21 Rechtwinklige Koordinaten in Polarkoordinaten
(Taschenrechner, Abb. 128)

Zahlenbeispiel Maßstab = 1 : 50000 (2-cm-Abstand der Gitterlinien = 1 km)

Mißweisung = − 5° (westlich)

UTM-Koordinaten für Punkt A = 900400

UTM-Koordinaten für Punkt B = 500700

Δ (griechischer Großbuchstabe Delta für »Differenz«) = Unterschied
Δ Rechtswerte = 900 − 500 = 400 (also 40,0 km)
Δ Hochwerte = 700 − 400 = 300 (also 30,0 km)

1. Richtung aus rechtwinkligen Koordinaten

$$1.\ \varepsilon = arc\ tan\ \frac{\Delta\ Rechtswerte}{\Delta\ Hochwerte}\ \text{(vgl. 8.2.2.7)}$$

2. Richtungswinkel im Gitternetz bestimmen:
Nord bis Ost (1. Quadrant) = ε
Ost bis Süd (2. Quadrant) = 180 − ε
Süd bis West (3. Quadrant) = 180 + ε
West bis Nord (4. Quadrant) = 360 − ε
3. Mißweisung ausgleichen

Beispiel (Werte s. oben)

1. $\varepsilon = arc\ tan\ \frac{400}{300} = 53°$ [gerundet]

2. B liegt westlicher und nördlicher als A, also im 4. Quadranten:
Richtungswinkel im Gitternetz = 360° − ε = 307°
3. Von der Karte ins Gelände westliche Mißweisung zuzählen:
Kurswinkel = (307 + 5)° = 312°

2. Entfernung aus rechtwinkligen Koordinaten

$$\text{Entfernung} = \sqrt{(\Delta\ Rechtswerte)^2 + (\Delta\ Hochwerte)^2}\ \text{(vgl. 8.2.2.6)}$$

Beispiel (Werte siehe oben)
Entfernung = $\sqrt{40,0^2 + 30,0^2}$ km = 50,0 km

10.2.22 Normaldruck der Luft (Taschenrechner mit der Taste »e^x«)

$$\text{Normaldruck} = 1013,25 \cdot e - \frac{\text{Höhe ü. M. in Metern}}{8005}\ \text{Hektopascal (Millibar)}$$

Beispiel
Normaldruck für 2000 m = 1013,25 · $e^{-0,25}$ hPa = 789 hPA (Millibar)

10.2.23 Abstand zwischen Längengraden

B = geographische Breite

$$\text{Abstand} = \cos B \cdot 111{,}1 \text{ km}$$

Beispiel B $= 68°$
$\cos B = 0.3746$
Abstand $= 0.3746 \cdot 111{,}1 \text{ km} = 41{,}6 \text{ km}$

10.2.24 Ortszeit (topographische Karte, Abb. 36, Tab. 17)

U_L = Längenunterschied zwischen Standort und Zeitmeridian in Grad
zgl = Zeitgleichung: Abweichung der wahren von der mittleren Ortszeit
MOZ = mittlere Ortszeit: Längenunterschied berücksichtigt
WOZ = wahre Ortszeit: auch Zeitgleichung berücksichtigt

1. Uhrzeit in Ortszeit

$$\text{WOZ} = \text{Uhrzeit (Zonenzeit)} \pm (U_L \cdot 4)' + \text{zgl}$$
$$+ \text{ bei Standort ostwärts des Zeitmeridians}$$
$$- \text{ bei Standort westlich des Zeitmeridians}$$

Beispiel: Standort 9°30'W (z. B. nordwestliches Spanien)
Tag 25. Juli; Zeitgleichung $= -6{,}5$ (Tab. 17)
Zonenzeit $= 17.15$ Uhr MESZ (entspricht 30°O)
$U_L = (30 + 9{,}5)° = 39{,}5°$
Der Standort liegt westlicher als der Zeitmeridian, also ist der Zeitunterschied von der Uhrzeit abzuziehen:
WOZ $= 17.15$ Uhr $- (39{,}5 \cdot 4)' + (-6{,}5') = ***14.31 Uhr***$

2. Ortszeit in Uhrzeit

$$\text{Uhrzeit (Zonenzeit)} = \text{WOZ} \pm (U_L \cdot 4)' - \text{zgl}$$
$$- \text{ bei Standort ostwärts des Zeitmeridians}$$
$$+ \text{ bei Standort westlich des Zeitmeridians}$$

10.2.25 Sonnenrichtung und -höhe

A = Sonnenaufgang
B = geographische Breite, z. B. 50°N $= +50°$, 30°S $= -30°$
D = Deklination (hier: Winkel der scheinbaren Sonnenbahn zum Himmelsäquator an einem bestimmten Kalendertag)

233

H = Sonnenhöhe (+ = über dem Horizont, – = darunter)
R = Sonnenrichtung
U = Sonnenuntergang
Z = Ortszeit als Dezimalbruch, z. B. 14,750 für 14.45 Uhr

1. Deklination Tab. 17 (Beilage)

2. Stundenwinkel, vom Südpunkt aus gerechnet

$$S = 15 \cdot Z - 180° \ (- = \text{vormittags}, + = \text{nachmittags})$$

3. Sonnenrichtung R_Z

$$[\text{Zusatzwinkel}] \ W = \arctan \left(\frac{-\sin S}{-\sin B \cdot \cos S + \cos B \cdot \tan D} \right)°$$

bei Nenner –   ist $R_Z = W + 180°$
bei Nenner + / Zähler + ist $R_Z = W$
bei Nenner + / Zähler – ist $R_Z = W + 360°$
bei Nenner 0 / Zähler + ist $R_Z = 90°$
bei Nenner 0 / Zähler – ist $R_Z = 270°$

Beispiel In welcher Richtung steht die Sonne auf 20°S am 05.05. um 7.30 Uhr WOZ?
$B = -20°$; $D_{05.05.} = +16,15°$; $S = -67,5$
$W = 66°$; Nenner und Zähler positiv, also $\mathbf{R_Z = W = 66°}$

Mittagsrichtung
$D > B$: Mittagssonne im Norden (z. B. $D = -5°$, $B = -10°$)
$D < B$: Mittagssonne im Süden (z. B. $D = -15°$, $B = +5°$)
$D = B$: Mittagssonne senkrecht

4. Sonnenhöhe

$$\mathbf{H_Z} = \arcsin (\sin B \cdot \sin D + \cos B \cdot \cos D \cdot \cos S)$$

Beispiel Wie hoch steht die Sonne auf 40°N am 01.06. um 10,0 WOZ?
$B = +40°$; $D_{01.06.} = +22,0°$; $S = -30$
$\mathbf{H_Z = 59°}$

Schattenmessung (Abb. 138): $H_Z = \arctan \left(\frac{\text{senkrechter Schattenwerfer}}{\text{waagerechte Schattenlänge}} \right)°$

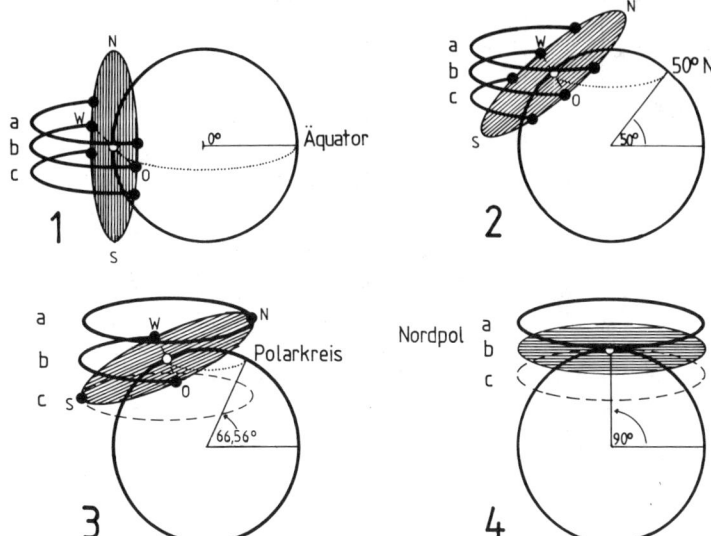

Abb. 137 *Tagbogen der Sonne in verschiedenen Breiten (schematisch)*
a) längster Tag, b) Tag- und Nachtgleiche, c) kürzester Tag.
Das schraffierte Oval stellt den Horizont des Beobachters dar;
der weiße Kreis in der Mitte des Ovals ist sein Standort.

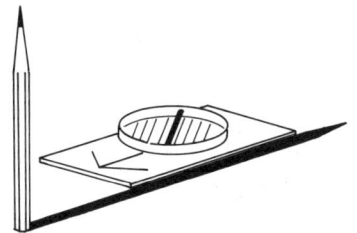

Abb. 138 *Sonnenstand. Messung mit dem Linealkompaß*
    a) Richtung: Anlegekante an den Schatten anlegen (Kurspfeil
    zur Sonne; Nadel nicht abgelenkt); Dose nach Magnetnadel
    ausrichten; Gradzahl ablesen

    b) Höhe = arc tan $\left(\dfrac{\text{Höhe des senkrechten Schattengebers}}{\text{Länge des waagerechten Schattens}} \right)$

Breite	0° Äquator			30°N			50°N Mitteleuropa			70°N			90°N Nordpol		
Deklination	+23,44°	0°	-23,44°	+23,44°	0°	-23,44°	+23,44°	0°	-23,44°	+23,44°	0°	-23,44°	+23,44°	0°	-23,44°
1. Sonnenaufgang (10.2.25.5)															
Zeit (WOZ)	6.00	6.00	6.00	5.02	6.00	6.58	3.56	6.00	8.04	[1]	6.00	[2]	[1]	[3]	[2]
Richtung	67°	90°	113°	63°	90°	117°	52°	90°	128°	[1]	90°	[2]	[1]	[3]	[2]
2. Mittagshöhe (10.2.25.4)	113°	90°	67°	83°	60°	37°	63°	40°	17°	43°	20°	- 3°	23°	0°	- 23°
3. Beginn der Dämmerung (WOZ, 10.2.25.8)															
bürg. (- 6,5°)	5.32	5.34	5.32	4.27	5.30	6.25	2.59	5.19	7.16	[1]	4.43	9.45	-	[3]	-
naut. (- 12°)	5.08	5.12	5.08	3.57	5.04	5.57	1.59	4.45	6.38	[1]	3.30	8.08	-	[3]	-
astr. (- 18°)	4.41	4.48	4.41	3.21	4.36	5.28	-	4.05	5.58	[1]	1.42	6.48	-	[3]	-
4. Sonnenrichtung (10.2.25.3)															
6.00 Uhr WOZ	67°	90°	113°	69°	90°	111°	74°	90°	[2]	82°	90°	[2]	90°	90°	[2]
6.30 Uhr WOZ	66°	90°	114°	73°	94°	114°	80°	96°	[2]	89°	97°	[2]	98°	98°	[2]
8.00 Uhr WOZ	63°	90°	117°	82°	106°	126°	97°	114°	[2]	110°	118°	[2]	120°	120°	[2]
10.00 Uhr WOZ	49°	90°	131°	97°	131°	148°	128°	143°	152°	143°	148°	[2]	150°	150°	[2]
11.30 Uhr WOZ	17°	90°	163°	133°	165°	171°	165°	170°	173°	171°	172°	[2]	173°	173°	[2]
12.00 Uhr WOZ	0°	-	180°	180°	180°	180°	180°	180°	180°	180°	180°	[2]	180°	180°	[2]

Tab. 16 Sonnenstand auf der Nordhalbkugel
[1] Mitternachtssonne, [2] Sonne unter dem Horizont, [3] Sonne ganztägig in Horizonthöhe

Mittagshöhe	Nordhalbkugel	Südhalbkugel
allgemein	$90° - B + D$	$90° + B - D$
Sommersonnenwende	$90° - B + 23,44°$	$90° + B + 23,44°$
Wintersonnenwende	$90° - B - 23,44°$	$90° + B - 23,44°$

$$Z_H = 12 \pm \frac{1}{15} \arccos \left(\frac{\sin H - \sin B \cdot \sin D}{\cos B \cdot \cos D} \right)$$

$$(- = Z < 12,0; + = Z > 12,0)$$

Beispiel: Wann steht am 31.10. die Sonne auf 20°S 15° über dem Horizont?

$H = 15°$; $B = -20°$; $D_{31.10.} = -13,99°$

$Z_H = 12 - 5,257 = 6,743 = $ **6.45 Uhr** WOZ für den Vormittag

$\quad = 12 + 5,257 = 17.257 = $ **17.15 Uhr** WOZ für den Nachmittag

5. Sonnenaufgang

Der Rechner meldet »Fehler«, wenn es wegen der Mitternachtssonne oder der Polarnacht keinen Sonnenaufgang gibt.

$$\text{Zeit: } Z_A = \frac{1}{15} \arccos (\tan B \cdot \tan D)$$

$$\text{Richtung: } R_A = 90° - \arcsin \left(\frac{\sin D}{\cos B} \right)$$

Beispiel 1: Wann geht auf 32°S am 15.02. die Sonne auf?

$B = -32°$; $D_{15.02.} = -12,88°$

$Z_A = 5,452 = $ **5.27 Uhr WOZ**

Beispiel 2: In welcher Richtung geht auf 55°N am 20.08. die Sonne auf?

$B = +55°$; $D_{20.08.} = +12,56°$

$R_A = $ **68°**

6. Sonnenuntergang

Zeit: $Z_U = 24 - Z_A$

Richtung: $R_U = 360° - R_A$

7. Tageslänge $= Z_U - Z_A$ [Stunden]

Beispiel: Wie lang ist der Tag in Lappland (68°N) Mitte März?

$B = +68°$; $D_{15.03.} = -2,28°$.

$Z_A = 6,377$ ($= 6.23$ Uhr WOZ); $Z_U = 17,623$ ($= 17.37$ Uhr WOZ)

Tageslänge $= 11,246$ Stunden $= $ **11 Stunden 15 Minuten.**

8. Länge der Dämmerung = Z_A [Nr. 5] − Z_H [Nr. 4]

Bei der Dämmerung unterscheidet man

bürgerliche Dämmerung (H = − 6,5°): man kann noch lesen

nautische Dämmerung (H = − 12°): Wasserlinie am Horizont

noch erkennbar

astronomische Dämmerung (H = − 18°): die Sterne leuchten auf

Beispiel: Wie lange dauert im obigen Beispiel die Dämmerung?

H = − 6,5° für bürgerliche Dämmerung; übrige Werte wie Beispiel zu Nr. 7.

Z_H = 5,216 (= 5.13 Uhr WOZ).

Morgendämmerung = 6,377 − 5,216 = 1,161 = **1 Stunde 10 Minuten.**

9. Mitternachtssonne bei D > (90 − B)° (Nordhalbkugel)

Der Zeitraum weicht bei hochgelegenem Standort positiv, bei verdecktem wahren Horizont (Berge, Wald) negativ um mehrere Tage vom rechnerischen Ergebnis ab.

10. Polarnacht bei D < (B − 90°) (Nordhalbkugel)

11. Schattenlänge (waagerecht) = $\dfrac{\text{Länge des senkrechten Schattengebers}}{\text{tan Sonnenhöhe}}$

10.2.26 Geographische Breite und Länge (Uhr, 2.3.6, Tab. 17)

Breite = Höhenwinkel des Polarsterns

Länge a. Südrichtung ermitteln (ggf. Mißweisung ausgleichen),

b. feststellen, zu welcher Uhrzeit die Sonne im Süden steht,

c. Zeitgleichung des Kalendertages zur Uhrzeit zuzählen (Vorzeichen beachten).

Die Minutenzahl bis 12.00 Uhr geteilt durch vier ergibt den Längenabstand in Grad vom Zeitmeridian (der bei Sommerzeit um 15° ostwärts verschoben ist!).

Bei Mittagssonne *vor* 12.00 Uhr liegt der Standort *ostwärts* vom Zeitmeridian, nach 12.00 Uhr westlich davon.

Mit den Hilfsmitteln des Wanderers ergibt das Verfahren nur grobe Näherungswerte, denn 1° Breite sind 111 km; 1° Länge sind am Äquator 111 km und am Polarkreis immer noch 44 km (10.2.23).

10.2.27 Entfernung aus geographischen Koordinaten

      (= Großkreisdistanz, Orthodrome; Taschenrechner)

B = geographische Breite U_L = Längenunterschied

L = geographische Länge   M = Mittelpunktswinkel

$$\text{Entfernung} = M \cdot 111,1 \text{ km}$$
$$M = \text{arc cos} (\sin B_1 \cdot \sin B_2 + \cos B_1 \cdot \cos B_2 \cdot \cos U_L)$$

Beispiel Entfernung Helsinki – La Paz

Helsinki (1) = 60,2°N 25°O

La Paz (2)   = 16,5°S 68,15°W (= 16,5°/– 68,15)

$U_L = L_1 - L_2 = 25 - (- 68,15)° = 93,15°$

$M = 105,8°$ (gerundet)

Entfernung = $105,8 \cdot 111,1$ km = 11 755 km (gerundet)

10.2.28 Richtung aus geographischen Koordinaten

(= Großkreis-Anfangskurs; Taschenrechner, 10.2.27)

Wenn Standort und Ziel auf verschiedenen Meridianstreifen liegen, läßt sich der Kurswinkel nicht nach 10.2.21 berechnen; man ermittelt ihn dann nach den geographischen Koordinaten. Für Schiffe und Flugzeuge, die sich auf einem Großkreis (= kürzeste Entfernung zwischen zwei Punkten auf der Erdoberfläche) bewegen, ändert sich der Kurswinkel zwar laufend, aber für die kurzen Tagesstrecken beim Wasserwandern kann der nach der folgenden Formel bestimmte Anfangswinkel bis in hohe Breiten als Kurswinkel verwendet werden.

1 = Standort, 2 = Ziel; übrige Abkürzungen wie in 10.2.27.
[M nach 10.2.27 berechnen]

$$W = \text{arc cos} \left(\frac{\sin B_2 - \cos M \cdot \sin B_1}{\sin M \cdot \cos B_1} \right)°$$

Kurswinkel = W bei Fahrt in den östlichen Halbkreis.

= 360° − W bei Fahrt in den westlichen Halbkreis.

Beispiel Standort (1) = 69,09°N 28,04°O

Ziel (2)   = 68,92°N 27,66°O

$U_L = 0,38°$

$M = 0,2177984°$

$W = 141°$ (gerundet)

Kurswinkel = $(360 - 141)° = 219°$ (Fahrt in den westlichen Halbkreis)

$$\text{Kursänderung um } 1° \text{ nach } \frac{111,1}{\tan B_1 \cdot \sin \text{Kurswinkel}} \text{ km}$$

10.3 Fachausdrücke in fremden Sprachen

Deutsch

1. Karte
2. Kompaß
3. Richtung
4. Entfernung
5. Maßstab
6. Mißweisung
7. Äquidistanz
8. Geographisch – Nord (GeN)
9. Magnetisch – Nord (MaN)
10. Gitter – Nord (GiN)

Arabisch

١ الخريطة الجغرافية	1. Al Charita
٢ البوصله	2. Al Bosla
٣ الأتجاه	3. Al Itigah
٤ المسافه	4. Al Masafa
٥ مقياس الرسم	5. Mekjas al Rasm
٦ الانحراف	6. Al Inheraf
٧ المسافات المتساويه	7. Al Masafat al Mutusauja
٨ الشمال الجغرافي (ش ج)	8. Al Schamal Gughrafi
٩ الشمال المغناطيسي (ش م)	9. Schamal Maghnatisi
١٠ الخطوط البيانية	10. Al Chotut al Bajania

Dänisch

1. kort
2. kompas
3. retning
4. afstand
5. målestok
6. misvisning
7. ækvidistance

8. sand nord, geografisk nord
9. magnetisk nord
10. koordinat nord, netnord

Englisch

1. map
2. compass
3. direction, bearing
4. distance
5. scale
6. declination
7. vertical interval, equidistance
   contour interval
8. true north (TN)
9. magnetic north (MN)
10. grid north (GN)

Finnisch

1. kartta
2. kompassi
3. suunta
4. etäisyys
5. mittakaava
6. eranto, neulankorjaus
7. korkeuskäyrien pystyväli
8. napapohjoinen
9. neulapohjoinen
10. karttapohjoinen

Französisch

1. carte
2. boussole
3. direction
4. distance
5. échelle
6. déclinaison magnétique
7. équidistance (des courbes)
8. nord géographique (NG)
9. nord magnétique (NM)
10. nord du quadrillage

Griechisch

1. (Γεωγραφικός) Χάρτης
2. Πυξίς
3. Κατεύθυνσης
4. Ἀπόστασις
5. Κλίμαξ, σκάλα
6. Ἀπόκλισις
7. Χωροσταθμική, Ισοϋψής
8. Γεωγραφικός - Βορρᾶς
9. Μαγνητικός - Βορρᾶς
10. Βόρρειον-Δίκτυον Πλέγμα

1. (Gheografikos) Chartis
2. Pixis
3. Katefthinsis
4. Apostasis
5. Klimax, Skala
6. Apoklisis
7. Chorostathmiki, Isoipsis
8. Gheografikos Worras
9. Maghnitikos Worras
10. Worrion-Dhiktion Phlegma

Hebräisch

1. מפה
2. מצפן
3. כיון
4. מרחק
5. קנה-מדה
6. סטיה
7. הפרש גובה
8. צפון גיאוגרפי
9. צפון מגנטי
10. צפון הרשת

1. Mapa
2. Mazpen
3. Kivun
4. Merchak
5. Kneh-mida
6. Stija
7. Hefresch govah
8. Zafon geografy
9. Zafon magneti
10. Zafon hareschet

241

Isländisch

1. kort
2. áttaviti
3. átt
4. fjarlægð
5. mælikvarði
6. misvisun
7. hæðamismunur
8. hánorður
9. segulnorður
10. netnorður

Italienisch

1. carta geografica
2. bussola
3. direzione
4. distanza
5. scala
6. declinazione magnetica
7. equidistanza
8. nord geografico
9. nord magnetico
10. nord reticolato

Japanisch

地図
（羅針盤）コンパス
方位
距離
縮尺
偏差
等距離
北極
磁北極（又は北磁極）

1. Chizu
2. (Rashintan) Kompasu
3. Hôi
4. Kyori
5. Shukushaku
6. Hensa
7. Tôkyori
8. Hokkyoku
9. Jihokkyoku (Hokujikyoku)

Niederländisch

1. (land) kaart
2. kompas
3. richting
4. afstand
5. schaal
6. declinatie
7. hoogtelijneninterval
8. geografisch noorden (GN)
9. magnetisch noorden (MN)
10. kaart – noorden (KN)

Norwegisch

1. kart
2. kompas
3. retning
4. avstand
5. målestokk
6. misvising
7. ekvidistanse
8. geografisk nord, sant nord
9. magnetisk nord
10. rutenettsnord

Polnisch

1. mapa
2. kompas
3. kierunek
4. odległość
5. skala
6. deklinacja
7. cięcie warstwicowe
8. północ geograficzna
9. północ magnetyczna
10. północ topograficzna

Portugiesisch

1. Mapa; Carta
2. Bússola
3. Direcção
4. Distância
5. Escala
6. Declinação
7. Equdistância
8. Norte verdadeiro
9. Norte magnético
10. Norte da quadrícula

Russisch

1. карта
2. компас
3. направление
4. отдалённость
   расстояние, дистанция
5. масштаб
6. деклинация
7. одинаковое расстояние

8. географический север
9. магнитный север
10. координатный север

1. karta
2. kompas
3. napravljenije
4. otdaljonnost
   rasstojanije, distancija
5. masštab
6. děklinacija
7. odinakovoje
   rasstojanije
8. geografičeskij sever
9. magnitnyj sever
10. koordinatnyj sever

Schwedisch

1. karta
2. kompass
3. riktning
4. avstånd
5. skala
6. missvisning
7. ekvidistans

8. geografiskt norr
9. magnetiskt norr
10. nätets norr

Spanisch

1. mapa
2. brújula
3. dirección
4. distancia
5. escala
6. declinación
7. intervalos de las curvas de
   nivel
8. norte geográfico (NG)
9. norte magnético (NM)
10. norte cuadricular (NC)

Tschechisch	Türkisch
1. mapa	1. Harita
2. kompas	2. Pusula
3. směr	3. Yön, istikamet
4. vzdálenost	4. Mesafe, Uzaklık
5. měřitko	5. Ölcek, ölçü
6. deklinace	6. Pusula göstergesinin kuzey yönünden sapması
7. stejná vzdalenost	7. Eş uzaklık
8. zeměpisný sever, geografický sever	8. Coğrafi kuzey
9. magnetický sever	9. Manyetik kuzey
10. souřadnicový sever	10. Kuzey Koordinatları aği

Ungarisch

1. térkép
2. iránytü
3. irány
4. távolság
5. mérték
6. mágneses elhajlás
7. egyenlö távolság
8. födrajzilag – észak (F – E)
9. mágneses – észak (M – E)
10. hálozati észak

10.4 Weiterführendes Schrifttum

Kartenkunde

Hake, G., Kartographie. Berlin, de Gruyter.
Bd. I: 6. Auflage 1982, ISBN 3-11-008455-4, 342 S.
Bd. II: 3. Auflage 1985, ISBN 3-11-0110286, 382 S.

Hüttermann, A., Karteninterpretation in Stichworten.
Bd. I: Topographische Karten. Kiel, Hirt 1981.
ISBN 3-554-80356-1, 160 S.

Historische Karten

Bagrow, L. u. a., Meister der Kartographie. Berlin, Safari 1963, 579 S.

Kupcik, I., Alte Landkarten. Hanau, Dausien 2. Aufl. 1984, 240 S.
ISBN 3-7684-1873-1

Lieferbare Karten

GeoKatalog I/Touristik. ISBN 3-921-435540-4
Geokatalog II/Geowissenschaften (Loseblattsammlung).
Bd. 1 Europa, Bd. 2 Außereuropa.
Geo-Center, Postfach 80 08 30, 7000 Stuttgart 80

Vermessung

Volquardts, H. u. a. Vermessungskunde. Stuttgart, Teubner.
Bd. I: 1985, ISBN 3-519-25213-IX, 135 S.
Bd. II: 1986, ISBN 3-519-25214-1, 205 S.

Orientierungslauf

Holloway, W./Mumme, J., Orientierungslauf – Training, Technik, Taktik.
Hamburg, Rowohlt 1987 (rororo Sport 8609) ISBN 3-499-18609-8
Cornaz, S. und *Hirter, R.,* Orientierungslaufen – Jogging mit Köpfchen.
Bern/Stuttgart, Hallwag 1981.
ISBN 3-444-50174-9 (Hallwag-Taschenbuch 152).

Kartenzeichnen

Schweizerischer OL-Verband (Hrg.),
Anleitung zur Herstellung von OL-Karten, 24 S.
Internationale Orientierungslauf-Föderation (Hrg.),
Darstellungsvorschriften für internationale OL-Karten, 28 S.
(beide erhältlich über: OL-Materialstelle,
Gyrhaldenstr. 50, CH 8953 Dietikon; in Deutschland über:
OL-Sport Negro, Wittwaisstr. 100, D-7988 Wangen)
Weimann, G., Geometrische Grundlagen der Luftbildinterpretation: Einfach-
verfahren der Luftbildauswertung. Karlsruhe, Wichmann 1984.
ISBN 3-87907-140-3, 108 S.

Bergwandern

Seibert, D., Bergwandern, Bergsteigen. München, Rother 1990.
ISBN 3-7633-6071-9. 160 S.
Sturm, G. und *Zintl, F.*, Bergwandern. München Wien Zürich,
BLV 4. Auflage 1991. ISBN 3-405-13346-7.

Winterwandern

Höh, R., Winterwandern mit Schlitten, Schi und Schneeschuh.
Hattorf, Schettler 1985. ISBN 3-921628-09-1, 247 S.

Wasserwandern

Engel, E., Kanu/Kajak/Faltboot. Großer Spaß mit kleinen Booten. 6. Auflage.
Herford, Busse 1989.
ISBN 3-512-00772-4, 109 S.
Rittlinger, H., Die neue Schule des Kanusports.
Wiesbaden, Brockhaus 1977, 449 S.

Navigation auf großen Booten

Bachmann, H. R., Küsten-Navigation, Herford, Busse 1977.
ISBN 3-87120-325-4, 184 S.
Böhm, W., Handbuch der Navigation, Herford, BusseSeewald 1989.
ISBN 3-512-00845-3, 247 S.

Fernreisen und -wanderungen

Buzek, G., Das große Buch der Überlebenstechniken.
Wien, Orac 1984. ISBN 3-85368-968-X, 350 S.
Eichler, H., Geographisches Hand- und Lesebuch für Reise, Schule und erkund-
liche Weiterbildung. Hannover, Touristbuch 2. Auflage 1989.
ISBN 3-924415-18-8, 336 S.
Nehberg, R., Die Kunst zu überleben – Survival.
Frankfurt a. M./Berlin/Wien, Ullstein 1984. ISBN 3-548-34209-4

Ausgrabungen

Gersbach, E., Ausgrabung heute. Methoden und Techniken der Feldgrabung.
Darmstadt, Wissenschaftliche Buchgesellschaft, 2. Auflage 1991.
ISBN 3-534-08329-6. 167 S.

Notfälle, Erste Hilfe

Lössl, R., Dünnpfiff, Gips und Reisefieber. Gesundheits-Wegweiser für Reisen in nah und fern. München. Rainer Lössl 1986. ISBN 3-9800376-3-8. 223 S.

Werner, D., Wo es keinen Arzt gibt. Medizinisches Gesundheitshandbuch zur Hilfe und Selbsthilfe auf Reisen.
deutsch: Bielefeld, Peter Rump 1987. ISBN 3-922376-35-5. 326 S.

10.5 Anschriften

10.5.1. Karten-Spezialgeschäfte

- Buch- und Kartenhandlung Dr. Götze, Hermannstraße 5–7, D-2000 Hamburg 1
- Därr Expeditionsservice GmbH, Theresienstr. 66, D-8000 München 2
- Freytag – Berndt und Artaria, Kohlenmarkt 9, A-1010 Wien 1
- Geo-Center, Honigwiesenstraße 25, D-7000 Stuttgart 80
- Geo-Center, Liebherrstraße 5, D-8000 München 22
- Geographische Buchhandlung, Rosental 6 und Fürstenfelder Str. 7, D-8000 München 2
- Gleumes + Co., Hohenstaufenring 47–51, D-5000 Köln 1
- Travel Book Shop Gisela Treichler, Rindermarkt 20, CH-8001 Zürich

Seekarten

- Bade + Hornig, Stubbenhuk 10, Postfach 20 45, D-2000 Hamburg 11
- Eckhardt + Messtorff, Rödingsmarkt 16, D-2000 Hamburg 11

10.5.2 Klebefolie für Karten

Falls nicht im Papier- oder Buchhandel erhältlich:
Hans Neschen GmbH + Co. KG, Postfach 13 40, D-3062 Bückeburg

10.5.3 Sprühmittel für Karten

KARTEN-DRY. Hersteller EDELRID-Werk, D-7972 Isny

10.5.4 Kompaßhersteller und ihre Vertretungen

- **Eschenbach Optik** GmbH + Co., Postfach 17 58, D-8500 Nürnberg
  Eschenbach Optik, Jaxstraße 9, A-4020 Linz
  Eschenbach Optik, Badenerstraße 565, CH-8048 Zürich

- **Recta S. A.**, Rue du Viaduc 3, CH 2501 Bienne
  Stäcker + Olms, Margaretenstraße 43, D-2000 Hamburg 6
  C. Jul. Herbertz, Sportartikel, D-5660 Solingen 12
  Miller Optik OHG, Meraner Straße 3, A-6020 Innsbruck
  Kunath J., Laverangasse 60, A-1130 Wien

- **Silva Sweden AB**, Kuskvägen 4, S-19162 Sollentuna
  Onneken Ingenieurbüro, Postfach 1407, D-6382 Friedrichsdorf
  Welte Handelsgesellschaft, Kaiser-Franz-Josef-Straße 21, A-6890 Lustenau
  H. Welte & Co., Postfach 742, CH-9001 St. Gallen

- **Suunto OY**, SF-02920 Espoo 92
  Scandic Outdoor Sportartikel GmbH, Zunftstraße 10, D-2110 Buchholz, Tel. 04181-36782
  OL-Sport Negro, Wittwaisstraße 100, D-7988 Wangen, Tel. 07522-6230
  Intersport Austria GmbH, Postfach 284, A-4600 Wels, Tel. 072-424116
  Camping Gaz (Schweiz) AG, Quellenweg 15a, CH-3084 Wabern-Bern

10.5.5 Zeichenfolie

Lonza-Werke GmbH, Postfach 1580, D-7858 Weil am Rhein
(empfohlen: Pokalon K einseitig matt, 0,8 mm stark)

10.6 Kompaßwanderung vorbereiten

Wer seine Kompaßwanderung vorbereitet, gewinnt außer den greifbaren Ergebnissen nützliche Übung und erhöht die Vorfreude und den Gewinn. Zur Vorbereitung können je nach Art der geplanten Wanderung gehören:

Literatur. Man sucht und liest Literatur über das Wandergebiet.

Karte. Man beschafft sich die neueste Karte des Wandergebiets (1.3), nimmt den Maßstab zur Kenntnis und stellt die Äquidistanz fest. Wo das Kartenbild möglicherweise überholt ist, weil sich die Landschaft schnell verändert (Deltamündungen, Urwald- und Gletscherflüsse, Vulkane, Gletscher), sind Luftbilder (1.4) eine nützliche Ergänzung; man berechnet nach 10.2.16 den Maßstab und zeichnet mindestens eine Nordlinie ein (1.5, 4.5.2). Die Karte besprüht man mit (z. B.) KartenDRY (10.2.5) oder überzieht sie mit durchsichtiger Folie (1.3, 10.2.5). Nach den Angaben auf der Karte berechnet man die Mißweisung für das Jahr der Wanderung (4.4.1) und entscheidet, in welcher Weise man sie berücksichtigen will (4.5). Wenn nötig, rechnet man die Angabe der Karte auf die Kreisteilung des eigenen Kompasses um (10.2.11).

Sobald die Wanderstrecke feststeht, geht man sie in Gedanken nach der Karte ab und stellt sich dabei das Gelände vor. Unbekannte Kartenzeichen am oder neben dem Weg sucht man in der Zeichenerklärung auf. Ortsnamen, besonders wiederholt auftauchende Bestandteile von Namen, sucht man nach einer Wörterliste (auf der Karte oder in einem guten Wanderführer) zu übersetzen. Oft liefern sie so gute Beschreibungen, daß man unterwegs die Stellen nach dem Aussehen erkennen kann. Für höchste und tiefste und andere markante Punkte der Wanderstrecke rechnet man nach den Höhenlinien die Höhe ü. M. aus und schreibt sie in die Karte. Auf der Wanderung kann man dort den Höhenmesser neu einstellen, ohne Zeit zu verlieren.

Für Wegabschnitte ermittelt man überschlagweise Entfernung (3.2.2), Steigung (3.2.3) und Zeitbedarf (3.2.3). Man sucht sich auch Leit- und Auffanglinien (3.2.1) sowie Orientierungshilfen seitlich des Weges. Zum Beispiel können in U-Tälern mit steilen Wänden Wasserfälle die einzigen Hilfen sein. Man sieht sie zwar kilometerweit, auf der Karte muß man sie aber nach den Höhenlinien erschließen. Denn die Karte zeigt in der Draufsicht, was der Wanderer als Ansicht vor sich hat. Bei Karten mit größerem Maßstab läßt sich auch die Eignung bestimmter Stellen als Rast- oder Zeitplatz abschätzen (Untergrund/ Trinkwasser/Brennholz/Sonnenstand/Windrichtung). Berge, Seen, Flußabschnitte und Hütten, die in der Literatur abgebildet sind, kann man auf der Wanderkarte suchen und nach z. B. Sonnenhöhe, Schattenrichtung, Geländeneigung und den Bergen im Hintergrund überlegen, von wo aus sie aufgenommen oder gezeichnet sind. Eine Wegskizze oder -tabelle ist überflüssig (3.2.2, letzter Absatz).

Kompaß und andere Orientierungshilfen. Geräte sind keine Wundermittel, die einem das Denken abnehmen und einen von selbst an die gewünschte Stelle bringen. Den Kompaß, der »zeigt, wo das Auto steht«, gibt es nicht. Es genügt auch nicht, das Geld für Hilfsmittel auszugeben und sie dann als Amulett um den Hals oder in der Tasche zu tragen; man muß damit umgehen können und sie anwenden. Um sie sinnvoll einzusetzen, muß man mehr wissen, und man kann mehr Fehler machen, wenn man sie unkritisch oder gar gedankenlos benutzt. Darum sollte man seine Orientierungshilfen *vor* anspruchsvollen Unternehmungen übungsweise unter Verhältnissen anwenden, wo Fehler weniger schwer wiegen, und dann seine Erfahrungen festhalten.

Bei der Karte waren Maßstab und Aquidistanz zu berücksichtigen. Der Kompaßkurs stimmt nur, wenn man die Kreisteilung kennt, die Mißweisung bei *jeder* Messung berücksichtigt und weiß, welches Ende der Nadel nach Norden zeigt. Es lohnt sich, zu überprüfen, ob und bis zu welchem Abstand die Teile der eigenen Ausrüstung (Kamera, Schrittzähler, Armbanduhr, Brille) die Kompaß-nadel ablenken (2.2.3). Nach Abb. 29 (2.3.1) stellt man fest, ob der Kompaß im Zielgebiet noch brauchbar sein wird, und vergewissert sich in der Anleitung, beim Händler oder beim Hersteller, ob man ggf. die Dose auswechseln kann oder einen neuen Kompaß beschaffen muß. In benachbarten Inklinationszonen ist noch keine Schwierigkeit zu erwarten. Die Höhenmessung muß in kurzen Abständen überprüft und berichtigt werden. Dazu sollte man wissen, wie genau das eigene Gerät anzeigt und in welchem Rahmen die Anzeige normalerweise schwankt. Um den Schrittzähler richtig einstellen zu können, muß man sein Schrittmaß unter verschiedenen Bedingungen kennen; damit Zeitschätzungen realistisch werden, braucht man eine zutreffende Vorstellung von seinem Geh-tempo, möglichst in einem ähnlichen Gelände und unter Bedingungen wie auf der Wanderung (Gepäck, Fußbekleidung, Witterung).

Tageslänge, Sonnenstand. Nach der geographischen Länge und der Zeitzone des Wandergebietes rechnet man am besten schon zu Hause aus, wie weit und nach welcher Richtung dort die Ortzeit von der Uhrzeit abweichen wird (2.6.3, 10.2.24), was das für die Orientierung nach der Sonne (7.1.1) oder nach dem Mond ausmacht und ob zwischen den Wendekreisen die Sonne mittags im Norden oder im Süden stehen wird (Beilage: Tab. 17 und Abb. 139). Bei Reisen in höhere Breiten kann es schon für die Terminplanung wichtig sein, die zu erwartende Tages- und Dämmerungslänge auszurechnen oder zu wissen, ab wann und bis wann die Mitternachtssonne scheinen wird (10.2.25). Spätestens beim Grenzübertritt sollte man sich informieren, in welcher Zeitzone das Land liegt und ob Sommerzeit gilt, und vor Antritt der Wanderung die Uhr noch einmal stellen.

Bildquellen

W. Alex, D-7504 Weingarten, **Abb. 126**

Atelier G. Wiest de Lobo, D-8998 Lindenberg im Allgäu, **Abb. 41, 43, 44**

Josef Attenberger GmbH, Postfach 265, D-8250 Dorfen 1, **Abb. 126**

Bayerisches Landesvermessungsamt, Alexandrastraße 4, D-8000 München 22,
Abb. 1, 3, 4, 9, 11, 13, 14, 15, 16, 17, 18, 19, 20, 21, 22, 23, 25

Bundesamt für Seeschiffahrt und Hydrographie, Postfach 30 12 20,
2000 Hamburg 36, **Abb. 72**

Defense Mapping Agency, Hydrographic/Topographic Center,
Fairfax Virginia 2 20 31 – 21 37, USA, **Abb. 78b** (vom Verfasser bearbeitet nach
Chart 42, Magnetic Variation Epoch 1990.0)

Eidgenössische Landestopographie, Seftigenstraße 264, Ch-3084 Wabern,
Abb. 12, 14

Eschenbach Optik GmbH + Co., Postfach 11 758, D-8500 Nürnberg,
Abb. 27, 28, 34, 35, 124

Geodætisk Institut, Rigsdagsgården 7, DK-1218 Kopenhagen, **Abb. 12**

Globus Kartendienst GmbH, Postfach 700 769, 2000 Hamburg 70, **Abb. 36**

GPS Gesellschaft für professionelle Satellitennavigation mbH, Theresienstraße
66, D-8000 München 2, **Abb. 38**

Hake, G.: Kartographie I., **Tab. 2**

Instituto Geográfico Nacional, General Ibañez de Ribero 3, E-Madrid 3,
Abb. 72

Lufft GmbH, Altenbergstraße 3, D-7000 Stuttgart 1, **Abb. 35**

Amt für militärisches Geowesen, Frauenberger Straße 250, D-5350 Euskirchen
(Genehmigung des Deutschen Militärgeographischen Dienstes (DMG) –
Linzenz E A2948)
Abb. 10, 11, 14, 17, 19, 22, 24, 72, 80, 81, 104, 105

Pretel, B.P. 25, F-38640 Claix, **Abb. 35**

Recta S.A., Rue du Viaduc 3, CH-2501 Bienne, **Abb. 27, 28, 124, 125**

Revue Thommen AG, Hauptstr. 85, CH-4437 Waldenburg, **Abb. 35**

SILVA Sweden AB, Kuskvägen 4, S –191 62 Sollentuna, **Abb. 28, 29, 34, 45, 46,
124, 127**

Suunto OY, SF-02920 Espoo, **Abb. 27, 28, 34, 124, 127**

M. Beblo (Hrsg.), Ergebnisse der Beobachtungen am Erdmagnetischen Observatorium Fürstenfeldbruck im Jahre 1989, Serie A, Nr. 32, Münchner Universitäts-Schriften, Geophysikalisches Observatorium Fürstenfeldbruck, 1990, **Abb. 78a** (vom Verfasser bearbeitet nach Weingärtner E.: Isogonenkarte von Deutschland 1990.0)

Alle übrigen Abbildungen nach Zeichnungen des Verfassers

Stichwortverzeichnis